巧学巧用 Photoshop CS2 图像处理应用范例

童世民　编著

電子工業出版社
Publishing House of Electronics Industry
北京 · BEIJING

内 容 简 介

本书汇集作者多年平面设计工作和教学实践经验，全书精选 32 个经典实例，技术全面，精湛实用，设计思想灵活，艺术性强，充分体现了 Photoshop 图像处理的强大功能。全书抓住了 Photoshop CS2 主要性能特点，运用技巧，提炼精华，深解 Photoshop“图像编辑、图形变化、色彩编辑、效果处理、图像输出”图像处理的五大密钥；以实例分类介绍技术技巧的运用，操作方法步骤得当，准确到位，揭开了 Photoshop 图像处理的奥妙技法。

本书适合 Photoshop CS2 基础学习、教学培训、图文工作者学习。

图书在版编目（CIP）数据

巧学巧用 Photoshop CS2 图像处理应用范例 / 童世民编著. —北京：电子工业出版社，2007.1

ISBN 7-121-03535-9

Ⅰ.巧... Ⅱ.童... Ⅲ.图形软件，Photoshop CS2 Ⅳ.TP391.41

中国版本图书馆 CIP 数据核字（2006）第 140864 号

责任编辑：吴 源
印 刷：北京天竺颖华印刷厂
装 订：三河市金马印装有限公司
出版发行：电子工业出版社
北京市海淀区万寿路 173 信箱 邮编：100036
北京市海淀区翠微东里甲 2 号 邮编：100036
开 本：787×1092 1/16 印张：18.625 字数：470 千字
印 次：2007 年 1 月第 1 次印刷
定 价：28.00 元

凡所购买电子工业出版社图书有缺损问题，请向购买书店调换。若书店售缺，请与本社发行部联系。联系电话：（010）68279077；邮购电话：（010）88254888。

质量投诉请发邮件至 zlts@phei.com.cn，盗版侵权举报请发邮件至 dbqq@phei.com.cn。

服务热线：（010）88258888。

前　言

本书汇集作者多年平面设计工作和教学实际经验，全书精选 32 个经典实例，技术全面，精湛实用，设计思想灵活，艺术性强，充分体现了 Photoshop 图像处理的强大功能。

●创意特点

本书切合运用实际，创意思想与软件技术高度统一，设计理念新颖，逻辑表达清楚。

本书抓住了 Photoshop CS2 主要性能特点，运用技巧，提炼精华，深解 Photoshop“图像编辑、图形变化、色彩编辑、效果处理、图像输出”图像处理的五大密钥；以实例分类介绍技术技巧的运用，操作方法步骤得当，准确到位，揭开了 Photoshop 图像处理的奥妙技法。

全书范例生动，使读者在学习中产生浓厚的兴趣，章节安排循序渐进、深入浅出，使读者一看就懂，一学就会，直接进入应用设计境界。

●读者范围

本书面向范围比较宽，非常适合 Photoshop 教学培训、Photoshop 基础学习、Photoshop 爱好者的研究提高、图文工作者的实际需要，本书技术设计定位能够使读者从感性到理性获得理想的知识需求。

●创编目的

本书的创编和设计目的，是使读者成为 Photoshop 学习和工作的高级助手，学习完成本书 32 个范例后，能够使用 Photoshop 做好以下工作：

1．办公文书的图像剪贴处理。

2．照片处理，可以改变照片的色彩、替换照片的图像内容，主要用于家庭和工作中的数码照相、照片扫描处理。

3．专业图文工作的图像效果处理、版面设计、图像输出和印刷工作。

4．封面设计、广告设计等艺术创作。

●内容结构与技术定位

本书共 8 章 32 个范例，第 1 章至第 5 章，主要介绍 Photoshop CS2 图像处理的技巧技法；第 6 章至第 8 章为综合运用实战案例，课目分类如下：

第 1 章　图形处理技巧（范例 1 至范例 7）

第 2 章　图像编辑技巧（范例 8 至范例 13）

第 3 章　色彩编辑妙法（范例 14 至范例 19）

第 4 章　图像特别效果处理方法（范例 20 至范例 25）

第 5 章　文字效果处理方法（范例 26 至范例 29）

第 6 章　简介封面设计（范例 30）

第 7 章　光碟广告设计（范例 31）

第 8 章　化妆品广告设计（范例 32）

本书是平面设计非常难得的实用教材，可以作为图像处理学习手册，愿读者能够喜欢收藏。

目　　录

第1章　图形处理技巧

本章介绍图形处理技巧，主要介绍 Photoshop CS2 变形工具的使用方法，对图像形状进行变形，改变图像的视角关系，达到视觉效果的创意设计要求。

1.1　范例 1："江南小景"翻转拼接图像

"江南小景"翻转拼接图像，主要是使用 Photoshop CS2 图像翻转工具，将复制的图像水平翻转，然后与原图进行无缝对接，拼成一张图像，如图 1.1、图 1.2 所示。

图 1.1　水平翻转图像

图 1.2　翻转拼接图像

▲【翻转拼接图像的意义】 在图像处理过程中，翻转拼接图像可以扩展图像视觉范围，

增加图像内容。它经常用于（不改变分辨率的情况下）图像尺寸不够时修补扩展范围的图像内容，也可以用于图像镜像效果处理。

1.1.1　图像编辑准备

“江南小景”图像编辑的准备主要是选择并打开图像，复制图像，命名图像文档名称，确定图像编辑颜色模式。

（1）启动 Photoshop CS2。

（2）打开图像。选择【文件】|【打开】（Ctrl+O），从范例 1“江南小景”文件夹打开“JNXJ001.JPG 图片”，如图 1.3 所示。

（3）复制图像。打开图像后，选择【图像】|【复制图像】，出现“复制图像”对话框，输入“江南小景”，单击“确定”按钮，然后关闭“JNXJ001” 图片，如图 1.4 所示。

图 1.3　JNXJ001.JPG 图片

图 1.4　复制图像

（4）调整编辑窗口。出现图像编辑窗口，在左下角状态栏画布显示比例中输入 40%，在工具箱屏幕切换选项中选择中间按钮，将屏幕界面切换到带有菜单的全屏模式，选择抓手工具将画布拖至中央。

（5）确定颜色模式。选择【图像】|【模式】，选择 RGB 颜色模式，选择 8 位/通道，如图 1.5 所示。

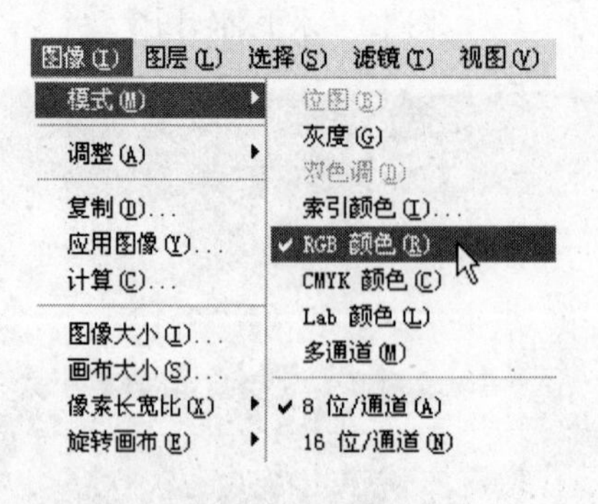

图 1.5　选择图像模式

（6）调整分辨率。选择【图像】|【图像大小】，保持图像像素大小不变，勾选缩放样式、约束比例、重定图像像素，将分辨率 118 像素/厘米改为 72 像素/厘米，如图 1.6 所示。

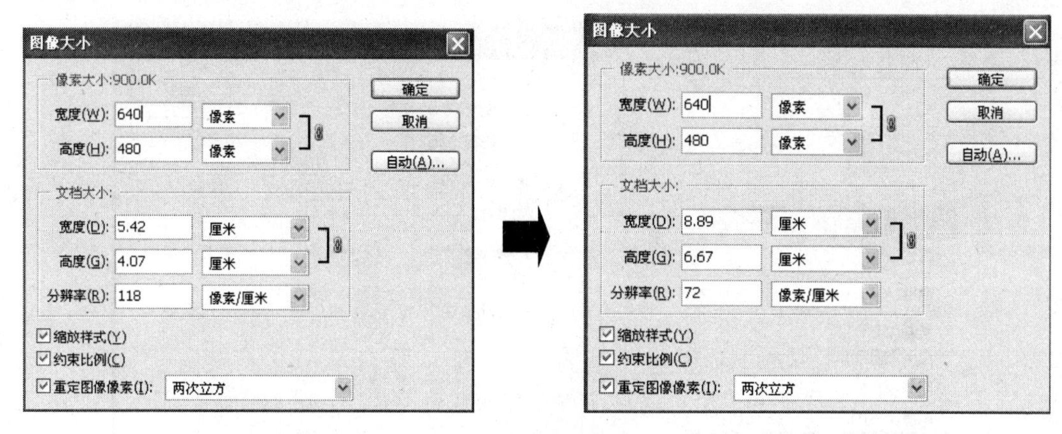

图 1.6　调整分辨率

1.1.2　复制图层

复制图层的目的是复制图像，为图像翻转做准备。

（1）打开图层调板。选择【窗口】|【图层】，置放【图层调板】在画布的右边。

（2）复制图层。选择【图层调板】|【右键】，单击“背景”，选择【复制图层】，建立背景副本，如图 1.7 所示。

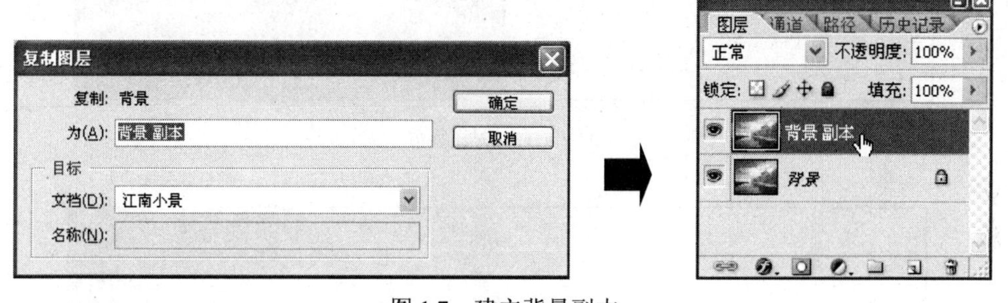

图 1.7　建立背景副本

1.1.3　扩展画布

扩展画布的目的是计算图像最终编辑尺寸，根据当前文档大小，设定画布宽度向左扩展 1 倍。

（1）设定背景色。选择【工具箱】|【背景色】，设定为白色。

（2）扩展画布。选择【图像】|【画布大小】，出现“画布大小”对话框，将当前画布宽度 8.89 厘米改写为 17.78 厘米，在定位格中选择横数第六格，单击“确定”按钮，如图 1.8、图 1.9、图 1.10 所示。

1.1.4　图像翻转

图像翻转是通过改变图形外缘，在视觉上改变图像内容的方向位置的。图像翻转可以使用【编辑】|【变换】菜单命令，也可以使用【编辑】|【自由变换】菜单命令进行图像翻转。

（1）在【图层调板】中选择背景副本。

（2）选择【编辑】|【变换】|【水平翻转】，如图 1.11 所示。

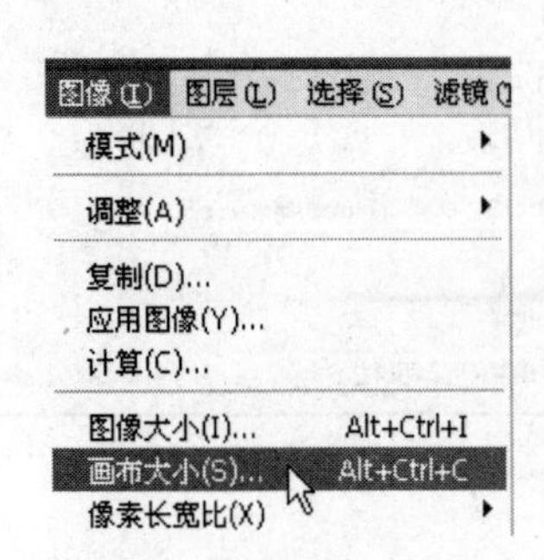

图 1.8 选择画布大小

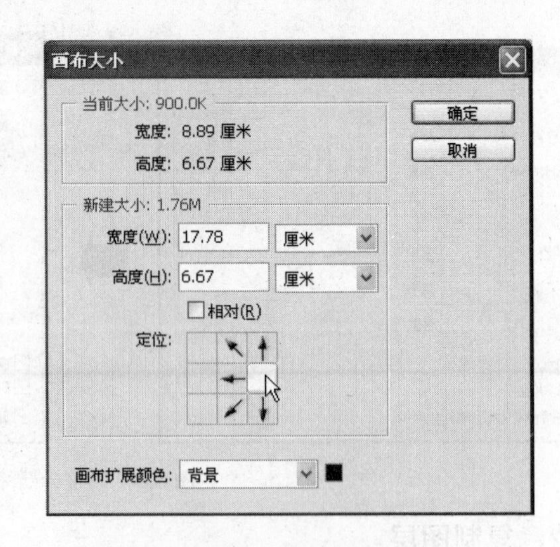

图 1.9 画布大小设定

图 1.10 扩展画布

图 1.11 图像翻转

1.1.5 图像拼接

图像拼接的重点是对两张图像衔接的结合部的处理，“江南小景”的图像拼接比较简单，只是把背景图像和翻转后的背景副本图像相对对齐。

（1）在【图层调板】中选择背景副本，如图 1.12 所示。

（2）使用“移动”工具调整图像位置，将背景副本图像置放到背景图像的左边，右边与背景图像的左边对齐，如图 1.13 所示。

图 1.12　选择图层

图 1.13　调整图像位置

（3）合并图层在【图层调板】中选择“背景副本”，选择【图层】|【向下合并图层】(Ctrl+E)，如图 1.14 所示。

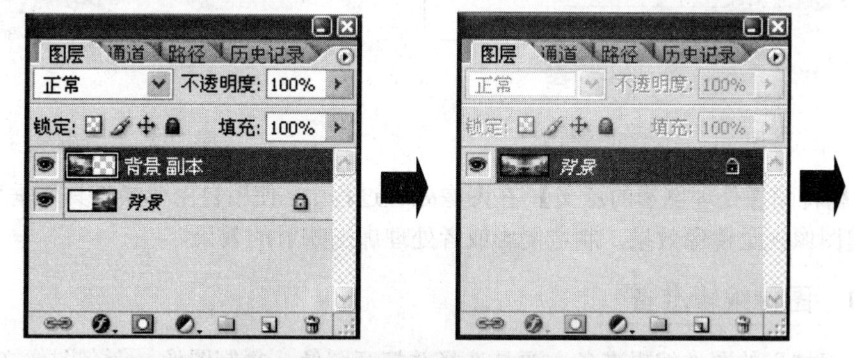

图 1.14　合并图层

1.1.6　存储文件

根据创意设计目的，选择要存储的图像文件格式，一般情况下，首先要存储 Photoshop 格式含编辑图层的正本文件。

（1）选择【文件】|【存储】(Ctrl+S)，【格式】中选择 Photoshop（*.PSD;*.PDD），单击【保存】按钮。

（2）“江南小景”的最终编辑图像可存储为 JPEG 格式，供浏览和 Web 使用。

1.2　范例 2：“大青蛙”翻转图像处理倒影

“大青蛙”的翻转图像处理倒影，主要使用 Photoshop CS2 图像翻转工具，将复制的图像垂直翻转，然后调整图像的伸缩程度，构成镜像的倒影效果，如图 1.15、图 1.16 所示。

图 1.15　垂直翻转图像　　　　图 1.16　倒影效果

▲【翻转图像处理倒影的意义】 在图像处理过程中，使用自由变换工具作垂直翻转图像，可以构建图像视觉镜像效果，制造倒影或者处理虚幻映射的效果。

1.2.1　图像编辑准备

“大青蛙”的图像编辑准备主要是选择并打开图像，复制图像，命名图像文档名称，确定图像编辑颜色模式。

（1）启动 Photoshop CS2。

（2）打开图像。选择【文件】|【打开】(Ctrl+O)，从范例 2“大青蛙”文件夹中打开“青蛙 084.jpg”图片，如图 1.17 所示。

（3）查看图像。选择【图像】|【图像大小】，查看图像信息，如图 1.18 所示。

（4）复制图像。选择【图像】|【复制图像】，出现“复制图像”对话框，输入“大青蛙”，单击“确定”按钮，然后关闭“青蛙 084.JPG” 图片，如图 1.19 所示。

（5）调整编辑窗口。出现图像编辑窗口，在工具箱屏幕切换选项中选择中间按钮，将屏幕界面切换到带有菜单的全屏模式，选择“抓手”工具将画布拖至中央。

图 1.17　青蛙 084. JPG 图片

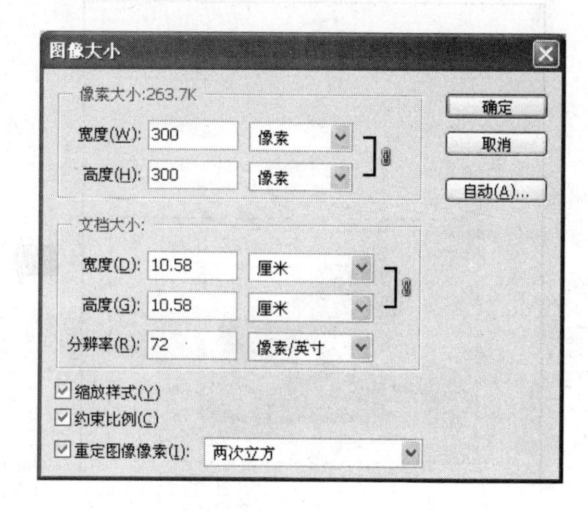

图 1.18　图像信息

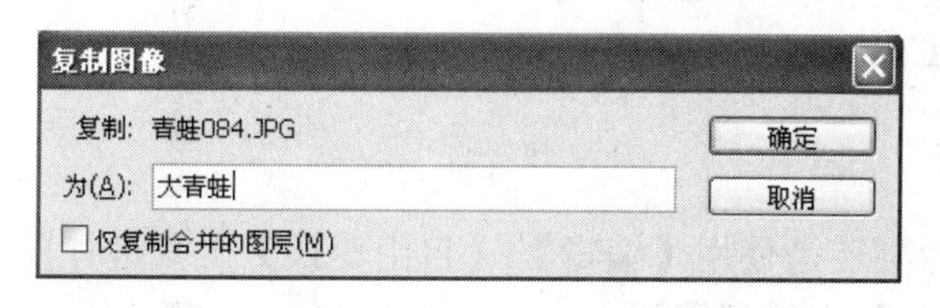

图 1.19　复制图像

（6）打开图层调板。选择【窗口】|【图层】，置放【图层调板】在画布的右边。

（7）确定颜色模式。选择【图像】|【模式】，选择“RGB 颜色模式”，选择“8 位/通道”，如图 1.20 所示。

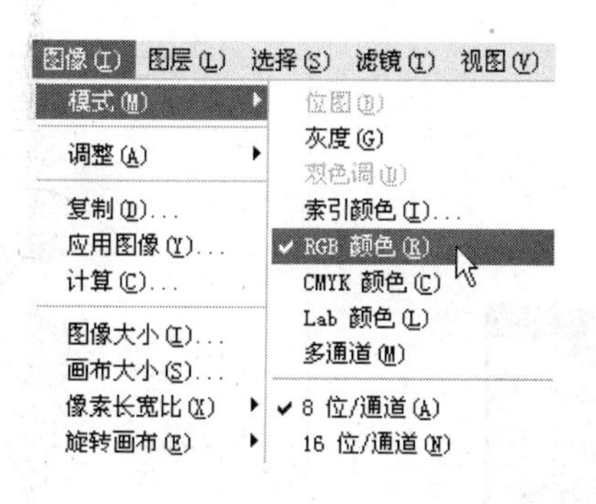

图 1.20　选择图像模式

1.2.2　复制粘贴图像

复制粘贴图像的目的是，为图像翻转构建倒影做准备。

（1）调整图像位置。在工具箱中选择“矩形”选框 工具，在画布上框选青蛙图像，再选择“移动”工具 将青蛙图像向上移动至合适位置，如图 1.21 所示。

（2）拷贝图像。保留选区，选择【编辑】|【拷贝】(Ctrl+C)，复制选区内容。

（3）粘贴图像。选择【编辑】|【粘贴】(Ctrl+V)，【图层调板】上出现图层 1，如图 1.22 所示。

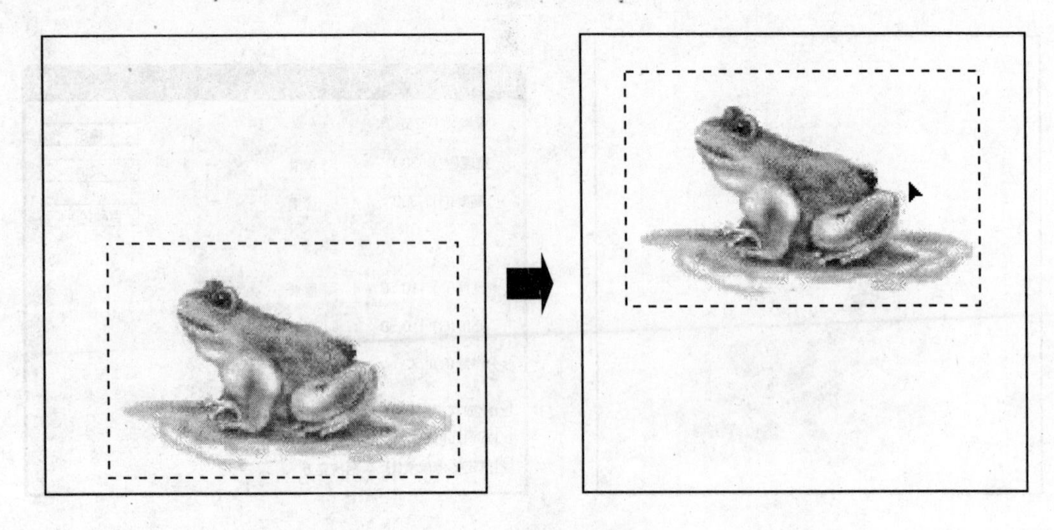

图 1.21　调整图像位置

（4）取消选择（Ctrl+D）。

1.2.3　图像翻转

“大青蛙”的图像翻转是使用【编辑】|【自由变换】工具进行图像垂直翻转的。

（1）在【图层调板】中选择图层 1。

（2）在【工具箱】中选择“魔棒”工具，选择【选项栏】|【添加到选区】按钮，容差设置为 32 像素，选择【消除锯齿】、【连续】，然后在画布青蛙的右上方点选白色位置，建立选区，如图 1.23 所示。

（3）选择【编辑】|【清除】（Delete），删除选区内容，然后取消选择（Ctrl+D）。

图 1.22　建立图层 1

图 1.23　选择图像

（4）选择【编辑】|【自由变换】（Ctrl+T），移动鼠标指针从图形框上边向下进行拖曳做图像垂直翻转，如图 1.24 所示。

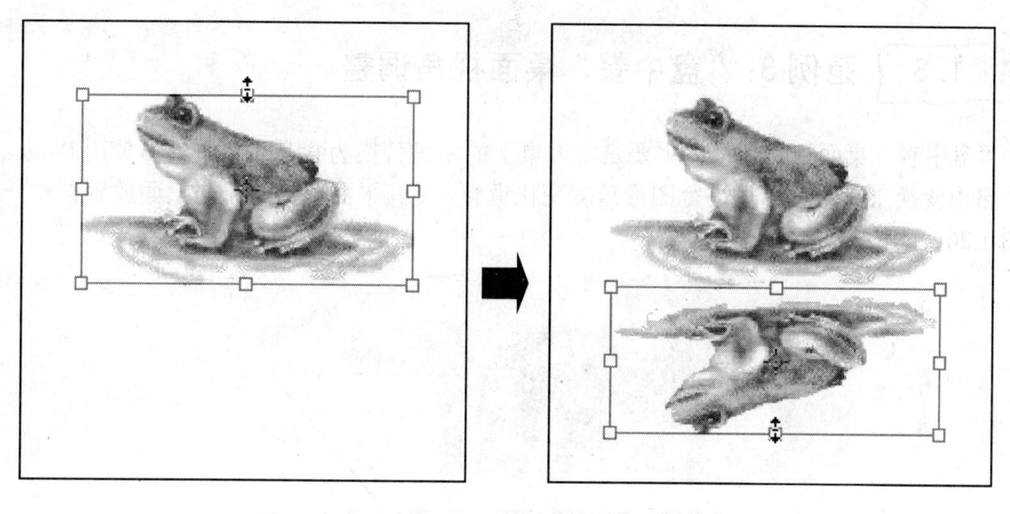

图 1.24　垂直翻转图像

1.2.4　调整倒影

调整自由变换工具框的上下伸缩程度，表现倒影效果。

（1）图像垂直翻转后，继续移动鼠标指针从图形框上边或下边进行拖曳，直至达到理想的倒影效果，如图 1.25 所示。

（2）“大青蛙”倒影调整好后，按“回车”键。

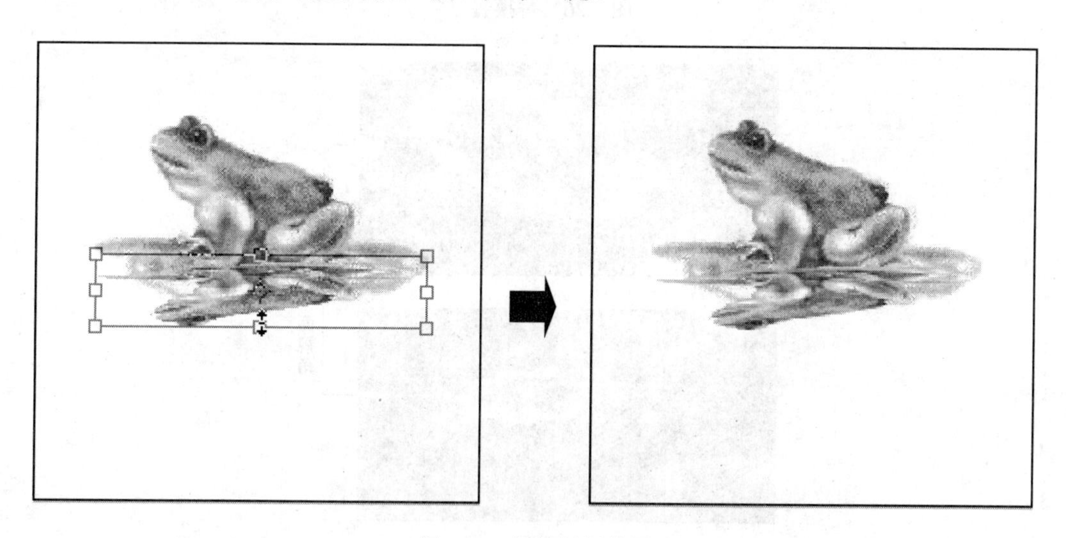

图 1.25　调整倒影效果

1.2.5　存储文件

根据创意设计的目的，选择要存储的图像文件格式。一般情况下，首先要存储 Photoshop 格式含编辑图层的正本文件。

（1）选择【文件】|【存储】(Ctrl+S)，【格式】选择中 Photoshop（*.PSD;*.PDD），单击【保存】按钮。

（2）“大青蛙”的最终编辑图像可存储为 JPEG 格式，供浏览和 Web 使用。

1.3 范例 3："盘中餐"桌面视角调整

"盘中餐"桌面视角调整，主要是将方桌上的空盘替换为食品餐盘，然后使用 Photoshop CS2 自由变换工具对食品盘进行图形角度变化调整，使其平面视角效果与桌面放置自然一致，如图 1.26、图 1.27 所示。

图 1.26 替换餐盘

图 1.27 平面视角调整

▲【桌面视角调整的意义】桌面视角调整是平面视角调整的一种形式，在图像处理过程中，使用自由变换工具变换图形角度，使图像物体条件与周围环境能够自然合理地置放，构成和谐的视觉效果。

1.3.1 图像编辑准备

"盘中餐"图像编辑准备主要是选择并打开图像，复制图像，命名图像文档名称，确定图像编辑颜色模式。

（1）启动 Photoshop CS2。

（2）打开图像。选择【文件】|【打开】（Ctrl+O），从范例 3“盘中餐”文件夹打开“fz03.jpg”图片，如图 1.28 所示。

（3）查看图像。选择【图像】|【图像大小】，查看图像信息，如图 1.29 所示。

图 1.28　fz03.jpg 图片

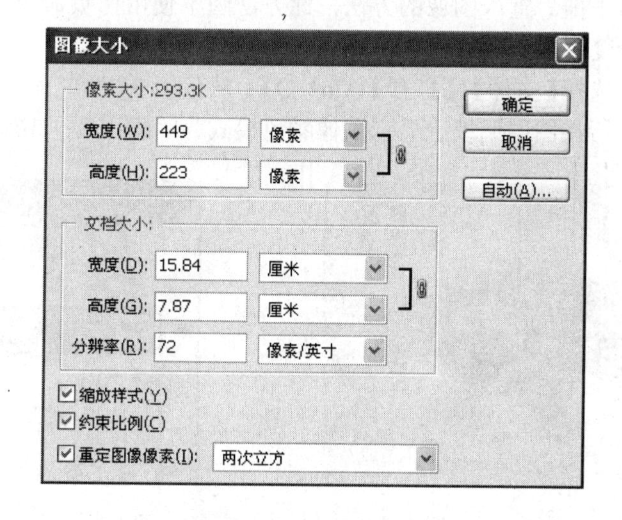

图 1.29　图像信息

（4）复制图像。选择【图像】|【复制图像】，出现“复制图像”对话框，输入“盘中餐”，单击“确定”按钮，然后关闭“fz03.jpg”图片，如图 1.30 所示。

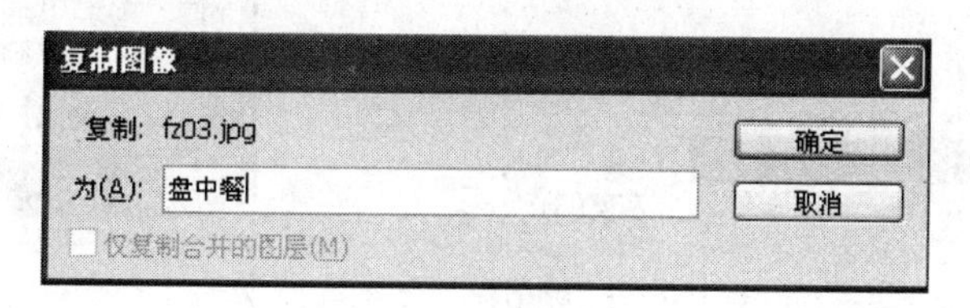

图 1.30　复制图像

（5）调整编辑窗口。出现图像编辑窗口，在工具箱屏幕切换选项中选择中间按钮，将屏幕界面切换到带有菜单的全屏模式，选择“抓手”工具将画布拖至中央。

（6）打开图层调板。选择【窗口】|【图层】，置放【图层调板】在画布的右边。

（7）确定颜色模式。选择【图像】|【模式】，选择 RGB 颜色模式，选择 8 位/通道，如图 1.31 所示。

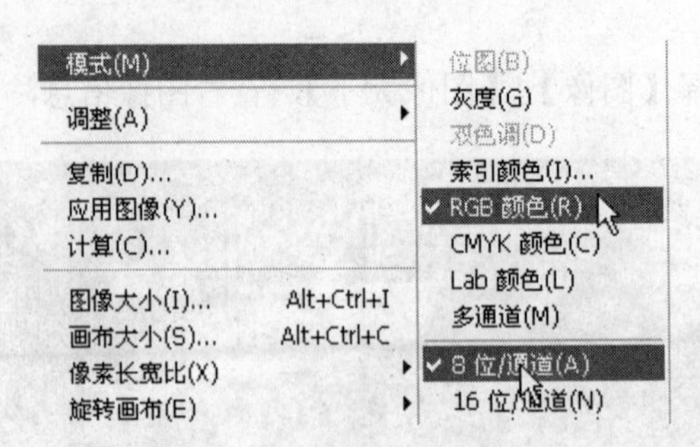

图 1.31 选择图像模式

1.3.2 置入图像

置入图像的目的是选择有食品的餐盘准备替换方桌上的空盘。

这里介绍"窗口平拖"置入图像的方法，此方法因不使用拷贝命令，不占用剪贴板，节省内存空间，置入速度快。

（1）打开图像。选择【文件】|【打开】(Ctrl+O)，从范例 3"盘中餐"文件夹中打开"cp02.gif"图片。打开图片后在图层调板上显示图像颜色模式为"索引"，如图 1.32、图 1.33 所示。

图 1.32 cp02.gif 图片

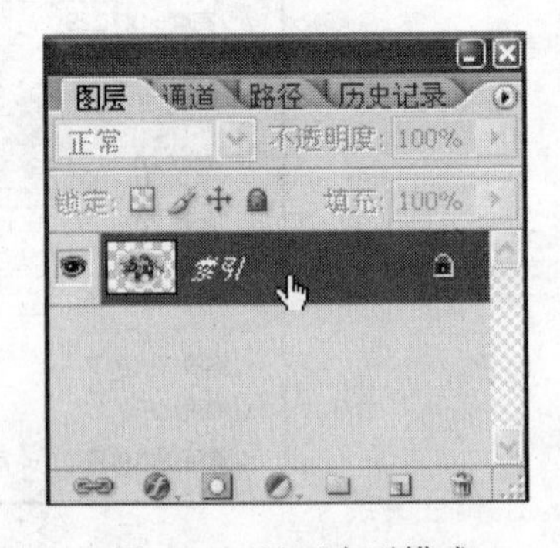

图 1.33 显示索引模式

（2）改变索引模式。选择【图像】|【模式】，改变索引颜色模式为"RGB 颜色模式"。颜色模式改变后，索引图层显示为图层 1，如图 1.34、图 1.35 所示。

图 1.34 改变颜色模式

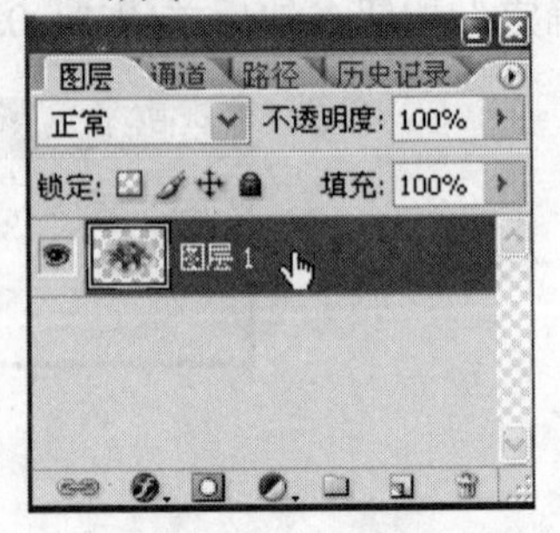

图 1.35 显示图层 1

（3）调整编辑界面。在工具箱屏幕切换选项中选择左边按钮，将屏幕界面切换到标准屏幕模式，然后调整编辑窗口和图层调板之间的关系，如图 1.36 所示。

图 1.36　调整界面

（4）拖移图像。选择“cp02”编辑窗口，移动光标到【图层调板】，使用小手将图层 1 拖至“盘中餐”画布中，在“盘中餐”图层调板中出现图层 1，如图 1.37 所示。

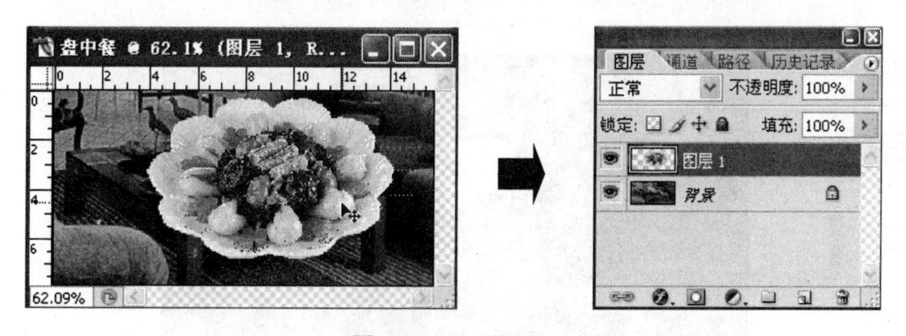

图 1.37　显示图层 1

【提示】如果要置入的图像是索引模式，使用窗口平拖方法置入图像，应改变图像颜色模式，否则 Photoshop 不执行平拖命令。

1.3.3　调整图像视角

图像置入后，选择【编辑】|【自由变换】工具，进行斜切变化调整图像的视角关系。

（1）在【图层调板】中选择图层 1。

（2）选择【编辑】|【自由变换】(Ctrl+T)，左手按压“Ctrl”键，移动鼠标指针从图形框的边角进行斜切，调整餐盘的视角关系，如图 1.38 所示。

1.3.4　存储文件

根据创意设计目的，选择要存储的图像文件格式，一般情况下，首先要存储 Photoshop 格式含编辑图层的正本文件。

图 1.38 视角调整

（1）选择【文件】|【存储】（Ctrl+S），【格式】选择 Photoshop（*.PSD;*.PDD），单击【保存】按钮。

（2）“盘中餐”最终编辑图像可存储为 JPEG 格式，供浏览和 Web 使用。

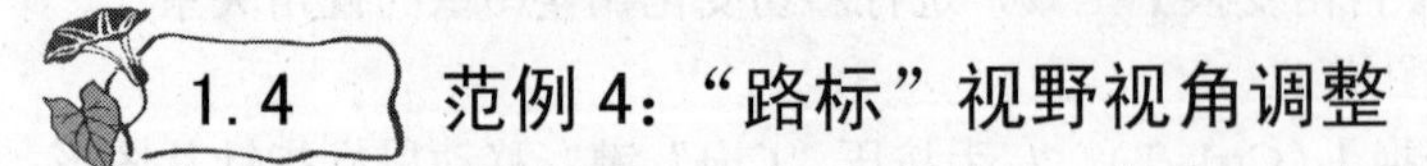

1.4 范例 4：“路标”视野视角调整

“路标”视野视角调整，介绍的是一幅广告招商作品中的“路标设计”内容，目的是使用指示箭头标明道路，提高招商的透明度。范例 4 表现了 Photoshop CS2 自由变换工具的奇异功能，将箭头与文字平铺并平行在马路上，创造了开阔的路径视野，视觉反应顺畅醒目，如图 1.39、图 1.40 所示。

图 1.39　招商广告

图 1.40　路标设计环节

▲【视野视角调整的意义】 视野视角调整，主要是表现设计对象的创意目的，在图像处理过程中，使用【自由变换】工具变换图形角度，使设计对象能够满足环境条件的特殊要求，构成理想的视觉效果。

1.4.1　图像编辑准备

“路标”图像编辑准备主要是选择并打开图像，复制图像，命名图像文档名称，确定图像编辑颜色模式，调整画布尺寸。

（1）启动 Photoshop CS2。

（2）打开图像 选择【文件】|【打开】(Ctrl+O)，从范例 4 文件夹打开“招商广告底图”jpg 图片，如图 1.41 所示。

（3）复制图像。打开图像后，选择【图像】|【复制图像】，出现“复制图像”对话框，输入“路标”，单击“确定”按钮，然后关闭“招商广告底图.jpg”图片，如图 1.42 所示。

图 1.41 招商广告底图.jpg 图片

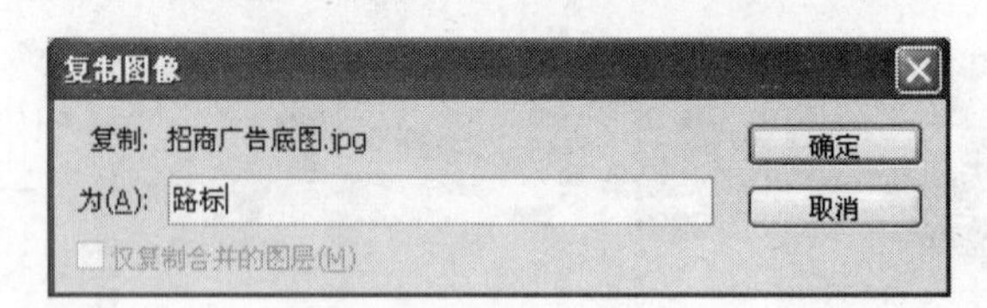

图 1.42 复制图像

（4）调整编辑窗口。出现【图像编辑】窗口，在左下角状态栏“画布显示比例”中输入 50%，在工具箱屏幕切换选项中选择中间按钮，将屏幕界面切换到带有菜单的全屏模式，选择抓手工具将画布拖至中央。

（5）打开标尺。选择【视图】|【标尺】(Ctrl+R)。

（6）裁切图像。在【工具箱】中选择“裁切”工具，从纵坐标 135 毫米处向下裁切，如图 1.43 所示。

图 1.43 裁切图像

（7）扩展画布 操作方法如下：

● 选择【工具箱】|【背景色】，设定为白色。

● 选择【图像】|【画布大小】，出现“画布大小”对话框，将当前画布高度 13.44 厘米改写为 17.44 厘米，在定位格中选择横数第二格，点击“确定”按钮，如图 1.44、图 1.45 和图 1.46 所示。

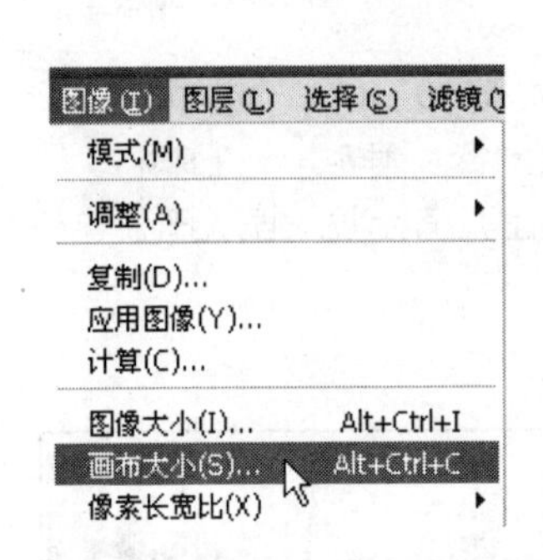

图 1.44　选择画布大小

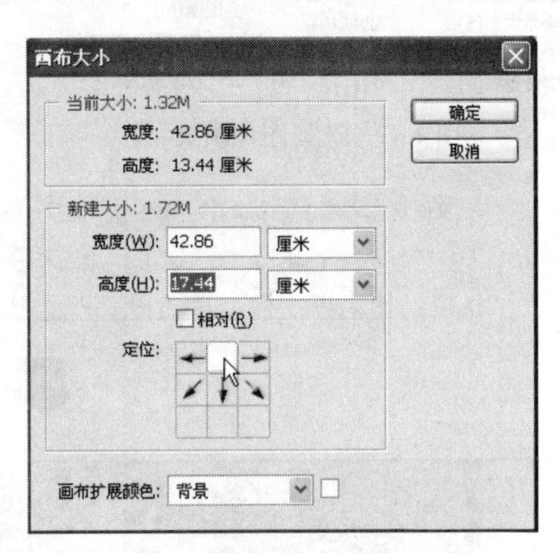

图 1.45　画布大小设定

图 1.46　扩展画布

（8）确定颜色模式。选择【图像】|【模式】，选择“RGB 颜色”模式，选择“8 位/通道”，如图 1.47 所示。

（9）打开图层调板。选择【窗口】|【图层】，置放【图层调板】在画布的右边。

1.4.2　箭头视角效果调整

箭头视角效果调整，是使用路径工具绘制路标箭头，然后使用【自由变换】工具变换箭头方向和角度，使箭头平铺并平行在马路上。

（1）新建图层 1。在【图层调板】中选择背景，在调板下边选择【创建新图层按钮】，新建图层 1，如图 1.48 所示。

（2）确定箭头方向。操作方法如下：

● 选择【工具箱】|【前景色】，设置为“黑色”。

● 选择【工具箱】|【路径工具组】，选择“直线”工具，在【选项栏】中选择【填充像素】按钮，设定线条粗细为 1 像素，从画布左下角到远方马路消失点画一条直线，作为路标箭头的方向线，如图 1.49 所示。

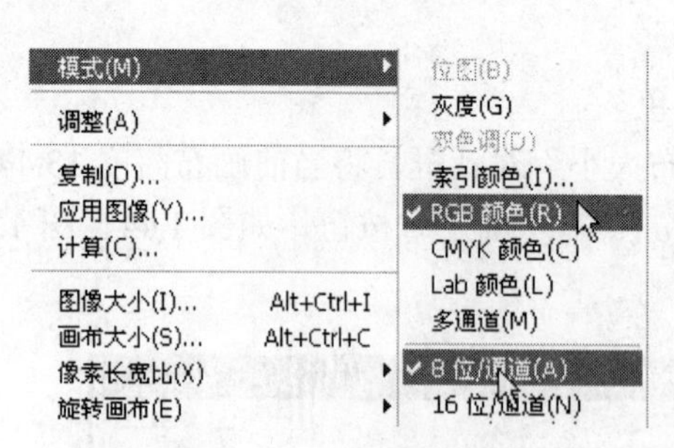

图 1.47 选择图像模式

图 1.48 图层 1

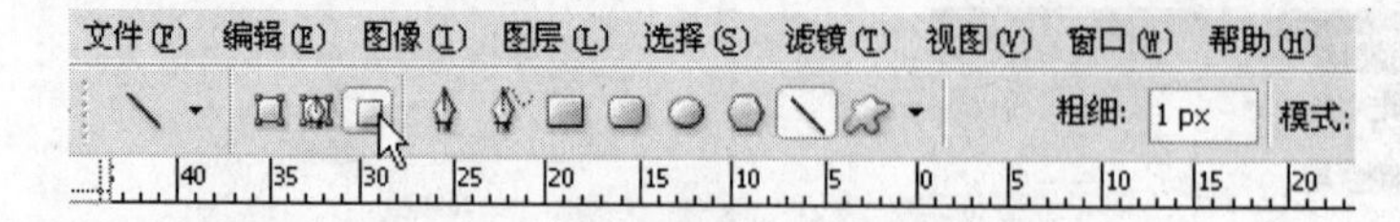

图 1.49 箭头方向线

（3）设定箭头颜色。选择【工具箱】|【前景色】设置为“红色”（C0.M100.Y100.K0）。

（4）新建图层 2。在【图层调板】中选择“图层 1”，在调板下边选择【创建新图层】按钮，新建“图层 2”，如图 1.50 所示。

（5）选择箭头。操作方法如下：

● 选择【工具箱】|【路径工具组】，选择【自定形状】工具，如图 1.51 所示。

图 1.50 图层 2

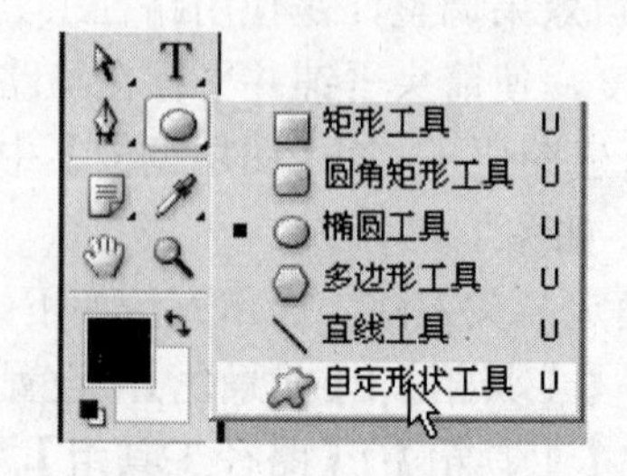

图 1.51 选择形状工具

● 选择【选项栏】|【形状选项按钮】，然后在预设中追加“全部”形状，如图 1.52 所示。

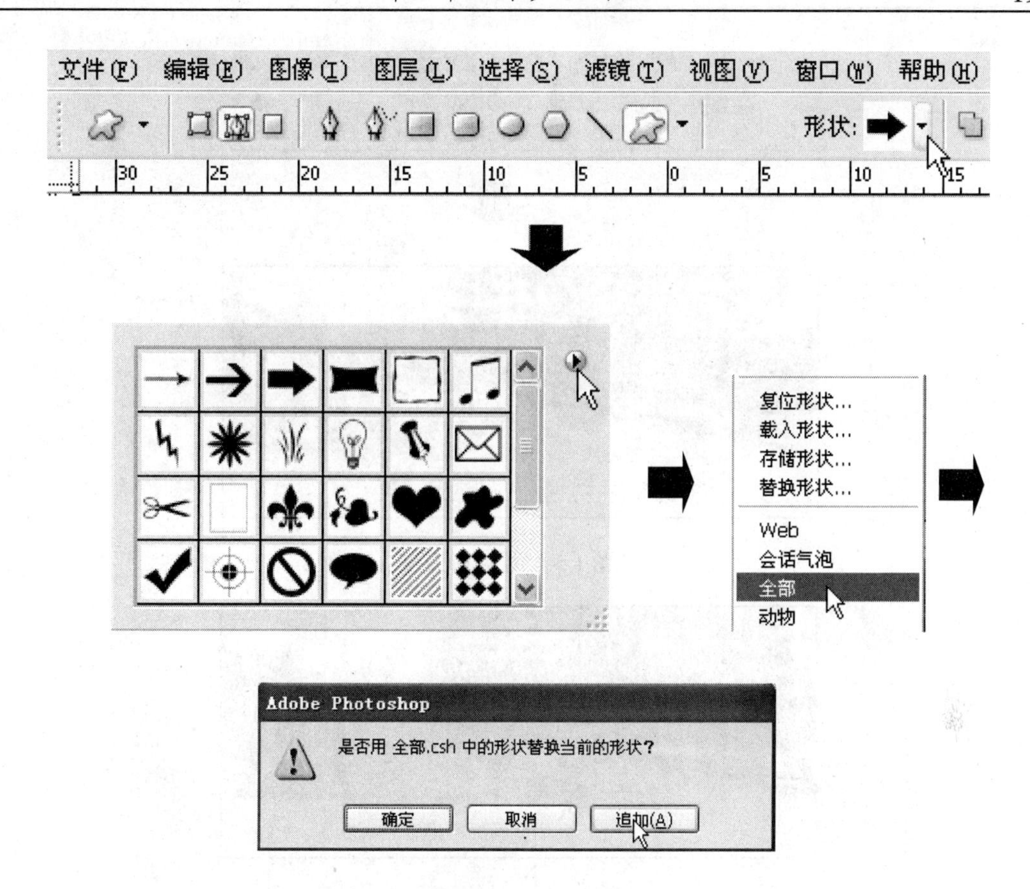

图 1.52　追加形状

● 在【形状选项】按钮中选择箭头 9，如图 1.53 所示。

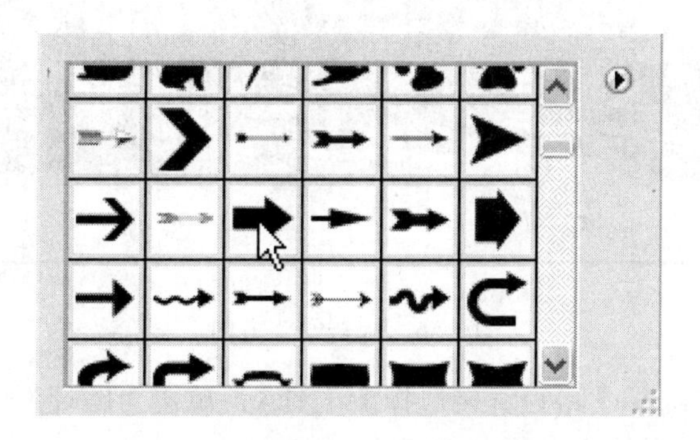

图 1.53　选择箭头

（6）绘制箭头。选择【选项栏】|【路径按钮】，使用箭头 9 在画布下面空白处向右画一个箭头，如图 1.54 所示。

（7）调整箭头视角。操作方法如下：

● 在【工具箱】中选择【路径选择】工具，将箭头向上移动到方向线的右边靠近马路处，如图 1.55 所示。

● 选择【编辑】|【自由变换】(Ctrl+T)，将指针从图形框右上角向左上方旋转，使箭头朝向马路的远方，如图 1.56 所示。

文件(F) 编辑(E) 图像(I) 图层(L) 选择(S) 滤镜(T) 视图(V) 窗口(W) 帮助(H)

形状:

图 1.54 绘制箭头

图 1.55 移动箭头位置

图 1.56 旋转箭头方向

● 在【工具箱】中选择【路径直接选择】工具，单击“路径”选择锚点，调整箭头角度，使其平铺并平行在马路上，如图 1.57 所示。

图 1.57 调整箭头角度

（8）填充箭头颜色。选择“图层 2”，选择【右键】|【填充路径】，如图 1.58 所示。

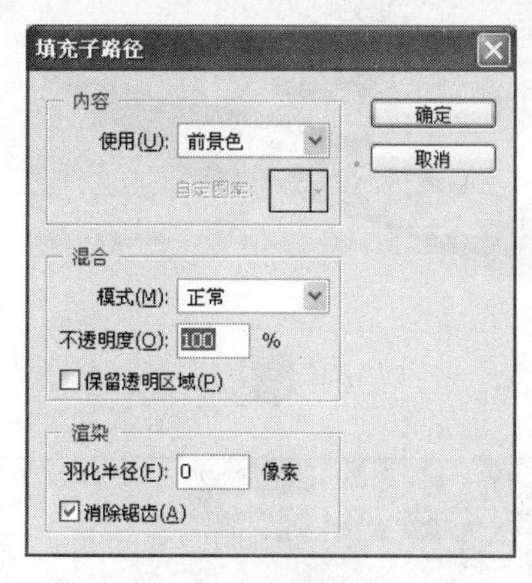

图 1.58　填充路径

1.4.3　文字视角效果调整

在箭头上面输入文字，调整文字角度与箭头一致，标注箭头的作用。

（1）选择【图层调板】，隐藏“图层 1”。

（2）选择【视图】|【显示】，隐藏“路径”（Ctrl+Shift+H）。

（3）在【工具箱】中选择【横排文字工具】T，选择【选项栏】|【字符调板】，【文字颜色】设置为“白色”，【字体】设置为“汉仪大黑简”，【字号】设置为“60 点”，【字符比例间距】设置为“0%”点，在箭头上面输入：北四环，如图 1.59 所示。

图 1.59　输入文字

（4）选择【编辑】|【自由变换】（Ctrl+T），左手按压 Ctrl 键，移动鼠标指针从图形框的边角进行斜切变化，调整文字与箭头平行，如图 1.60 所示。

图 1.60 文字视角调整

（5）选择【图层调板】，左手按压 Ctrl 键，选择“图层 2”和文字层，在【工具箱】中选择【移动】工具，将路标箭头向左移动至合适位置，如图 1.61 所示。

图 1.61 移动路标位置

1.4.4 存储文件

根据创意设计目的，选择要存储的图像文件格式，一般情况下，首先要存储 Photoshop 格式含编辑图层的正本文件。

- 选择【文件】|【存储】(Ctrl+S)，【格式】中选择 Photoshop（*.PSD;*.PDD），单击【保存】按钮。

1.5 范例 5：“妇人”墙面视角调整

“妇人”墙面视角调整，是将床头上边的一幅油画替换为新剪切的“妇人”油画，替换过程中使用 Photoshop【自由变换】工具，调整油画图像角度，在视角上构成与墙面自然平行，达到摄影视觉效果，如图 1.62 所示。

图 1.62　替换油画

▲【墙面视角调整的意义】 在图像处理过程中，墙面视角调整能够处理三维视觉变化，表现视觉空间合理的自然效果。

1.5.1　图像编辑准备

“妇人”图像编辑准备主要是选择并打开图像，命名新建图像文档名称，确定图像编辑颜色模式。

（1）启动 Photoshop CS2。

（2）打开图像。选择【文件】|【打开】（Ctrl+O），从范例 5“妇人”文件夹中打开“Mba012.jpg”图片，如图 1.63 所示。

图 1.63　Mba012.jpg 图片

（3）复制图像。打开图像后，选择【图像】|【复制图像】，出现“复制图像”对话框，输入“妇人”，单击“确定”按钮，然后关闭“Mba012” 图片，如图 1.64 所示。

图 1.64　复制图像

（4）改变分辨率。选择【图像】|【图像大小】，勾选“缩放样式”、“约束比例”、“重定图像像素”，将分辨率“300 像素/英寸”改为“72 像素/英寸”，如图 1.65 所示。

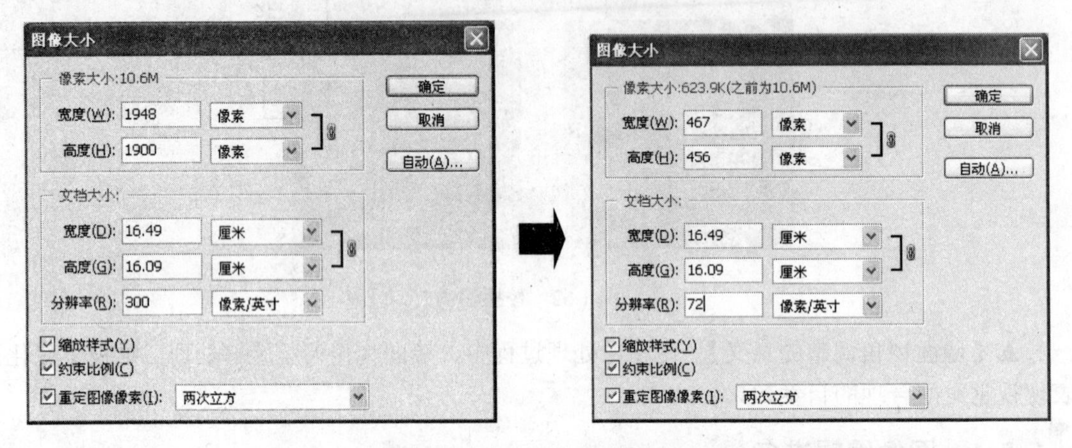

图 1.65　调整分辨率

（5）调整编辑窗口。出现图像编辑窗口，在左下角状态栏“画布显示比例”中输入 50%，在工具箱屏幕切换选项中选择中间按钮，将屏幕界面切换到带有菜单的全屏模式，选择“抓手”工具将画布拖至中央。

（6）打开图层调板。选择【窗口】|【图层】，置放【图层调板】在画布的右边。

（7）确定颜色模式。选择【图像】|【模式】，选择“RGB 颜色”模式，选择“8 位/通道”，如图 1.66 所示。

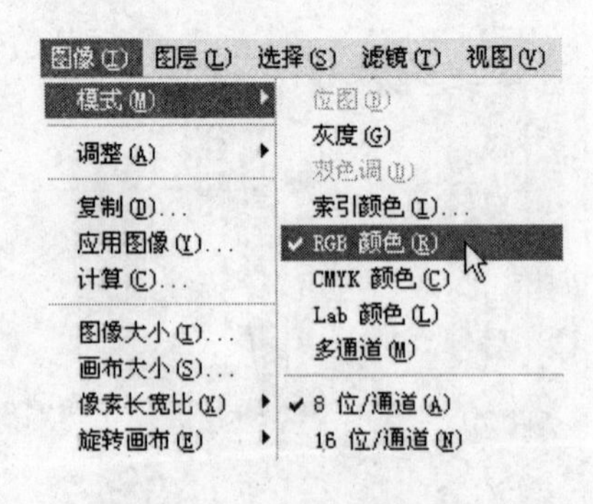

图 1.66　选择图像模式

1.5.2　剪贴图像

剪贴图像的任务是选择拷贝“妇人”油画，然后粘贴到新的图层。

（1）打开图像。选择【文件】|【打开】（Ctrl+O），从范例 5 文件夹中打开“FR007.jpg”图片，如图 1.67 所示。

（2）拷贝图像。在【工具箱】中选择“多边形”套索工具，在画布中央勾选“妇人”油画图像建立选区，选择【编辑】|【拷贝】（Ctrl+C），拷贝选区内容，如图 1.68 所示。

图 1.67　FR007.jpg 图片

图 1.68　拷贝选区图像

（3）关闭“FR007.jpg”图片，回到“妇人”编辑窗口。

（4）粘贴图像。选择【编辑】|【粘贴】（Ctrl+V），【图层调板】上出现“图层 1”，如图 1.69 所示。

图 1.69　建立图层 1

1.5.3　图像视角效果调整

“妇人”油画贴入图层 1 后，使用【编辑】|【自由变换】工具进行斜切变化调整，使“妇人”油画覆盖原来的油画，部分内容相重合。

（1）在【图层调板】中选择“图层 1”，选择【移动】工具将“妇人”油画移动到原来油画上面，如图 1.70 所示。

图 1.70　移动图像

（2）选择【编辑】|【自由变换】（Ctrl+T），左手按压“Ctrl”键，移动鼠标指针从图形框的边角进行斜切变化调整，使“妇人”油画边缘与原来的油画左边对齐，右边宽于原来的油画，如图 1.71 所示。

图 1.71 调整图像视角

1.5.4 存储文件

根据创意设计目的，选择要存储的图像文件格式，一般情况下，首先要存储 Photoshop 格式含编辑图层的正本文件。

（1）选择【文件】|【存储】（Ctrl+S），【格式】选择 Photoshop（*.PSD;*.PDD），单击【保存】按钮。

（2）“妇人”最终编辑图像可存储为 JPEG 格式，供浏览和 Web 使用。

1.6 范例 6：“红天鹅”标识设计

“红天鹅”服装公司标识是“标识象形表现”设计方法，如图 1.72 所示。

“红天鹅” 标识使用 Photoshop CS2 路径工具，绘制标识图形，填充路径颜色，组合造型，设计效果非常直观可读，制作技巧也非常容易掌握，如图 1.73、图 1.74 和图 1.75 所示。

图 1.72 标识效果图

图 1.73 绘制图形

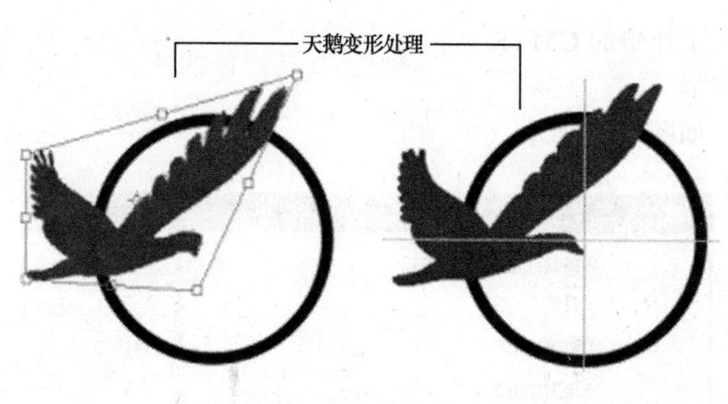

图 1.74　变形处理

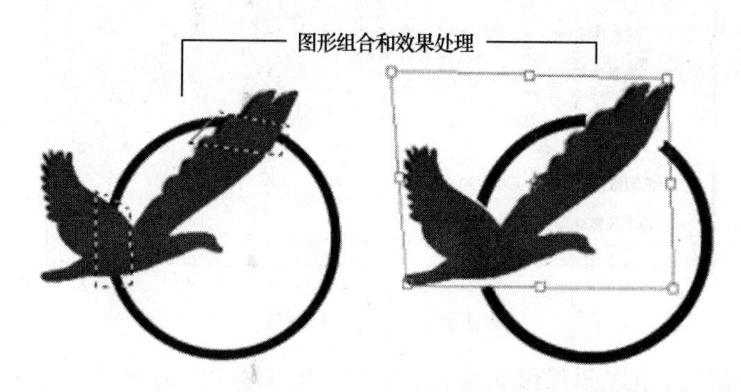

图 1.75　标识效果处理

▲【使用路经图形设计标识的意义】 Photoshop CS2 具有路径形状编辑功能，在路径形状选项中可以选用存储的各种图形。根据创意要求选择预设图形，再使用【自由变换】工具加以变换，改造组合，可以非常方便地设计出较为理想的公司标识。

【提示】标识设计中一般使用矢量软件进行设计，印刷不受栅格图分辨率的影响，可以任意缩放，线条和色彩都比较清晰。使用 Photoshop 设计标识，可以为矢量软件设计作样稿；可以使用高分辨率进行标识设计，其分辨率不低于 300 像素/英寸，能够保证印刷质量。

1.6.1　图像编辑准备

对于“红天鹅”的标识设计，图像编辑准备主要是新建图像文件，命名新建图像文档名称，存储文件。

（1）启动 Photoshop CS2。

（2）新建文件。选择【文件】|【新建】(Ctrl+N)，设定如下参数：

名称：红天鹅公司标识

预设：自定

宽：100 毫米

高：100 毫米

分辨率：300 像素 / 英寸

颜色模式：CMYK / 8 位

背景内容：白色

颜色配置文件：工作中的 CMYK

像素长宽比：方形

设定参数结果，如图 1.76 所示。

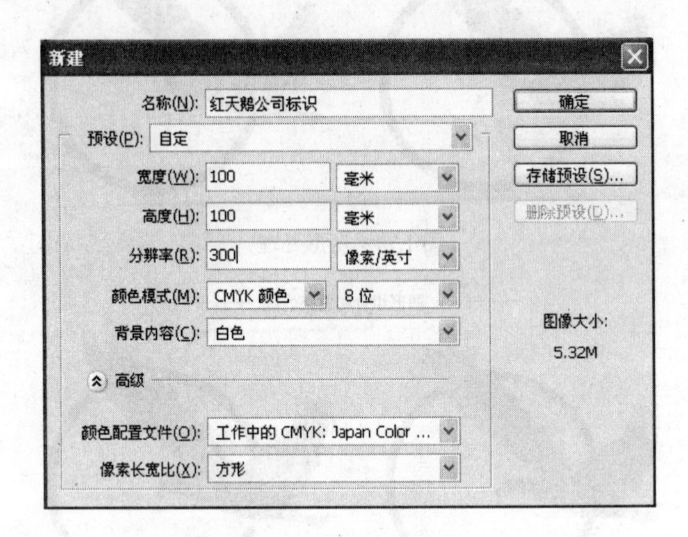

图 1.76 新建文档参数

（3）调整编辑窗口。出现图像编辑窗口，在左下角状态栏“画布显示比例”中输入 33.33%，在【工具箱】“屏幕切换”选项中选择中间按钮，将屏幕界面切换到带有菜单的全屏模式，选择“抓手”工具，将画布拖至中央。

（4）打开标尺。选择【视图】|【标尺】(Ctrl+R)。

（5）设定参考线。选择“移动”工具，从标尺线拉参考线至纵坐标 50 毫米和横坐标 50 毫米位置，建立中心参考线。使用“移动”工具从画布左上角移动坐标 0 点至参考线交叉位置，如图 1.77 所示。

（6）打开图层调板。选择【窗口】|【图层】，置放【图层调板】在画布的右边。

（7）存储文件 选择【文件】|【存储】(Ctrl+S)，【格式】选择 Photoshop（*.PSD;*.PDD），单击【保存】按钮。

1.6.2 绘制蓝圈

“红天鹅”服装公司标识，由“红天鹅”和“蓝圈”两个图形组成，选择路径形状，先进行蓝圈绘制。

（1）新建图层 1。在【图层调板】中选择“背景”，在调板下边选择【创建新图层】按钮，新建图层 1，如图 1.78 所示。

（2）设定颜色。选择【工具箱】|【前景色】，前景色设置为“蓝色”（C96.M83.Y0.K0）。

（3）设定参考线。选择“移动”工具，从竖标尺线拉参考线至横坐标-20 毫米位置，建立蓝圈半径参考线，如图 1.79 所示。

（4）选择“形状”工具。操作方法如下：

● 选择【工具箱】|【路径工具组】，选择“自定形状”工具，如图 1.80 所示。

● 选择【选项栏】|【形状选项】按钮，同时选定【填充像素】按钮，模式为“正常”，不透明度为 100%，选择“消除锯齿”，然后在预设符号中选择“窄边圆框”，如图 1.81 所示。

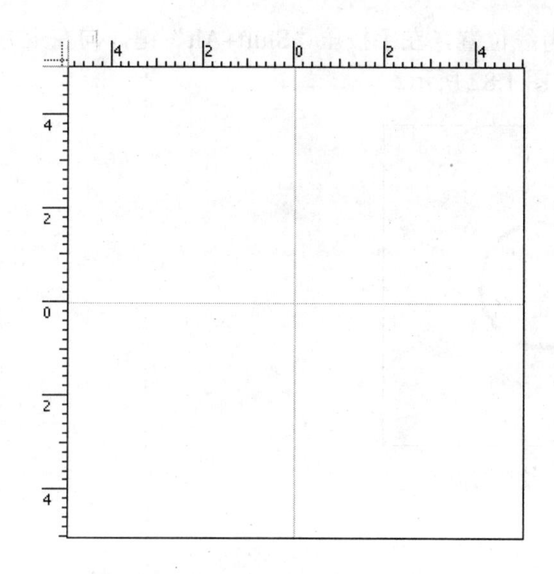

图 1.77　设定中心参考线

图 1.78　图层 1

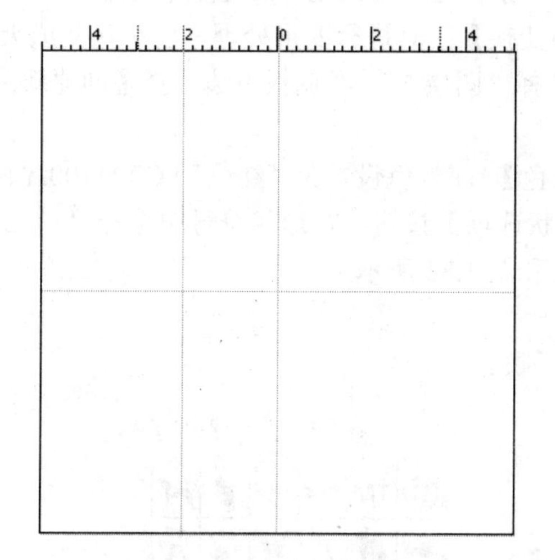

图 1.79　设定半径参考线

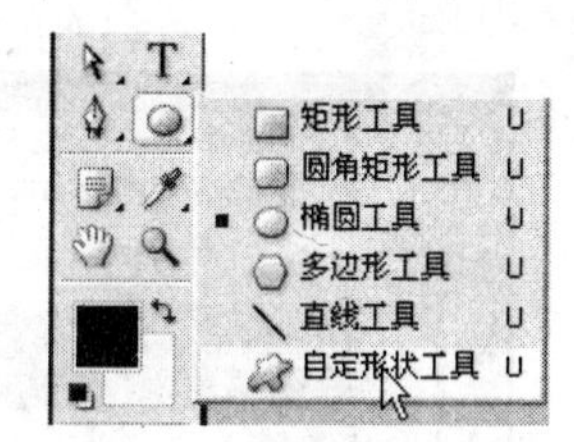

图 1.80　选择形状工具

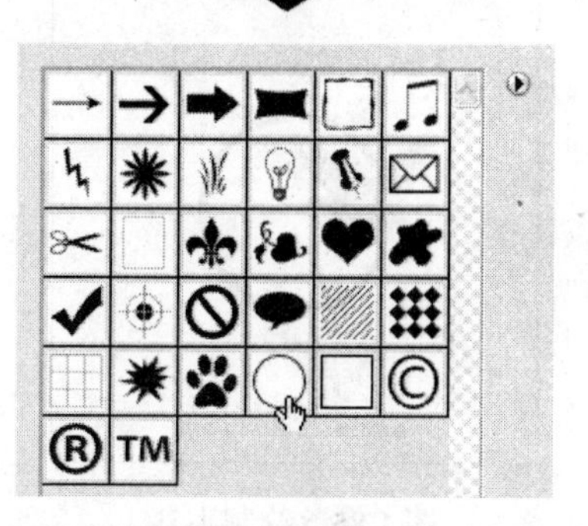

图 1.81　选择形状

（5）绘制蓝圈 将十字光标放在中心参考线位置，左手按压“Shift+Alt”键，向左上方拖动光标使圆圈对齐-20 毫米参考线位置，如图 1.82 所示。

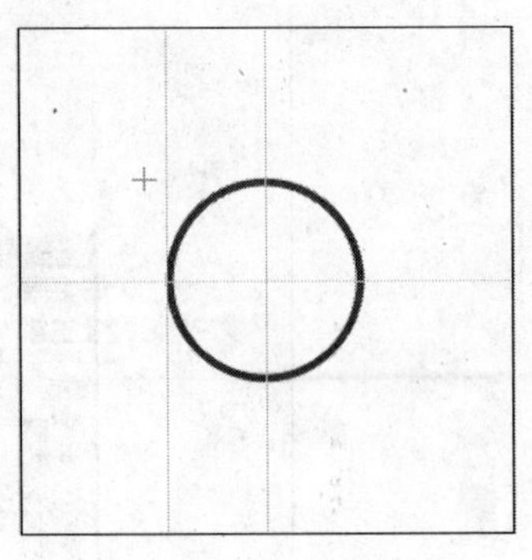

图 1.82 绘制圆圈

1.6.3 绘制红天鹅

“红天鹅”服装公司标识设计的主要视觉条件是“红天鹅”的造型，使用 Photoshop CS2 路径形状先绘制小鸟图形，然后使用【自由变换】工具进行变形处理，使小鸟变成天鹅。

（1）新建图层 2。在【图层调板】中选择“图层 1”，在调板下边选择【创建新图层】按钮，新建“图层 2”，如图 1.83 所示。

（2）设定颜色。选择【工具箱】|【前景色】，前景色设置为“红色”（C0.M100.Y100.K0）。

（3）绘制小鸟。选择【选项栏】|【形状选项】按钮，在形状符号中选择“鸟 2”，使用“鸟 2”在蓝圈上面画一只小鸟，如图 1.84 和图 1.85 所示。

图 1.83 图层 2

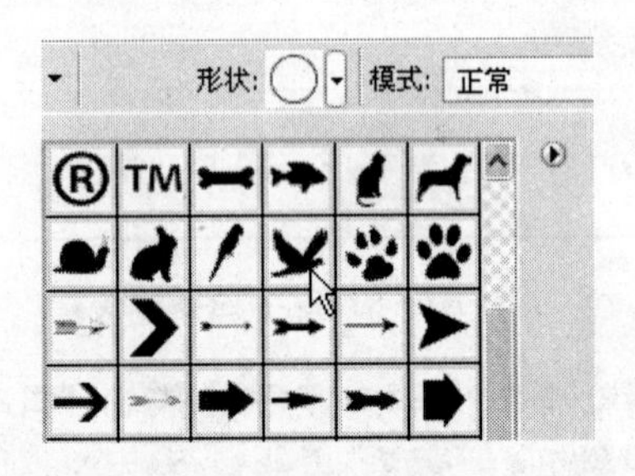

图 1.84 选择小鸟

图 1.85 绘制小鸟

（4）小鸟变形。选择【编辑】|【自由变换】（Ctrl+T），左手按压“Ctrl”键，移动鼠标指针从图形框的边角进行斜切变化调整，使小鸟变成天鹅形态，如图 1.86 所示。

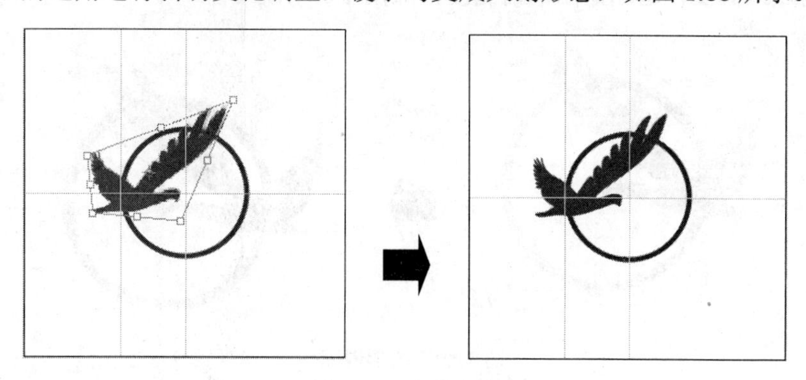

图 1.86　自由变换

（5）天鹅头形处理 操作方法如下：

● 选择【视图】|【隐藏参考线】（Ctrl+;）。

● 在【工具箱】中选择“套索”工具，勾选小鸟的脑袋。

● 选择【编辑】|【自由变换】（Ctrl+T），左手按压“Ctrl”键，移动鼠标指针从图形框的边角进行斜切变化调整，使小鸟脑袋变成天鹅脑袋形态，如图 1.87 所示。

● 按“回车”键，取消选择（Ctrl+D）。

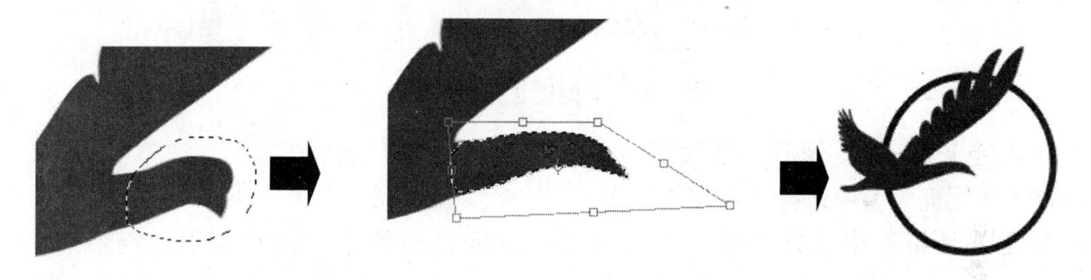

图 1.87　鸟头变形

1.6.4　标志视角效果处理

“蓝圈”和“红天鹅”图形构成的标志比较简单，但气势不够。运用 Photoshop CS2 图形变化处理功能可以提高标志的力度，增强视觉冲击力。

（1）建立“图层 1”副本。在【图层调板】上右键单击“图层 1”，选择【复制图层】，建立“图层 1”副本，如图 1.88 所示。

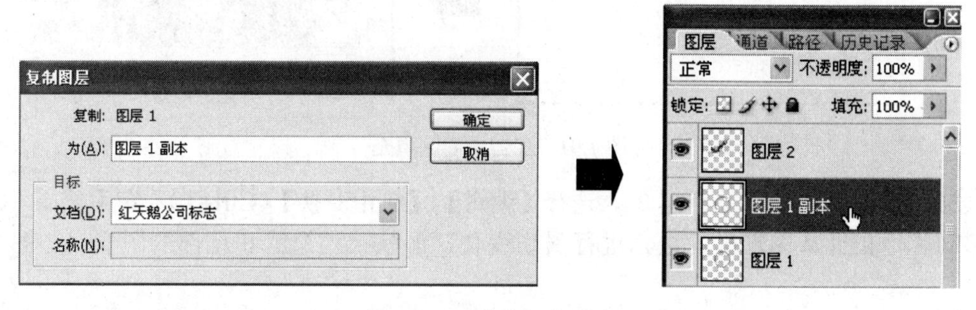

图 1.88　“图层 1”副本

（2）增加蓝圈宽度。选择【编辑】|【自由变换】(Ctrl+T)，左手按压“Shift+Alt”键，鼠标挂角向内微缩圆圈，增加蓝圈的内宽度，如图 1.89 所示。

图 1.89　图形内缩

（3）建立“图层 2”副本。在【图层调板】上右键点击“图层 2”，选择【复制图层】，建立“图层 2”副本，如图 1.90 所示。

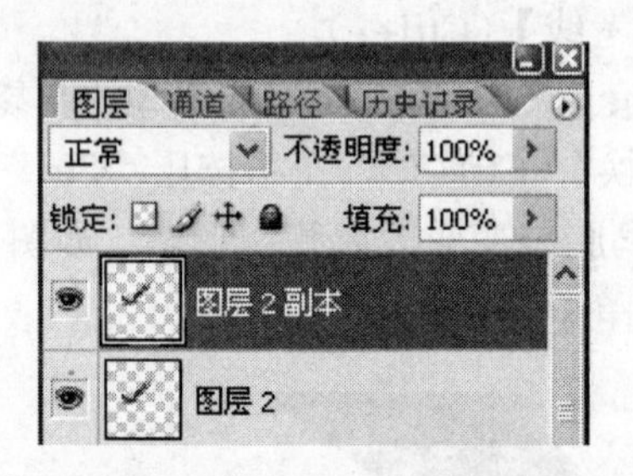

图 1.90　“图层 2”副本

（4）改变天鹅颜色。操作方法如下：

● 在【图层调板】中选择“图层 2”。

● 在【工具箱】中选择“吸管”工具，点取蓝圈颜色，确定前景色与蓝圈颜色一致。

● 选择【编辑】|【填充】，勾选“保留透明区域”，填充“前景色”，如图 1.91 所示。

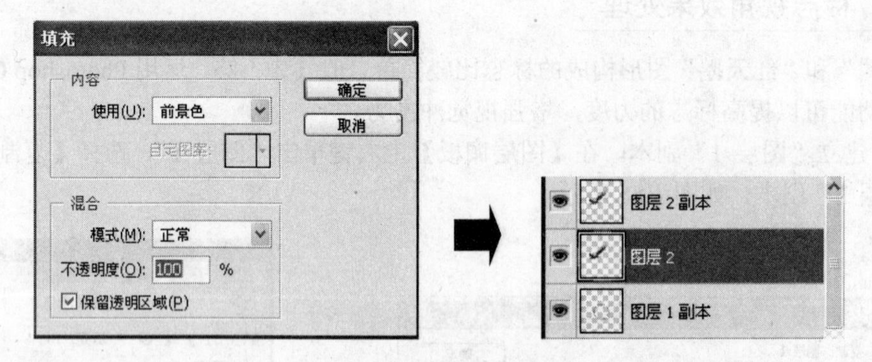

图 1.91　保留透明区填充

（5）调整阴影。选择“图层 2”，选择【编辑】|【自由变换】(Ctrl+T)，左手按压“Ctrl”键，移动鼠标指针从图形框的边角进行斜切变化，调整天鹅翅膀和尾部的阴影，如图 1.92 所示。

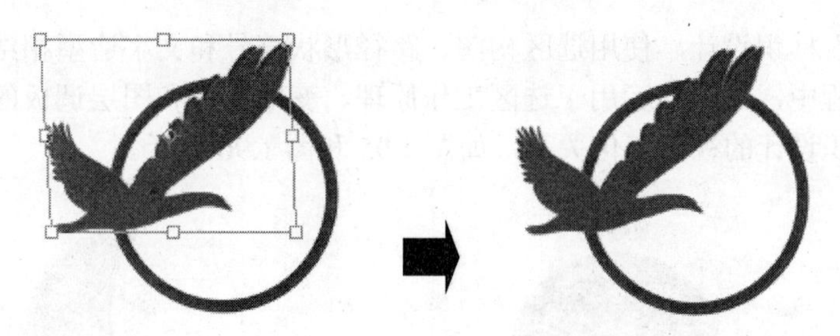

图 1.92　调整阴影

（6）优化组合。在【工具箱】中选择“多边形”套索工具，选择【选项栏】|【添加到选区】按钮，勾选天鹅与蓝圈相切的部位，选择【编辑】|【清除】(Delete)，分别删除“图层 1”和“图层 1 副本”选区内容，如图 1.93 所示。

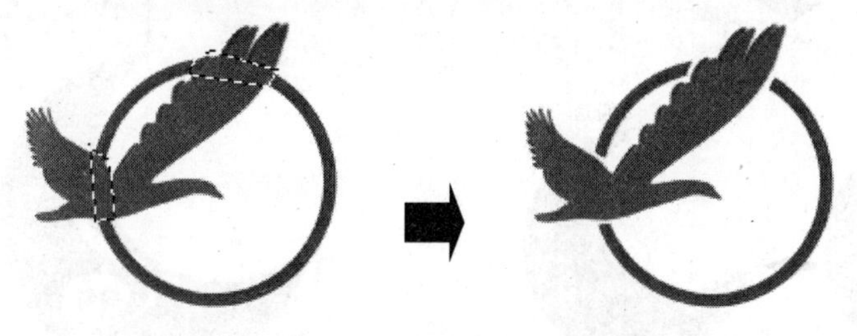

图 1.93　删除选区内容

1.6.5　存储文件

根据创意设计目的，选择要存储的图像文件格式，一般情况下，首先要存储 Photoshop 格式含编辑图层的正本文件。

- 选择【文件】|【存储】(Ctrl+S)，【格式】选择 Photoshop（*.PSD;*.PDD），单击【保存】按钮。
- 选择【文件】|【存储】(Ctrl+S)，【格式】选择 TIFF（*.TIF;*.TIFF），单击【保存】按钮。

1.7　范例 7：“蓝新乐团”标识设计

“蓝新乐团”标识是集“月亮图形”、“音乐符号”、“公司简称文字”为一体的“多元化标识设计形式”，如图 1.94 所示。

图 1.94　标志效果图

“蓝新乐团”标识设计，使用选区构图、路径形状符号和文字造型相结合的表现方法，图像制作处理过程中，灵活地运用了选区工作原理、变形工具和图层调板的控制功能，较为准确地把握了标识设计的视角变化关系，如图 1.95 和图 1.96 所示。

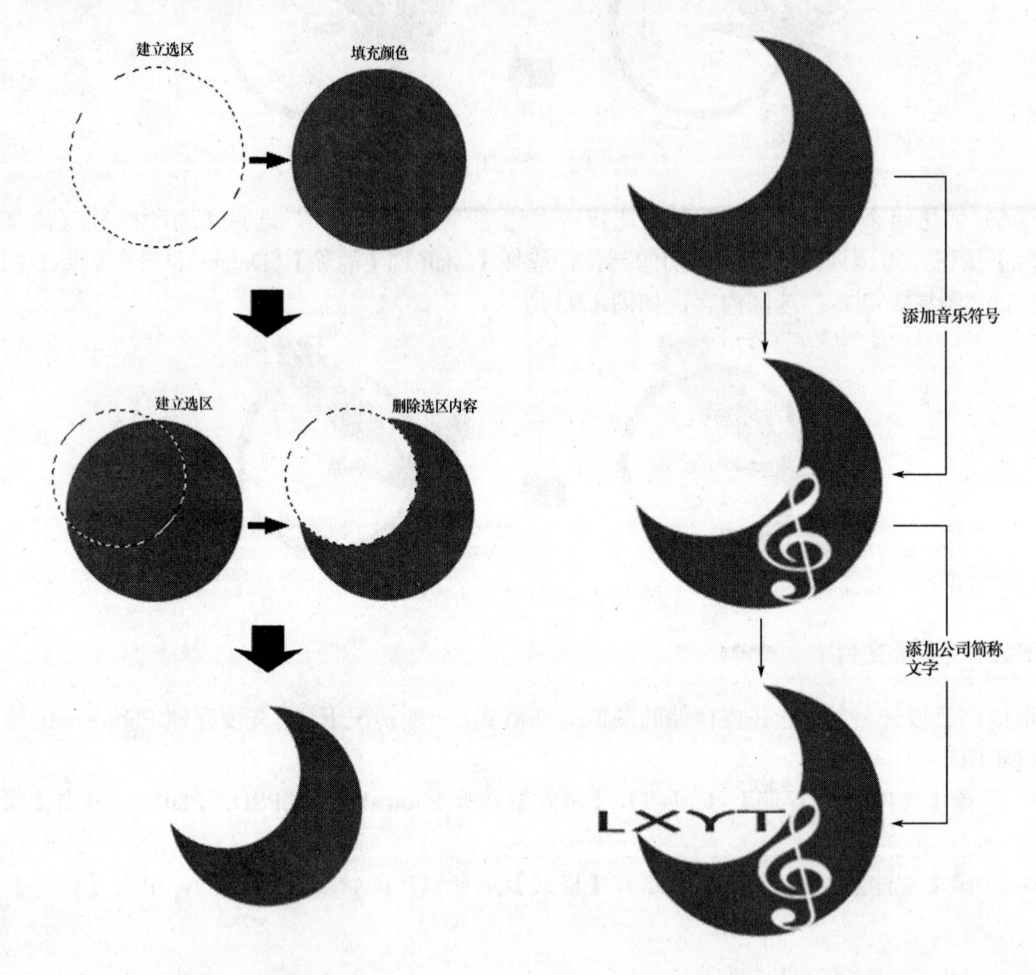

图 1.95　绘制月亮　　　　图 1.96　添加文字和乐符

▲【Photoshop 多元化形式设计标识的意义】 Photoshop CS2 选区工具、路径工具、图形变换工具具有灵活的构图功能，并自带各种路径形状图形，可以自由地对图形和字符进行造型，给多元化标识设计创意创造了条件，能够非常方便地设计出较为理想的公司标识。

【提示】标识设计中一般使用矢量软件进行设计，印刷不受栅格图分辨率的影响，可以任意缩放，线条和色彩都比较清晰。使用 Photoshop 设计标识，可以为矢量软件设计作样稿；可以使用高分辨率进行标识设计，其分辨率不低于 300 像素/英寸，能够保证印刷质量。

1.7.1　图像编辑准备

“蓝新乐团”标识设计中，图像编辑准备主要是新建图像文件，命名新建图像文档名称和存储文件。其操作方法如下。

（1）启动 Photoshop CS2。

（2）新建文件。选择【文件】|【新建】（Ctrl+N），设定如下参数：

名称：蓝新乐团公司标志

预设：自定

宽：100 毫米

高：100 毫米

分辨率：300 像素 / 英寸

颜色模式：RGB/ 8 位

背景内容：白色

颜色配置文件：工作中的 RGB

像素长宽比：方形

设定参数结果，如图 1.97 所示。

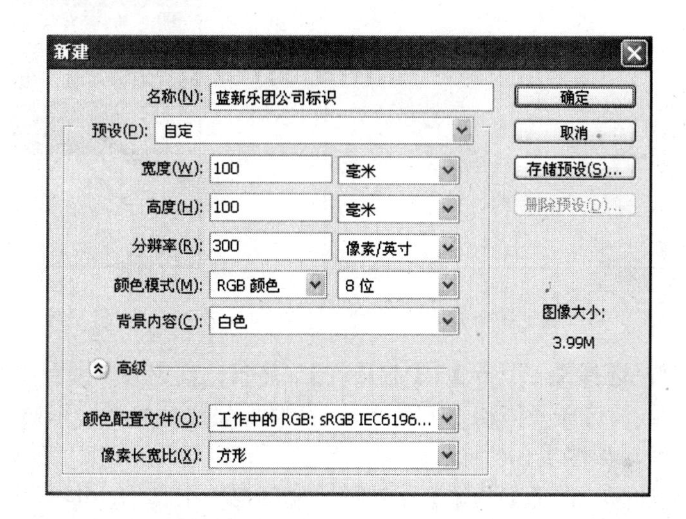

图 1.97　新建文档参数

【提示】使用 Photoshop 设计标识，可以现在 RGB 颜色模式下编辑，定稿前转换成 CMYK 颜色模式并进行颜色校正。

（3）调整编辑窗口。出现图像编辑窗口，在左下角状态栏“画布显示比例”中输入 33.33%，在工具箱屏幕切换选项中选择中间按钮，将屏幕界面切换到带有菜单的全屏模式，选择“抓手”工具将画布拖至中央。

（4）打开标尺。选择【视图】|【标尺】（Ctrl+R）。

（5）设定参考线。选择“移动”工具，从标尺线拉参考线至纵坐标 50 毫米和横坐标 50 毫米位置，建立中心参考线。使用“移动”工具从画布左上角移动坐标 0 点至参考线交叉位置，如图 1.98 所示。

（6）打开图层调板。选择【窗口】|【图层】，置放【图层调板】在画布的右边。

（7）存储文件。选择【文件】|【存储】（Ctrl+S），【格式】选择 Photoshop（*.PSD;*.PDD），单击【保存】按钮。

1.7.2 绘制月亮

“蓝新乐团”公司标识的主标题内容是上半月的月亮，“弯弯的月亮映在清澈的蓝空”。采取反视觉表现手法，将月亮色彩视为蓝色，月牙向左上方弯曲，可以准确地表达“蓝新乐团”“新月”、“蓝乐”之意，表现了创意主题。

（1）新建“图层 1”，在【图层调板】中选择背景，在调板下边选择【创建新图层】按钮，新建“图层 1”，如图 1.99 所示。

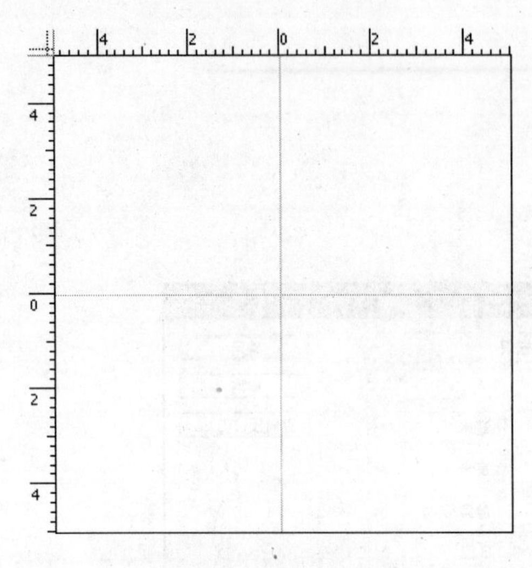

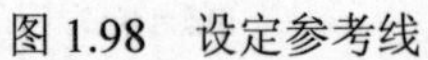

图 1.98 设定参考线

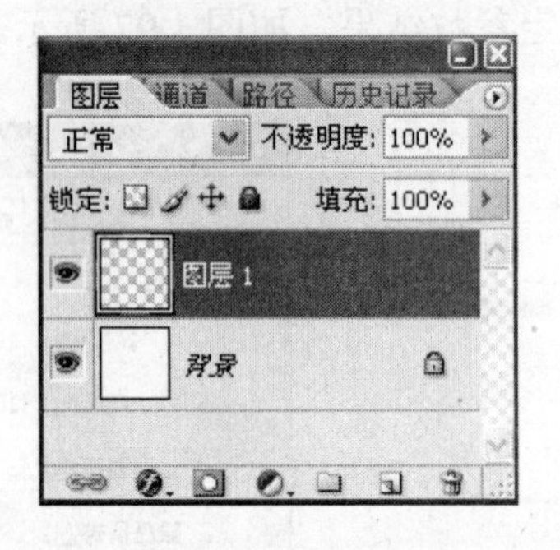

图 1.99 图层 1

（2）设定颜色。选择【工具箱】|【前景色】，前景色设置为“蓝色”（R7.G114.B198）。

（3）设定参考线。选择“移动”工具，从竖标尺线拉参考线至横坐标-30 毫米位置，建立蓝圈半径参考线，如图 1.100 所示。

（4）建立月亮选区。在【工具箱】中选择“椭圆形”工具，将十字光标放在中心参考线位置，左手按压“Shift+Alt”键，向右下方拖动光标使圆圈对齐-30 毫米参考线位置，如图 1.101 所示。

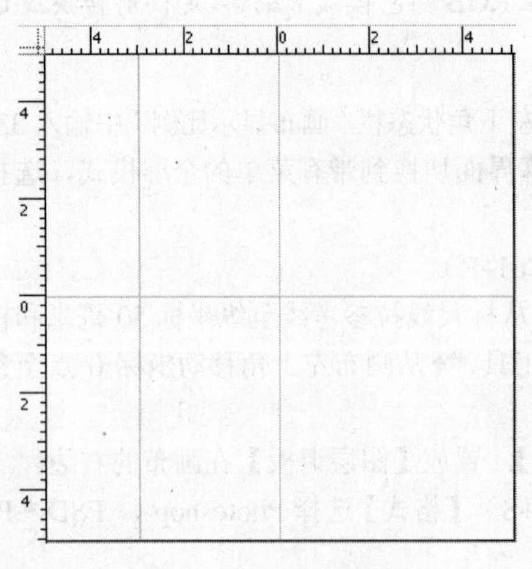

图 1.100 设定半径参考线

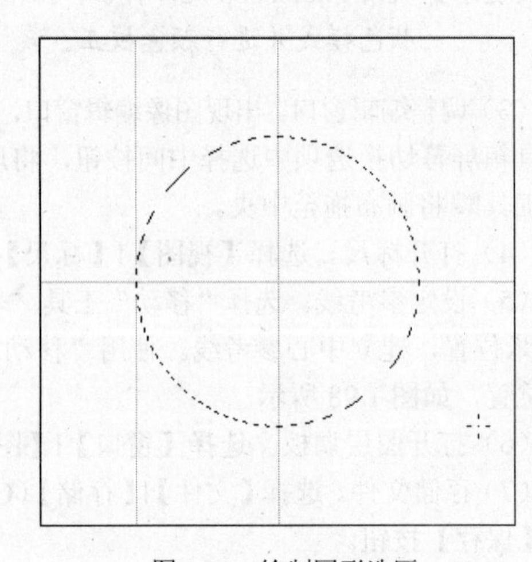

图 1.01 绘制圆形选区

（5）填充选区。选择【编辑】|【填充】(Alt+Delete)，填充【前景色】，如图 1.102 所示。

（6）变换选区。选择【选择】|【变换选区】，将十字光标放在中心参考线位置，左手按压“Shift+Alt”键，向内缩小半径距离约 6 毫米，然后移动选区上边与蓝图上边交于垂直中心参考线、选区右下边向右下方偏离蓝图中心半径约 6 毫米，如图 1.103 所示。

（7）删除图像。选择【编辑】|【清除】(Delete)，删除“图层 1”选区内容，如图 1.104 所示。

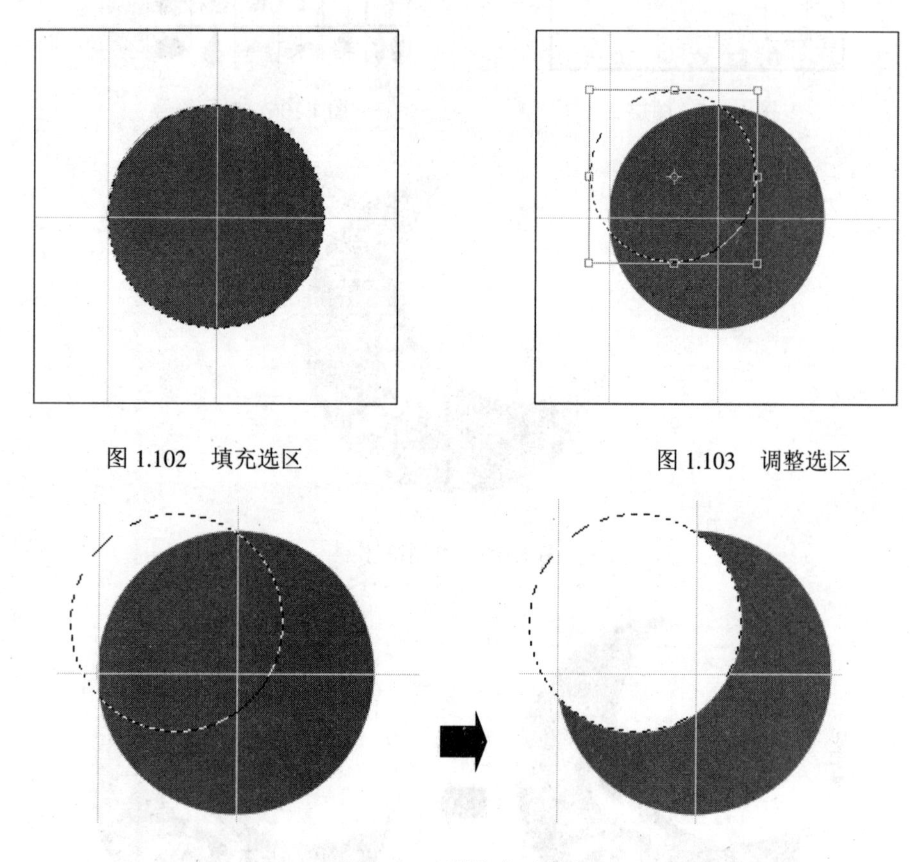

图 1.102　填充选区

图 1.103　调整选区

图 1.104　删除选区内容

1.7.3　绘制音乐符号

在 Photoshop CS2 路径形状图形库中可以选择到高音谱符号，作为“蓝新乐团”标识性质的象征。

（1）新建“图层 2”。在【图层调板】中选择“图层 1”，在调板下边选择【创建新图层】按钮，新建“图层 2”，如图 1.105 所示。

（2）设定颜色。选择【工具箱】|【前景色】，前景色设置为白色。

（3）绘制符号。选择【工具箱】|【路径工具组】，选择“自定形状”工具，选择【选项栏】|【形状选项】按钮，在形状符号中选择“高音谱号”，在蓝月亮上面画一个高音谱符号，如图 1.106、图 1.107 所示。

（4）调整符号位置。选择【编辑】|【自由变换】(Ctrl+T)，左手按压 Ctrl 键，移动指针，调整音乐符号位置，如图 1.108 所示。

图 1.105　图层 2

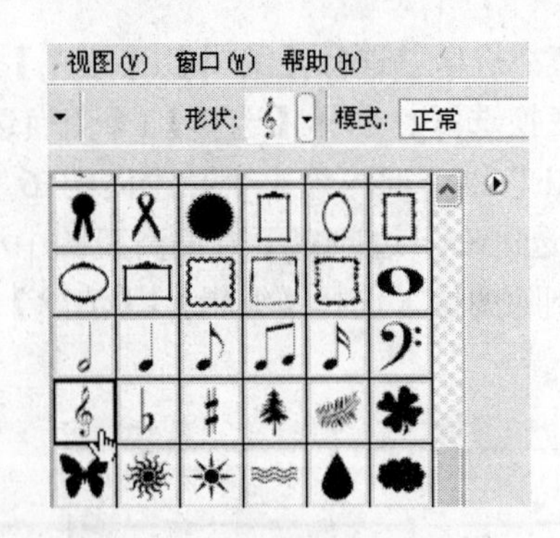

图 1.106　选择符号

图 1.107　绘制符号

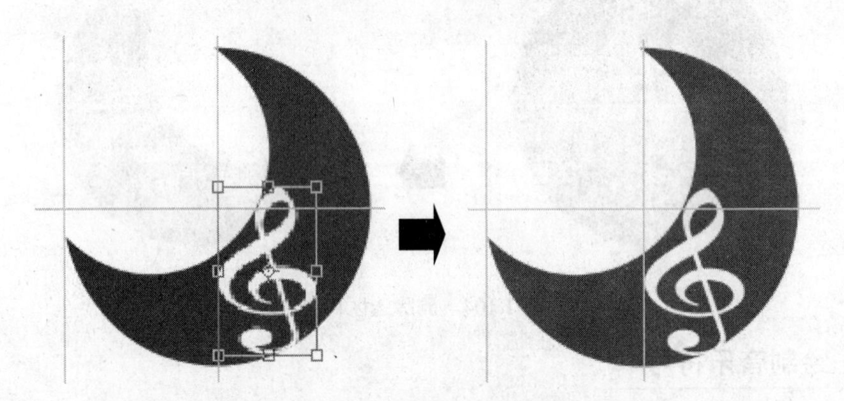

图 1.108　调整音符位置

1.7.4　文字变形处理

使用“蓝新乐团”拼音字头以红色表示，作为标识的视觉核心，使用【自由变换】工具调整字形，以扁平造型平衡于月亮的中心，加深“蓝新乐团”标识的内涵。

（1）输入文字。在【工具箱】中选择“横排文字”工具T，选择【选项栏】|【字符调板】，【文字颜色】设置为红色（R255.G0.B0），【字体】设置为 Lithos Pro，【字号】设置为 48 点，【字符比例间距】设置成 0%点，字体加粗，在月亮圆缺位置输入：LXYT，如图 1.109 和图 1.110 所示。

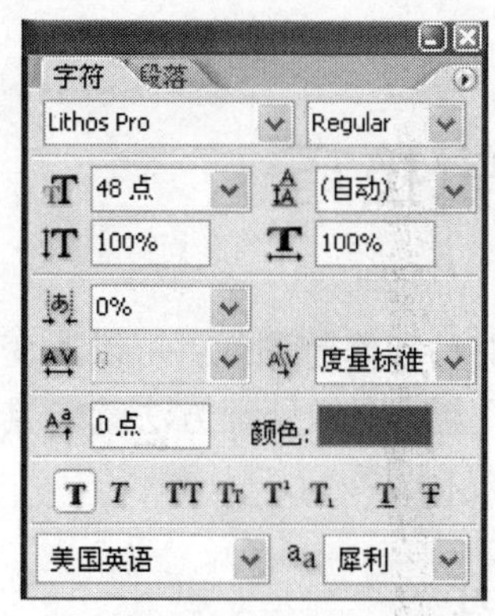

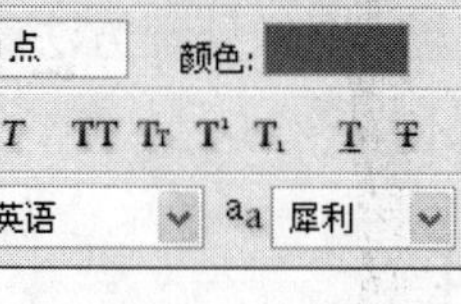

图 1.109　字符设定

图 1.110　输入文字

（2）调整字形。选择【编辑】|【自由变换】(Ctrl+T)，移动指针将文字压扁置放在参考线的下边，选择【视图】|【隐藏参考线】(Ctrl+;)，如图 1.111 所示。

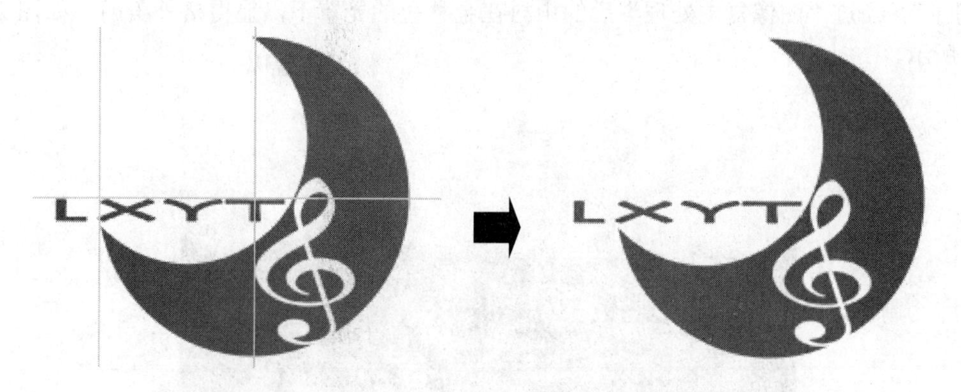

图 1.111　文字变形

1.7.5　存储文件

根据创意设计目的，选择要存储的图像文件格式。一般情况下，首先要存储 Photoshop 格式含编辑图层的正本文件。

● 选择【文件】|【存储】(Ctrl+S)，【格式】中选择 Photoshop (*.PSD;*.PDD)，单击【保存】按钮。

第 2 章　图像编辑技巧

Photoshop CS2 图像编辑功能非常强大，可以任意剪贴和修整图像；可以改变图像结构进行位移；也可以根据需要进行图像再植插图等。掌握了上述图像处理方法就能灵活地进行图像编辑，达到创意设计随心所欲的技术要求。

2.1 范例 8：“山村秋色”图像复生

“山村秋色”图像复生是运用 Photoshop CS2 拷贝粘贴图像的功能，使用快捷复制方法，复制若干个“山村小房子”，经过图层编辑和图形变化调整，在山坡高地上生成相同的几处“山村小房子”。经过“图像复生处理”后的山村在金秋色的笼罩下，显得格外美丽，如图 2.1 至图 2.4 所示。

图 2.1　“山村秋色”效果图

图 2.2　原来的山村

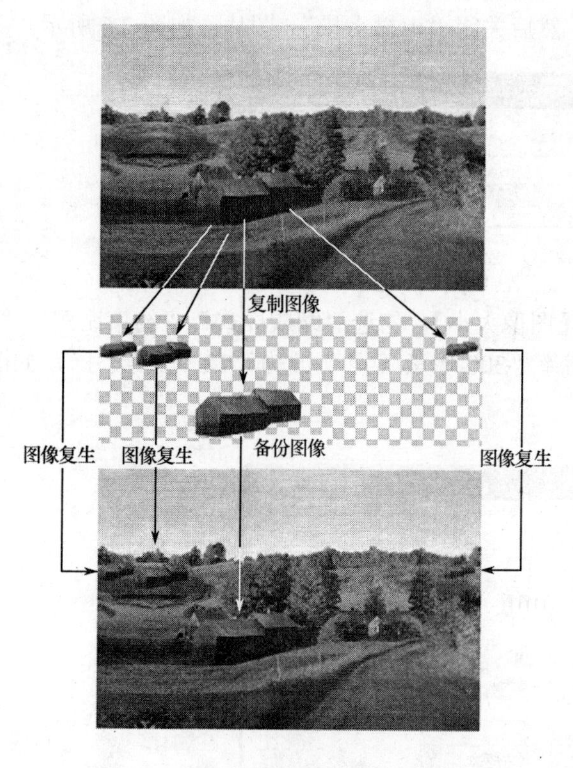

图 2.3　图像复生

图 2.4　图层编辑

▲【图像复生的意义】 图像复生是复制图像的重复作业，主要用于在不同的位置与增加相同的图像内容进行图像合成，塑造艺术效果，达到创作目的。

2.1.1　图像编辑准备

“山村秋色”图像的编辑准备主要是选择并打开图像，复制图像，命名图像文档名称，确定图像分辨率，确定图像编辑颜色模式。

（1）启动 Photoshop CS2。

（2）打开图像。选择【文件】|【打开】(Ctrl+O)，从范例 8“山村秋色”文件夹打开“山村小景 jpg”图片，如图 2.5 所示。

图 2.5　山村小景.jpg 图片

（3）复制图像。打开图像后，选择【图像】|【复制图像】，出现“复制图像”对话框，

输入“山村秋色”，单击【确定】按钮，然后关闭“山村小景” 图片，如图 2.6 所示。

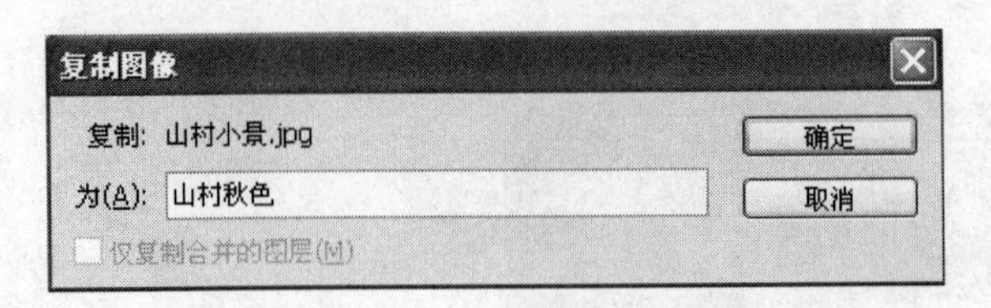

图 2.6 复制图像

（4）改变分辨率。选择【图像】|【图像大小】，勾选“缩放样式”、“约束比例”、“重定图像像素”，保持像素大小不变，将分辨率“300 像素/英寸”改为“72 像素/英寸”，如图 2.7 所示。

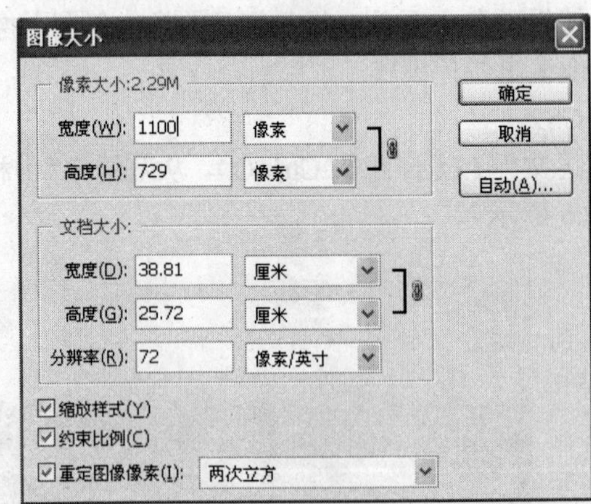

图 2.7 图像信息

（5）调整编辑窗口。出现图像编辑窗口，在左下角状态栏“画布显示比例”中输入 50%，在工具箱屏幕切换选项中选择中间按钮，将屏幕界面切换到带有菜单的全屏模式，选择“抓手”工具将画布拖至中央。

（6）打开图层调板。选择【窗口】|【图层】，置放【图层调板】在画布的右边。

（7）确定颜色模式。选择【图像】|【模式】，选择“RGB 颜色”模式，选择“8 位/通道”，如图 2.8 所示。

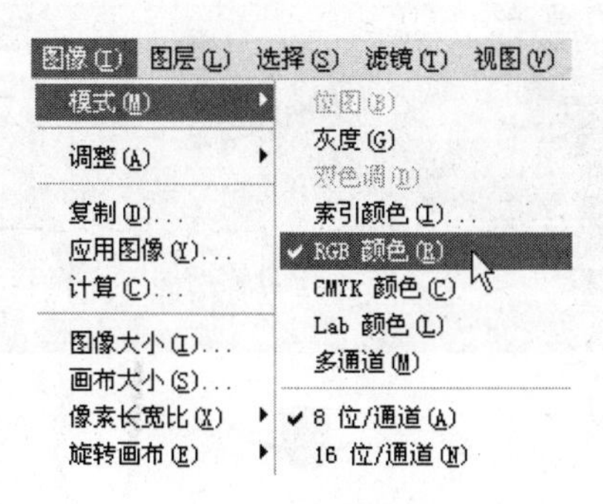

图 2.8　选择图像模式

2.1.2　快捷复制图像

使用快捷键复制图像的特点是不通过图层复制可以直接复制选区图像内容；复制过程可以边复制边调整图像位置，节省了图层调板复制图层环节的时间，速度比较快。

（1）建立复制选区。在【工具箱】中选择“多边形套索”工具，在画布中勾选“小房子”，建立选区，选择【编辑】|【拷贝】（Ctrl+C），拷贝选区内容，如图 2.9 所示。

图 2.9　选择图像

（2）粘贴图像。选择【编辑】|【粘贴】（Ctrl+V），【图层调板】上出现“图层 1”，如图 2.10 所示。

（3）快捷复制图像。在【工具箱】中选择“移动”工具，左手按压 Alt 键，在画布上拖移“小房子”至画布左上方高地处，选择【编辑】|【自由变换】（Ctrl+T），左手按压 Shift 键将房子缩小，然后移动到高地下边的两块绿地之间，如图 2.11 和图 2.12 所示。

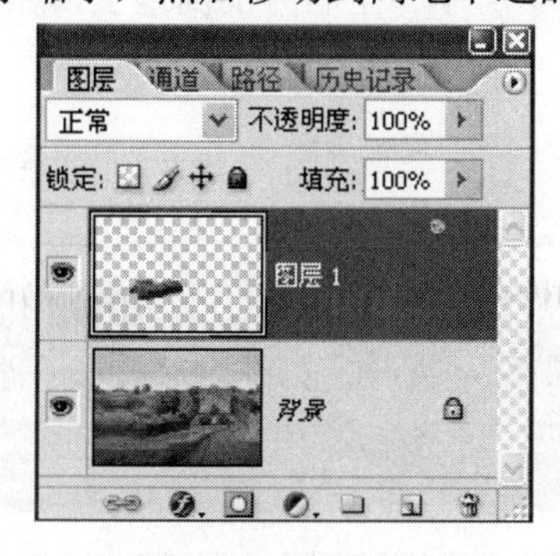

图 2.10　建立图层 1

图 2.11　拖移复制

图 2.12 自由变换调整

（4）再次快捷复制图像。使用“移动”工具 ，左手按压 Alt 键，将远处“小房子”向左拖移复制，松开左键再按压左键，拖移刚复制的“小房子”至右方的高地上，如图 2.13 所示。

图 2.13 再次复制图像

（5）调整图像大小位置。其操作方法如下：

● 选择【右键】点击远方左边“小房子”图像，选择【编辑】|【自由变换】(Ctrl+T)，左手按压 Shift 键将房子缩小，然后移动到绿地与树林之间。

● 选择【右键】点击远方右边“小房子”图像，选择【编辑】|【自由变换】(Ctrl+T)，左手按压 Shift 键将房子缩小，然后移动到绿地与树林之间，如图 2.14 和图 2.15 所示。

图 2.14　调整左方房子

图 2.15　调整右方房子

（6）图层显示。使用快捷复制图像的方法，可以不使用图层调板进行控制编辑，但对于每次快捷复制图像和快捷选择图像，图层调板都会有相应的显示，如图 2.16 所示。

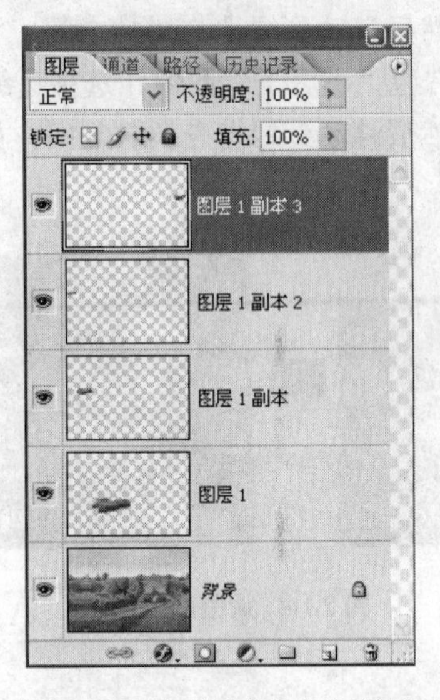

图 2.16 “山村秋色”图层编辑

2.1.3 存储文件

根据创意设计目的，选择要存储的图像文件格式。一般情况下，首先要存储 Photoshop 格式含编辑图层的正本文件。

（1）选择【文件】|【存储】(Ctrl+S)，【格式】中选择 Photoshop（*.PSD;*.PDD），单击【保存】按钮。

（2）“山村秋色”最终编辑图像可存储为 JPEG 格式，供浏览和 Web 使用

2.2 范例 9：“黄昏”图像再生修补

“黄昏”图像再生修补是运用 Photoshop CS2 进行拷贝粘贴图像和图形变换的功能，在图像编辑过程中，巧妙地为断翅（图像内容不够）的飞鸟添加了翅膀，成功地合成了“黄昏”风景图像，如图 2.17 至图 2.19 所示。

图 2.17 “黄昏”效果图

图 2.18　图像合成

图 2.19　图像再生

▲【图像再生的意义】 图像再生处理技术主要用于增加或修补图像内容，适用于图像合成处理或者摄影技术不能够完成的照片处理，可以任意剪贴图像内容。运用图像再生处理技术可以达到欲索可得，自由而方便地设计创作。

2.2.1　图像编辑准备

“黄昏”图像的编辑准备主要是选择并打开图像，复制图像，命名图像文档名称，确定图像编辑颜色模式。

（1）启动 Photoshop CS2。

（2）打开图像。选择【文件】|【打开】(Ctrl+O)，从范例 9“黄昏”文件夹中打开“wgui01.psd”

图片，如图 2.20 所示。

图 2.20　wgui01.psd 图片

（3）复制图像。打开图像后，选择【图像】|【复制图像】，出现“复制图像”对话框，输入“黄昏”，单击【确定】按钮，然后关闭“wgui01.psd”图片，如图 2.21 所示。

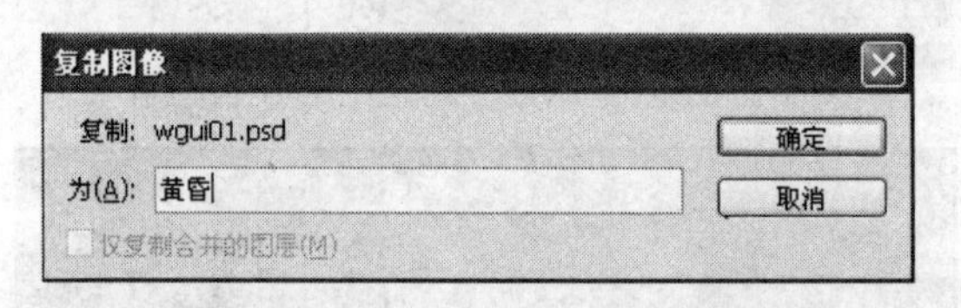

图 2.21　复制图像

（4）查看图像。选择【图像】|【图像大小】，查看图像信息，如图 2.22 所示。

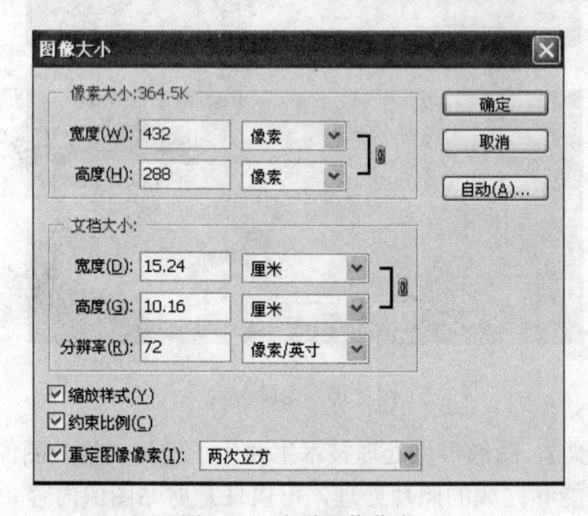

图 2.22　查看图像信息

（5）确定颜色模式。选择【图像】|【模式】，选择“RGB 颜色”模式，选择“8 位/通道”，如图 2.23 所示。

（6）调整编辑窗口。出现图像编辑窗口，在左下角状态栏“画布显示比例”中输入 100%，在工具箱屏幕切换选项中选择中间按钮，将屏幕界面切换到带有菜单的全屏模式，选择“抓手”工具将画布拖至中央。

（7）打开图层调板。选择【窗口】|【图层】，置放【图层调板】在画布的右边。

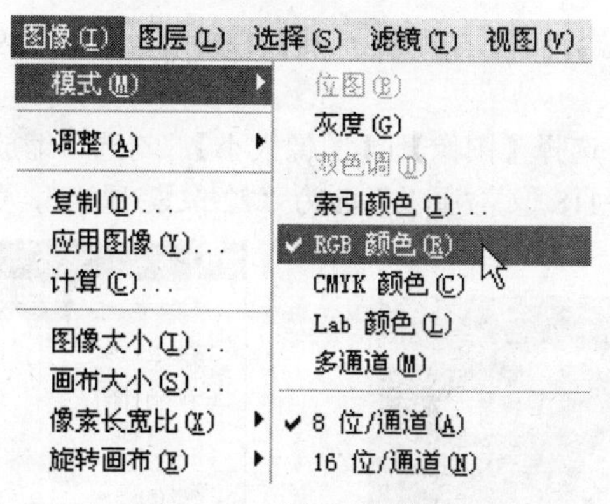

图 2.23　选择图像模式

2.2.2　剪贴图像

打开“wgui01”图像后，剪贴准备合像的图像内容，使用【编辑】|【自由变换】工具，调整图像位置。

（1）打开 niao002.psd 图像。选择【文件】|【打开】(Ctrl+O)，从范例 9 文件夹打开“niao002.psd”图片，如图 2.24 所示。

（2）置入图像。在【图层调板】中选择“图层 1”，从【工具箱】中选择“移动”工具,将左边的白鹤直接拖入到编辑窗口小船的左下边，然后关闭“niao002.psd”图片，如图 2.25 和图 2.26 所示。

图 2.24　niao002.psd 图片

图 2.25　图层 1

图 2.26　拖入图像

(3)打开 niao001 图像。选择【文件】|【打开】(Ctrl+O),从范例 9 文件夹打开“niao001.jpg”图片，如图 2.27 所示。

(4)改变图像大小。选择【图像】|【图像大小】，勾选“缩放样式”、“约束比例”、“重定图像像素”，将分辨率“118 像素/厘米”改为“72 像素/厘米”，如图 2.28 所示。

图 2.27 niao001.jpg 图片

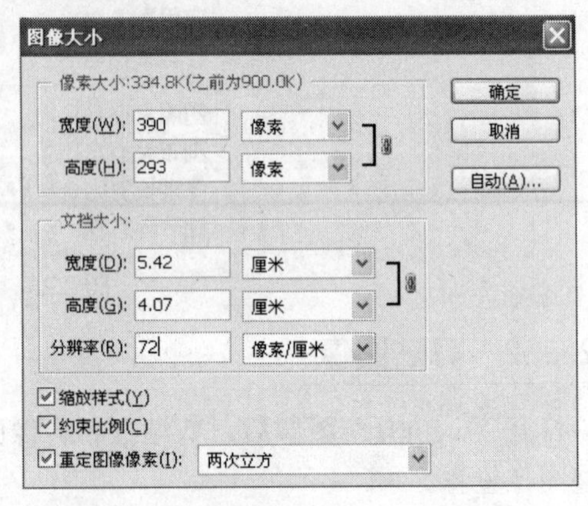

图 2.28 图像信息

(5)拷贝图像。在【工具箱】中选择“多边形套索”工具，在画布中勾选“白鹤”，建立选区，选择【编辑】|【拷贝】(Ctrl+C)，拷贝选区内容，然后关闭“niao001.jpg”图片，如图 2.29 所示。

图 2.29 选取图像

(6)粘贴图像。选择【编辑】|【粘贴】(Ctrl+V)，【图层调板】上出现“图层 1”，选择【右键】|【图层属性】|【名称】，改“图层 1”为“图层 2”，如图 2.30 所示。

图 2.30 粘贴图像

（7）调整图像位置。选择【编辑】|【自由变换】(Ctrl+T)，左手按压 Shift 键将白鹤缩小，然后移动到上一只白鹤的右边，如图 2.31 所示。

（8）打开 niao004 图像。选择【文件】|【打开】(Ctrl+O)，从范例 9 文件夹中打开“niao004.jpg”图片，如图 2.32 所示。

（9）选取图像 在【工具箱】中选择“魔棒”工具,选择【选项栏】|【添加到选区】按钮，容差设置为 30 像素，选择“消除锯齿”、“连续”，在画布上连续点选天空直至选定全部天空图像内容，选择【选择】|【反向】(Shift+Ctrl+I)，如图 2.33 所示。

图 2.31　变换位置

图 2.32　niao004.jpg 图片

图 2.33　选取图像

（10）拷贝图像。选择【编辑】|【拷贝】(Ctrl+C)，拷贝选区内容，然后关闭“niao001.jpg”图片。

（11）粘贴图像。选择【编辑】|【粘贴】(Ctrl+V)，【图层调板】上出现“图层 1”，选择【右键】|【图层属性】|【名称】，改“图层 1”为“图层 3”，如图 2.34 所示。

（12）调整图像位置。选择【编辑】|【自由变换】(Ctrl+T)，左手按压 Shift 键将黑雁缩

小，然后移动到右上方天空上，如图 2.35 所示。

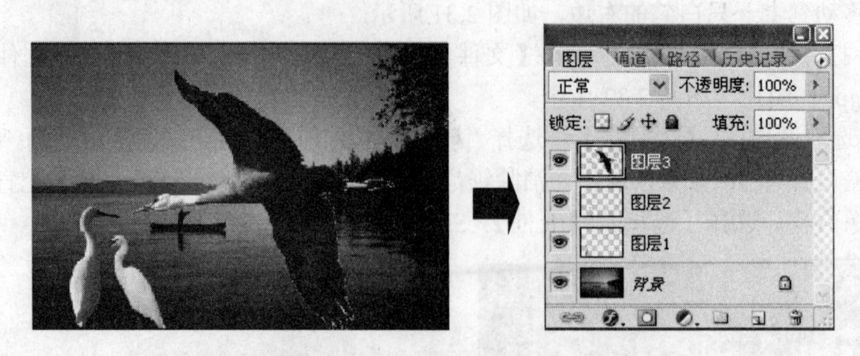

图 2.34　粘贴图像

图 2.35　调整图像位置

（13）打开 niao003 图像。选择【文件】|【打开】(Ctrl+O)，从范例 9 文件夹中打开“niao003.jpg”图片，如图 2.36 所示。

图 2.36　niao003.jpg 图片

（14）选取图像。在【工具箱】中选择“魔棒”工具，选择【选项栏】|【添加到选区】按钮，容差设置为 30 像素，选择“消除锯齿”、“连续”，在画布上连续点选天空和云彩直至选定全部天空图像内容，选择【选择】|【反向】(Shift+Ctrl+I)，如图 2.37 所示。

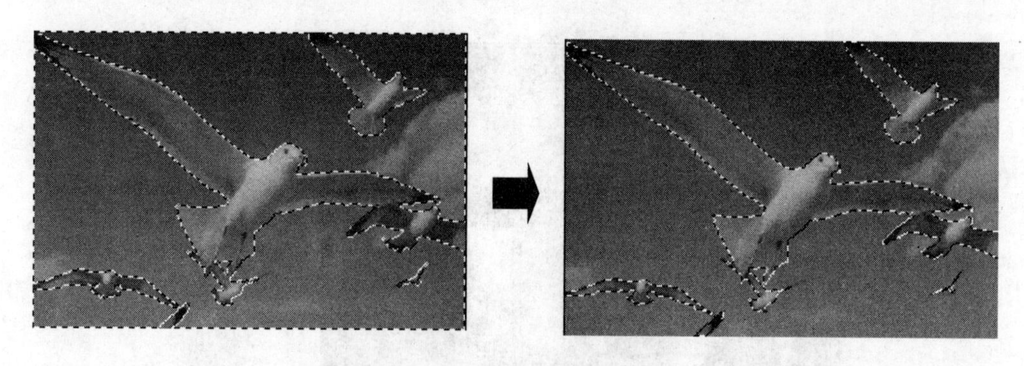

图 2.37　选取图像

（15）修整选区。在【工具箱】中选择“套索”工具，选择【选项栏】|【从选区中减去】按钮，勾选图像下边多余的鸟翅膀，如图 2.38 所示。

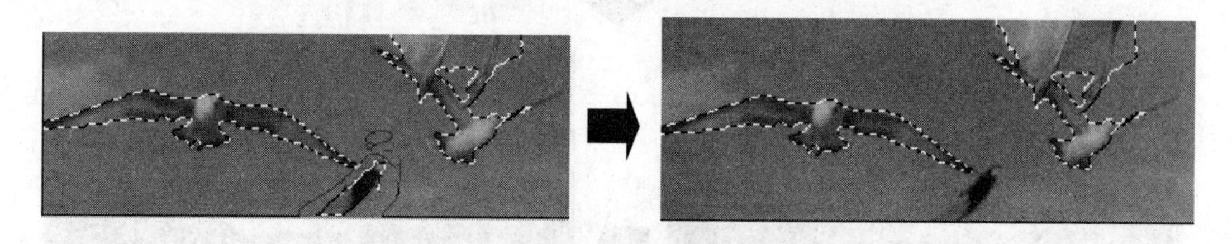

图 2.38　修整选区

（16）拷贝图像。选择【编辑】|【拷贝】（Ctrl+C），拷贝选区内容，然后关闭“niao003.jpg”图片。

（17）粘贴图像。选择【编辑】|【粘贴】（Ctrl+V），【图层调板】上出现“图层 1”，选择【右键】|【图层属性】|【名称】，改“图层 1”为“图层 4”，如图 2.39 所示。

图 2.39　图层 4

（18）调整图像位置。选择【编辑】|【自由变换】（Ctrl+T），左手按压 Shift 键将鸟群缩小，然后移动到左上方天空上，如图 2.40 所示。

2.2.3　修补图像

图像剪贴工作完成后，“niao003”图片右边没能够完整记录鸟翅膀信息内容，造成剪贴图像不够完整。下面使用图像再生的方法，复制“断翅鸟”的另一只翅膀修补断缺的翅膀。

图 2.40 变换图像位置

（1）选择图层。在【图层调板】中选择“图层 4”，如图 2.41 所示。

（2）复制图像。在【工具箱】中选择“多边形套索”工具，在画布中勾选“断翅鸟”的左翅膀建立选区，选择【编辑】|【拷贝】（Ctrl+C），拷贝选区内容，如图 2.42 所示。

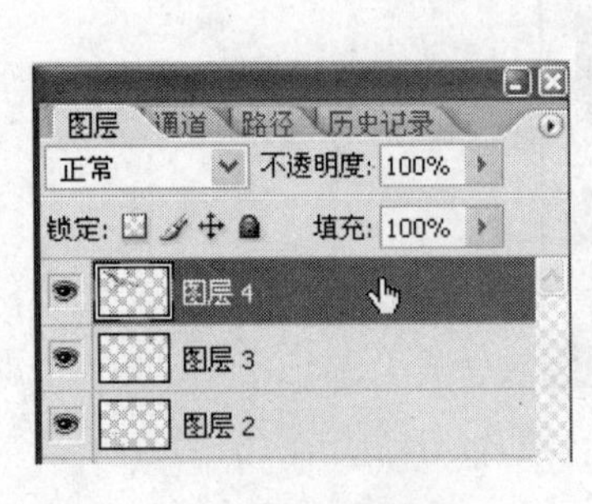

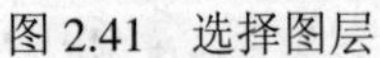

图 2.41 选择图层

图 2.42 选取图像

（3）粘贴图像。选择【编辑】|【粘贴】（Ctrl+V），【图层调板】上出现“图层 5”，如图 2.43 所示。

（4）图像对接。其操作方法如下：

● 选择【编辑】|【自由变换】（Ctrl+T），将指针放在图形框内，移动翅膀与右边断翅边缘对齐，如图 2.44 所示。

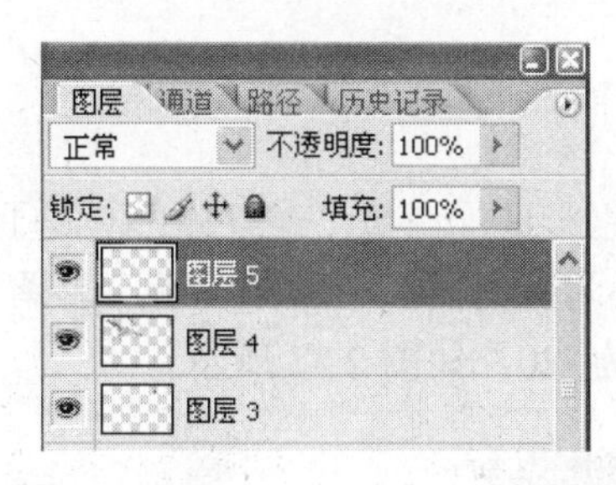

图 2.43　图层 5

● 使用指针从图形框左边向右平拉作水平翻转，然后调整图形框对接翅膀，如图 2.45 所示。

● 左手按压 Ctrl 键斜切调整翅膀，对接到合适程度，如图 2.46 所示。

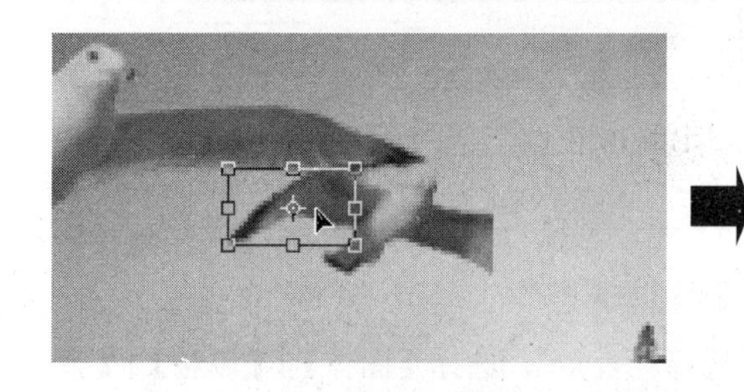

图 2.44　边缘对齐

图 2.45　水平翻转

图 2.46　对接调整

2.2.4 图像色彩调整

图像编辑完成以后，要对色彩进行调整，使整体色彩趋于和谐。

（1）调整底图色彩。在【图层调板】中选择背景，选择【图像】|【调整】|【亮度/对比度】，设定亮度为-11、对比度为+20，如图 2.47 所示。

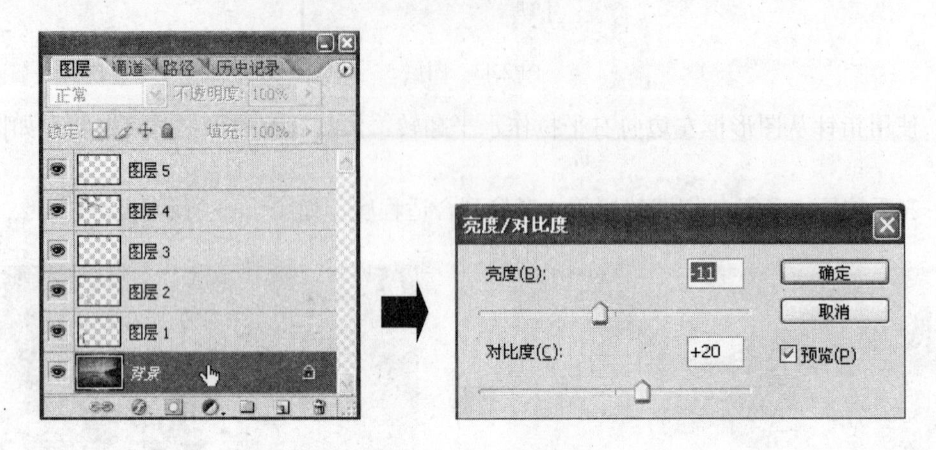

图 2.47 亮度/对比度调整

（2）调整鸟群色彩。在【图层调板】中选择“背景”，选择【图像】|【调整】|【亮度/对比度】，设定亮度为+25、对比度为+15，如图 2.48 所示。

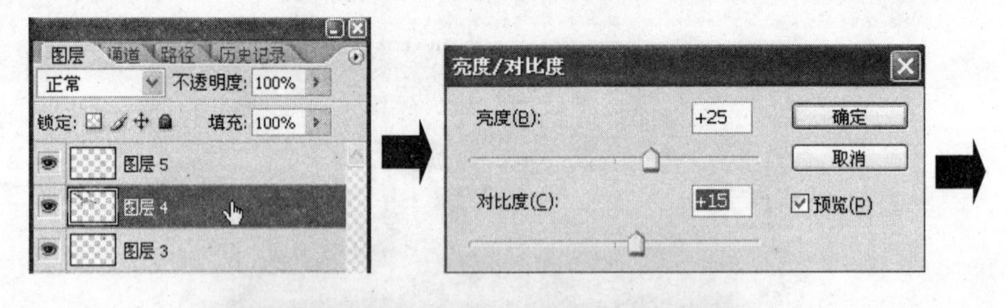

图 2.48 图像色彩调整

2.2.5 存储文件

根据创意设计目的，选择要存储的图像文件格式。一般情况下，首先要存储 Photoshop 格式含编辑图层的正本文件。

（1）选择【文件】|【存储】(Ctrl+S)，【格式】选择 Photoshop（*.PSD;*.PDD），单击【保存】按钮。

（2）“黄昏”最终编辑图像可存储为 JPEG 格式，供浏览和 Web 使用。

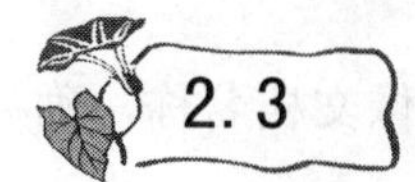

2.3 范例 10：“马蹄莲”图像再植

“马蹄莲”图像再植通过运用 Photoshop CS2 拷贝粘贴图像、图形变换和图层编辑的功能，巧妙地将“一支鲜艳的马蹄莲”置放在蒙娜丽莎手中，让古老的油画增添新的风采，表现新的生命力量，如图 2.49 和图 2.50 所示。

图 2.49 “马蹄莲”效果图

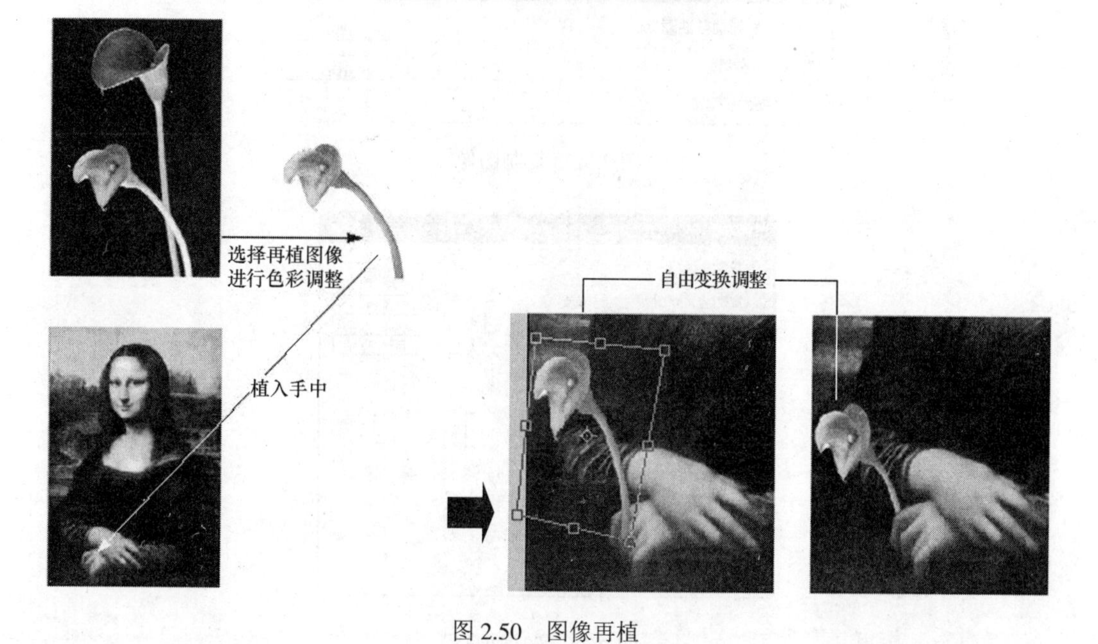

图 2.50　图像再植

▲【图像再植的意义】 图像再植处理技术主要用于增加图像内容，塑造艺术效果，达到

一种创新目的。图像再植非常适用于摄影技术不能够完成的照片处理，可以添加摄影内容。运用图像再生处理技术可以达到广告艺术设计等平面创作的技术要求。

2.3.1 图像编辑准备

“马蹄莲”图像的编辑准备主要是选择并打开图像，复制图像，命名图像文档名称，确定图像编辑颜色模式。

（1）启动 Photoshop CS2。

（2）打开图像。选择【文件】|【打开】(Ctrl+O)，从范例 10“马蹄莲”文件夹中打开“蒙娜丽莎油画.jpg”图片，如图 2.51 所示。

图 2.51　蒙娜丽莎油画.jpg 图片

（3）复制图像。打开图像后，选择【图像】|【复制图像】，出现“复制图像”对话框，输入“马蹄莲”，单击【确定】按钮，然后关闭“蒙娜丽莎油画.jpg”图片，如图 2.52 所示。

（4）查看图像。选择【图像】|【图像大小】，查看图像信息，如图 2.53 所示。

图 2.52　复制图像

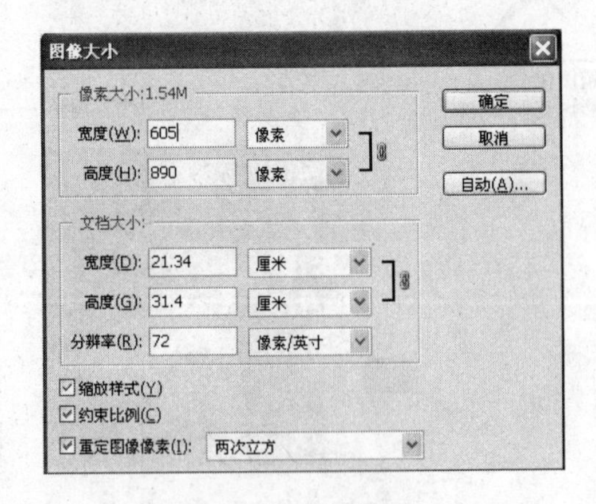

图 2.53　图像信息

（5）确定颜色模式。选择【图像】|【模式】，选择“RGB 颜色”模式，选择“8 位/通道”，

如图 2.54 所示。

（6）调整编辑窗口。出现图像编辑窗口，在左下角状态栏“画布显示比例”中输入 50%，在工具箱屏幕切换选项中选择中间按钮，将屏幕界面切换到带有菜单的全屏模式，选择“抓手”工具将画布拖至中央。

（7）打开图层调板。选择【窗口】|【图层】，置放【图层调板】在画布的右边。

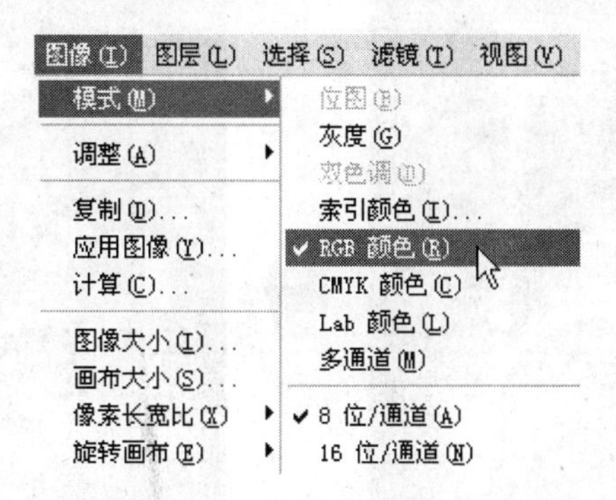

图 2.54　选择图像模式

2.3.2　选择再植图像

选择再植图像非常重要，选择的图像既要符合创意的要求又要便于编辑，如果选择的图像不能够直接使用，需要对再植图像进行编辑处理。

（1）打开图像。选择【文件】|【打开】（Ctrl+O），从范例 10“马蹄莲”文件夹中打开“马蹄莲 02.jpg”图片，如图 2.55 所示。

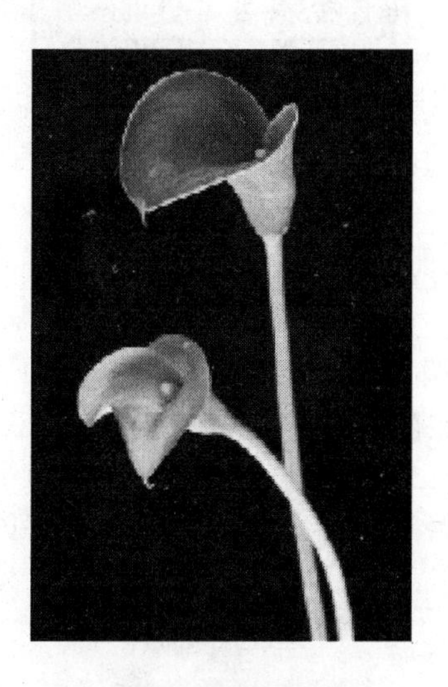

图 2.55　马蹄莲

（2）选取图像。在【工具箱】中选择“魔棒”工具，选择【选项栏】|【添加到选区】按钮，容差设置为 30 像素，选择“消除锯齿”、“连续”，在画布上连续点选黑暗颜色，选定两支马蹄莲图像内容，选择【选择】|【反向】（Shift+Ctrl+I），如图 2.56 所示。

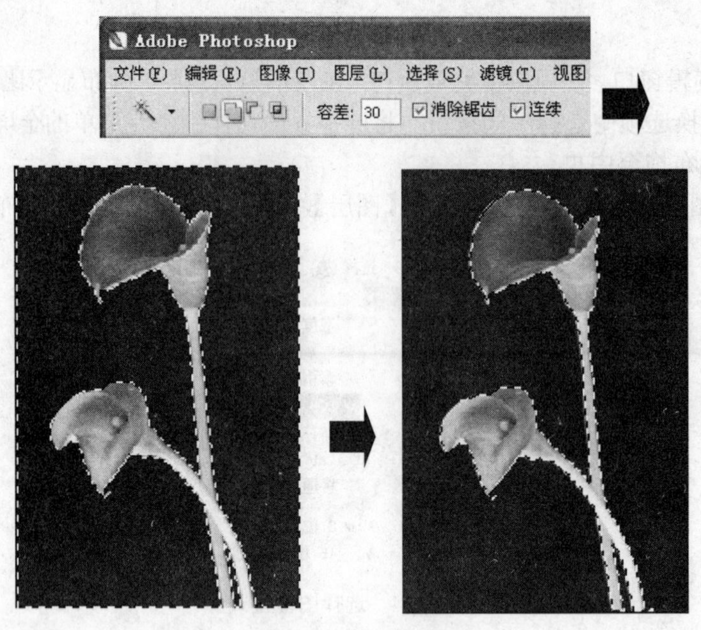

图 2.56 选取图像

（3）复制图像。选择【编辑】|【拷贝】(Ctrl+C)，拷贝选区内容，选择【编辑】|【粘贴】(Ctrl+V)，【图层调板】上出现“图层 1”，如图 2.57 所示。

图 2.57 图层 1

（4）删除图像。在【图层调板】中隐藏背景，在【工具箱】中选择“多边形套索”工具，选择右边一支马蹄莲，选择【编辑】|【清除】(Delete)，删除选区内容，如图 2.58 所示。

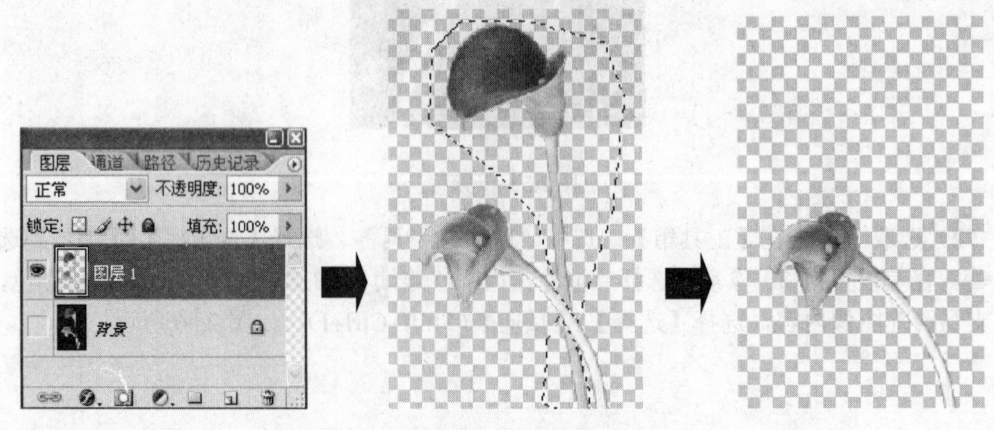

图 2.58 删除图像

2.3.3　图像再植处理

将选择的“马蹄莲”置入到蒙娜丽莎手中。

（1）选择图层。确定当前编辑窗口为马蹄莲图像文档，在【图层调板】中选择“图层 1”，如图 2.59 所示。

（2）置入图像。在【工具箱】中选择“移动”工具，直接将“图层 1”拖入到“马蹄莲编辑窗口”蒙娜丽莎手的上面，然后存储“马蹄莲 02”为 PSD 文件，如图 2.60 所示。

图 2.59　选择图层 1

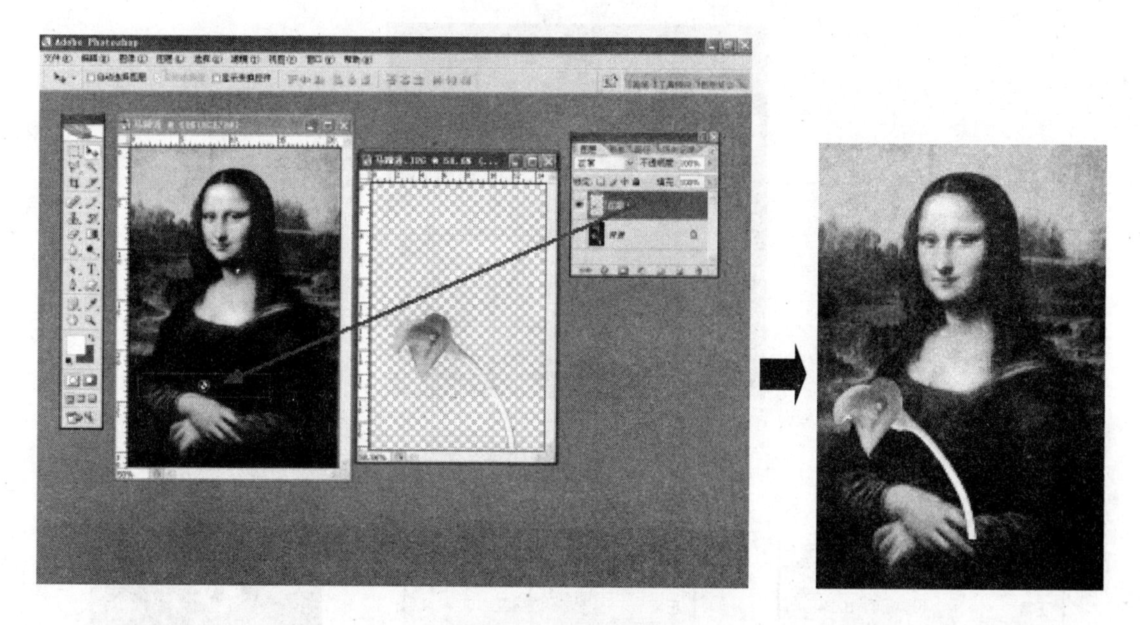

图 2.60　置入图像

（3）图像位置调整。选择【编辑】|【自由变换】（Ctrl+T），左手按压 Ctrl 键，移动鼠标指针从图形框的边角进行斜切调整马蹄莲的图像位置，示意马蹄莲捏在蒙娜丽莎的手中，如图 2.61 所示。

（4）图层同位覆盖。其操作方法如下：

● 在【图层调板】中选择背景，在【工具箱】中选择“多边形套索”工具，勾选花茎下边的手指部位，如图 2.62 所示。

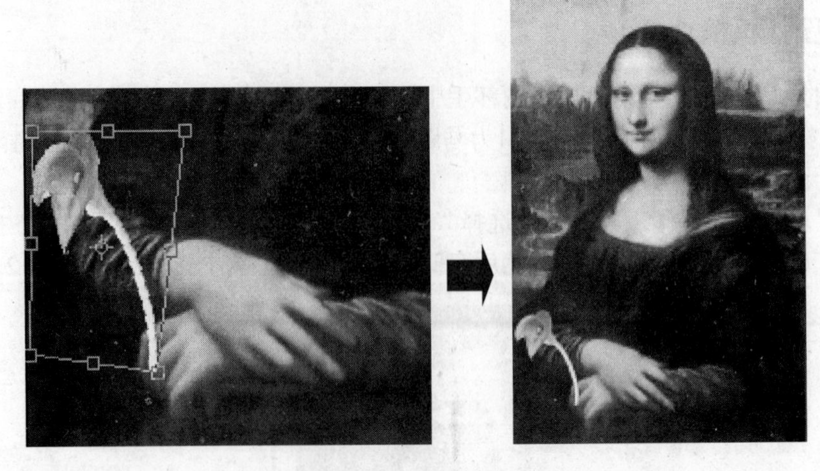

图 2.61 调整图像位置

● 选择【编辑】|【拷贝】(Ctrl+C)，拷贝选区内容。

● 在【图层调板】中选择“图层 1”，选择【编辑】|【粘贴】(Ctrl+V)，【图层调板】上出现“图层 2”，图层 2 手指图像覆盖了图层 1 的花茎内容，马蹄莲捏在了蒙娜丽莎的手中，达到了图像再植的目的，如图 2.63 所示。

图 2.62 选择图像

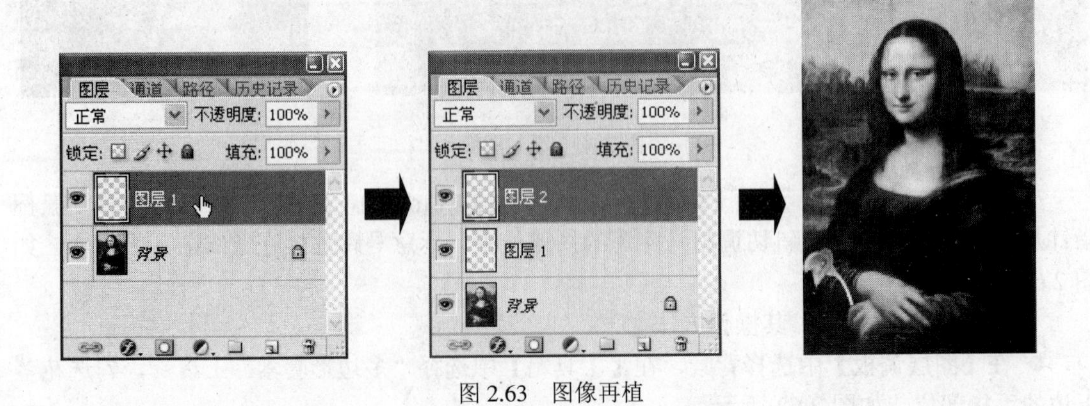

图 2.63 图像再植

2.3.4　图像色彩调整

置入的马蹄莲色彩不够鲜艳，花茎失色，需要进行色彩调整。

（1）饱和度调整。在【图层调板】中选择“图层 1”，选择【图像】|【调整】|【色相/饱和度】，设定饱和度为+22，如图 2.64 所示。

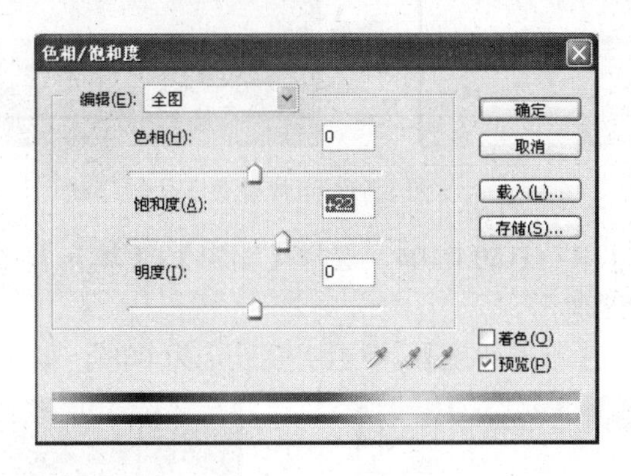

图 2.64　调整饱和度

（2）色彩平衡。在【图层调板】中选择“图层 1”，在【工具箱】中选择“多边形套索”工具，勾选“花茎”，选择【图像】|【调整】|【色彩平衡】，设定绿色为+100，青色为−27，如图 2.65 所示。

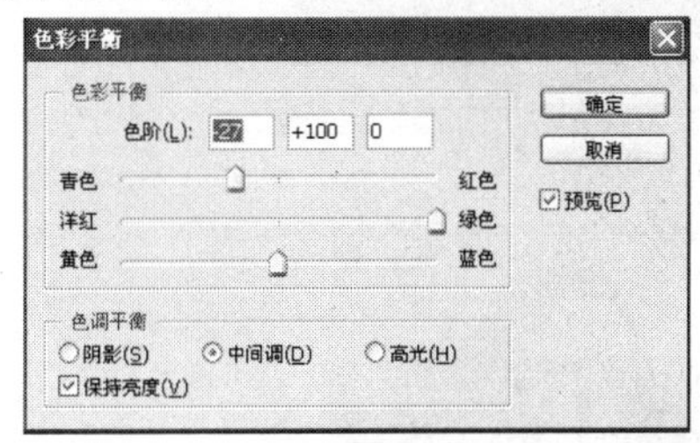

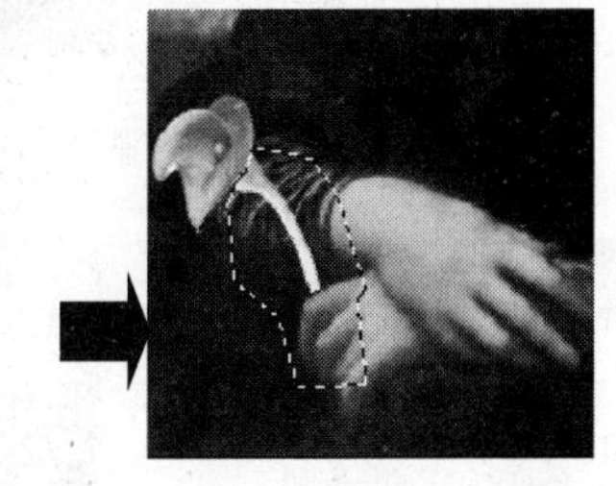

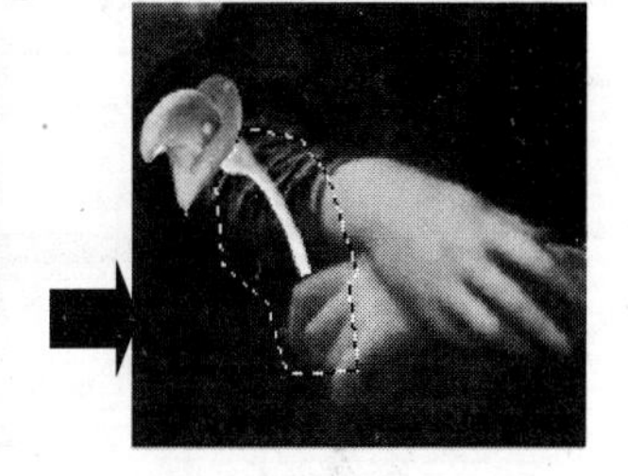

图 2.65　色彩平衡

（3）颜色混合。其操作方法如下：

● 在【图层调板】中选择“图层 1”，选择【选择】|【全选】（Ctrl+A），选择【编辑】|【拷贝】（Ctrl+C），拷贝选区内容。

● 选择【编辑】|【粘贴】（Ctrl+V），【图层调板】上出现“图层 3”，在【工具箱】中选择“移动”工具，移动新贴入的花茎与图层 1 的花茎对齐，如图 2.66 所示。

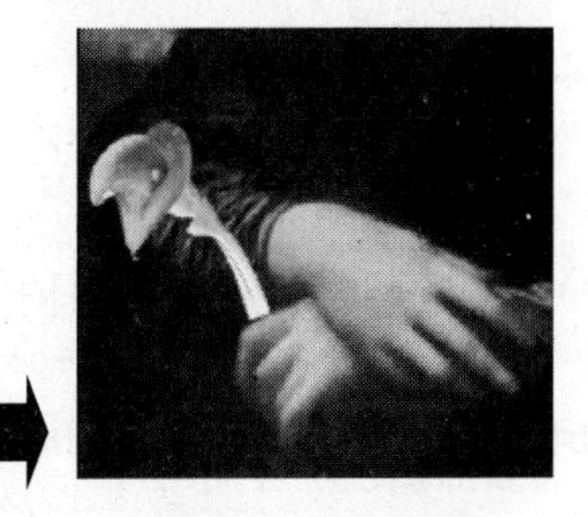

图 2.66　图像对齐

● 在【图层调板】中选择“图层 3”，选择【颜色混合模式】|【正片叠底】，如图 2.67 所示。

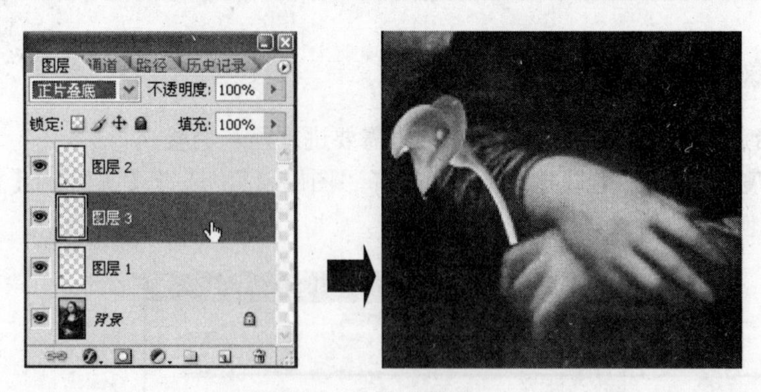

图 2.67　正片叠底

● 设定【前景色】为 R7.G159.B104，选择【编辑】|【填充】，勾选“保留透明区域”，填充【前景色】，如图 2.68 所示。

● 选择【图层调板】|【不透明度】，不透明度设定为 60%，如图 2.69 所示。

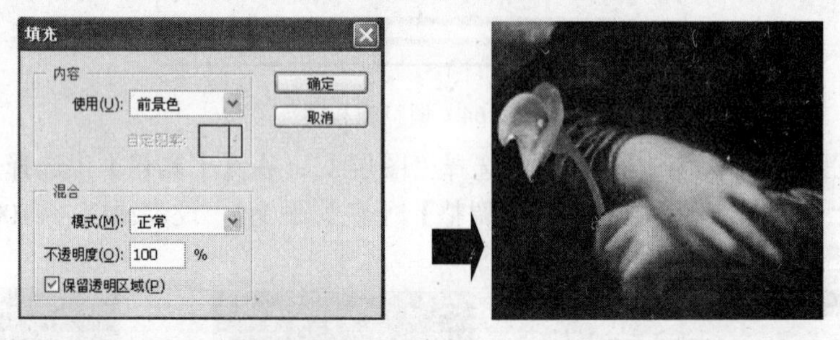

图 2.68　填充颜色

图 2.69　颜色混合

2.3.5　存储文件

根据创意设计目的，选择要存储的图像文件格式，一般情况下，首先要存储 Photoshop 格式含编辑图层的正本文件。

（1）选择【文件】|【存储】(Ctrl+S)，【格式】中选择 Photoshop（*.PSD;*.PDD），单击【保存】按钮。

（2）“马蹄莲”最终编辑图像可存储为 JPEG 格式，供浏览和 Web 使用。

2.4　范例 11：“出山”图像位移

图像位移，是 Photoshop 图像编辑和效果处理中的高难点技术，运用图像位移技术，能够完成高级艺术创作。

“出山”图像位移通过运用 Photoshop CS2 拷贝粘贴图像和图层编辑功能，巧妙地将贴入的“牧牛”（牧童和水牛）由树的前面位移到树的后面，成功地完成了风景图像的再生处理，达到“无中生有”的目的，如图 2.70 至图 2.73 所示。

▲【图像位移的意义】 图像位移是自我拷贝图像的局部位置，按照原来的位置贴入到位移图像（再植图像）的前面（上一图层），改变原来的位置。

图像位移技术主要用于改变图像结构关系，达到一种创新目的。如对于一些摄影技术不能够完成的照片，需要改变摄影内容，可以运用图像位移技术来达到理想的技术要求。对于广告艺术设计等平面创作是非常难得的技术。

图 2.70 “出山”效果图

图 2.71　粘贴图像

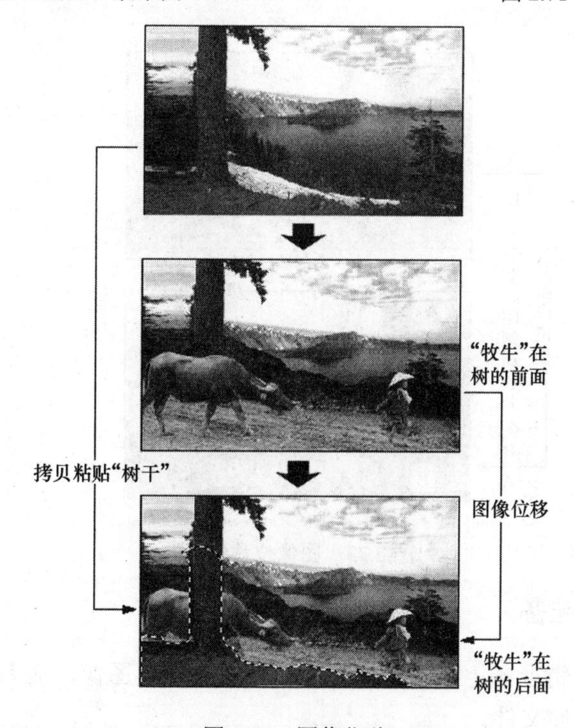

图 2.72　图像位移

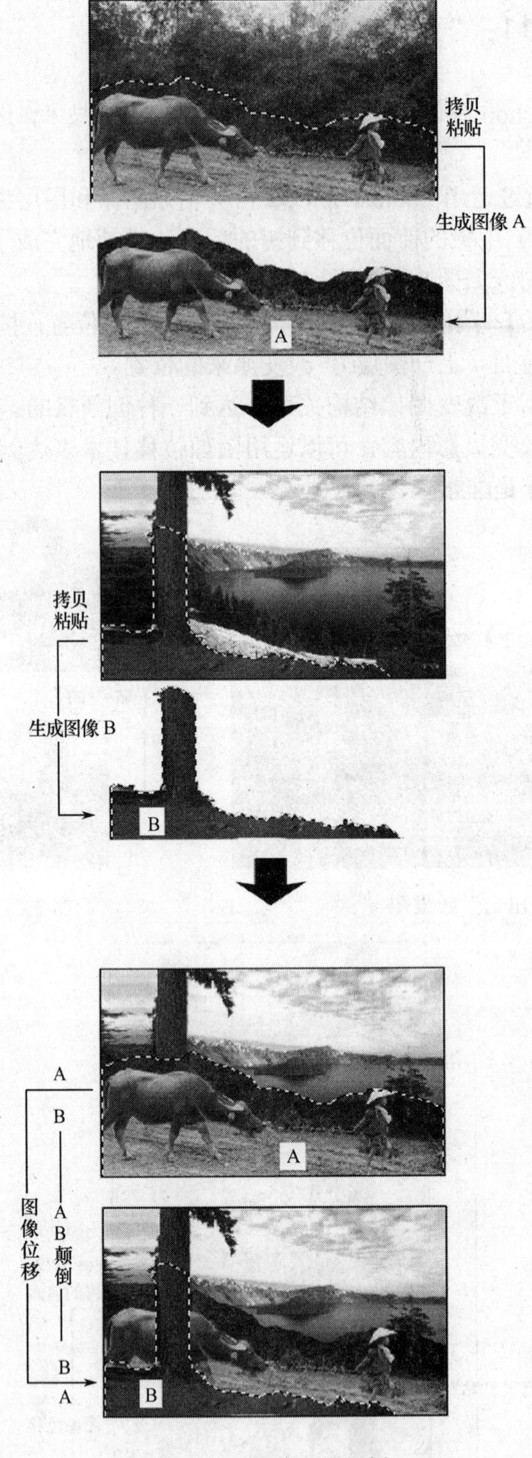

图 2.73 图像位移解析

2.4.1 图像编辑准备

“出山”图像的编辑准备主要是选择并打开图像，复制图像，命名图像文档名称，确定图像编辑颜色模式和存储文件。

（1）启动 Photoshop CS2。

（2）打开图像。选择【文件】|【打开】(Ctrl+O)，从范例 11 文件夹中打开“hubian021.jpg”图片，如图 2.74 所示。

图 2.74　hubian021.jpg 图片

（3）复制图像。打开图像后，选择【图像】|【复制图像】，出现“复制图像”对话框，输入“出山”，单击【确定】按钮，然后关闭“hubian021.jpg”图片，如图 2.75 所示。

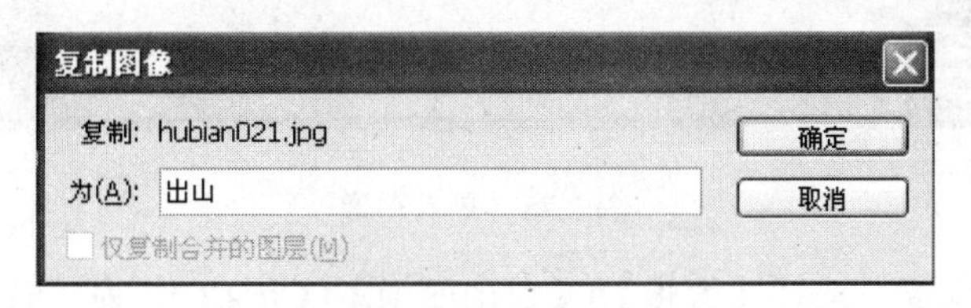

图 2.75　复制图像

（4）查看图像。选择【图像】|【图像大小】，查看图像信息，如图 2.76 所示。

（5）确定颜色模式。选择【图像】|【模式】，选择“RGB 颜色”模式，选择“8 位/通道”，如图 2.77 所示。

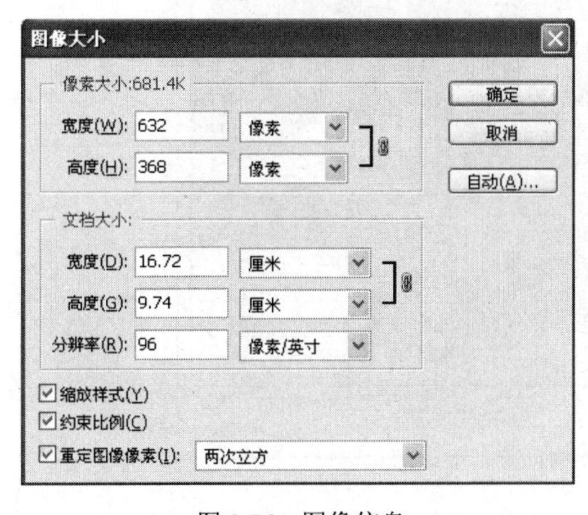

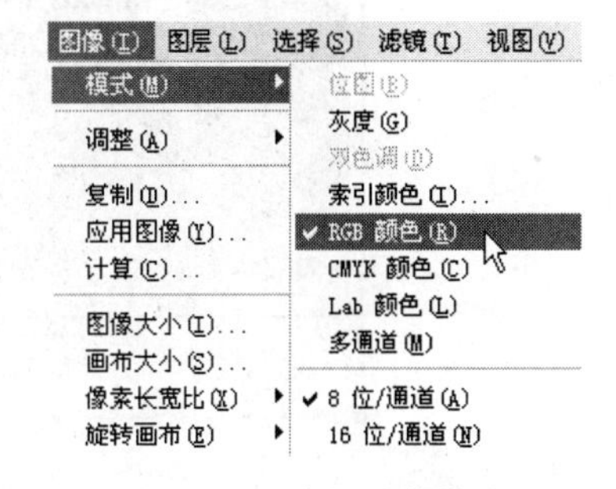

图 2.76　图像信息　　　　图 2.77　选择图像模式

（6）调整编辑窗口。出现图像编辑窗口，在工具箱屏幕切换选项中选择中间按钮，将屏幕界面切换到带有菜单的全屏模式，选择“抓手”工具将画布拖至中央。

（7）打开图层调板。选择【窗口】|【图层】，置放【图层调板】在画布的右边。

（8）存储文件。选择【文件】|【存储】（Ctrl+S），【文件名】保持“出山”不变，【格式】选择 Photoshop（*.PSD;*.PDD），单击【保存】按钮。

2.4.2 置入位移图像

置入“牧牛”图片，使用【自由变换】工具进行图像水平翻转，然后选择“牧童和水牛出山”的图像内容，拷贝粘贴到底图湖边的近处。

（1）选择置入图像。选择【文件】|【置入】，从范例 11 文件夹中选择“牧牛”JPEG 图像，单击置入，如图 2.78 所示。

图 2.78 置入图像

（2）调整图像位置。选择【编辑】|【自由变换】（Ctrl+T），左手按压 Shift 键等比例缩放，移动拖移手柄 ⤡挂角调整“牧牛”图像与底图顶边和左右边对齐，如图 2.79 所示。

（3）图层显示。按回车键，在【图层调板】中出现“牧牛”图层，如图 2.80 所示。

图 2.79 对齐图像位置

（4）图像翻转。选择【编辑】|【变换】|【水平翻转】，如图 2.81 所示。

（5）移动图像。选择【编辑】|【自由变换】（Ctrl+T），左手按压 Shift 键等比例缩放，移动拖移手柄 ⤡挂角调整“牧牛”图像位置，如图 2.82 所示。

图 2.80　图层显示

图 2.81　图像翻转

图 2.82　调整图像位置

（6）选取图像。在【工具箱】中选择“套索”工具，选取“牧童和水牛及以下位置”，建立选区，如图 2.83 所示。

（7）拷贝图像。选择【编辑】|【拷贝】（Ctrl+C），拷贝选区内容，保留选区。

（8）粘贴图像。选择【编辑】|【粘贴】（Ctrl+V），【图层调板】上出现“图层 1”，如图 2.84 所示。

（9）隐蔽图层。在【图层调板】上隐蔽“牧牛”图层，如图 2.85 所示。

图 2.83　选取图像　　　　图 2.84　图层 1

图 2.85　隐蔽图层

2.4.3　图像位移处理

图像位移处理是将“牧童和水牛”半隐蔽在大树和土岗的后面，造成“小牧童牵着水牛从山间里出来”的效果。

（1）隐蔽图层 1。在【图层调板】中隐蔽“图层 1”、“牧牛”图层，选择“背景”，如图 2.86 所示。

（2）拷贝图像。在【工具箱】中选择“套索”工具，选择树干和近处的土岗部位，构建选区，选择【编辑】|【拷贝】(Ctrl+C)，拷贝选区内容，保留选区，如图 2.87 所示。

图 2.86　图层设置　　　　图 2.87　拷贝选区图像

（3）显示图层 1。在【图层调板】中显示并选择“图层 1”，如图 2.89 所示。

（4）粘贴图像。选择【编辑】|【粘贴】(Ctrl+V)，【图层调板】上出现“图层 2”，将选

取的“树干和土岗部位”再植到了“牧童和水牛”的前面，画面显示“小牧童牵着水牛从山间里出来”，完成了图像位移，如图 2.90 所示。

图 2.89　显示图层 1

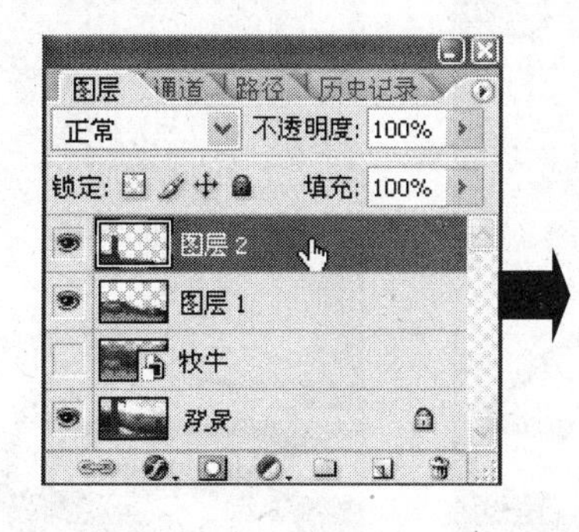

图 2.90　图像位移

2.4.4　图像色彩调整

图像编辑完成后，需要进行色彩调整。

● 在【图层调板】上选择“图层 1”，选择【图像】|【调整】|【亮度/对比度】，设定亮度为+26，如图 2.91 所示。

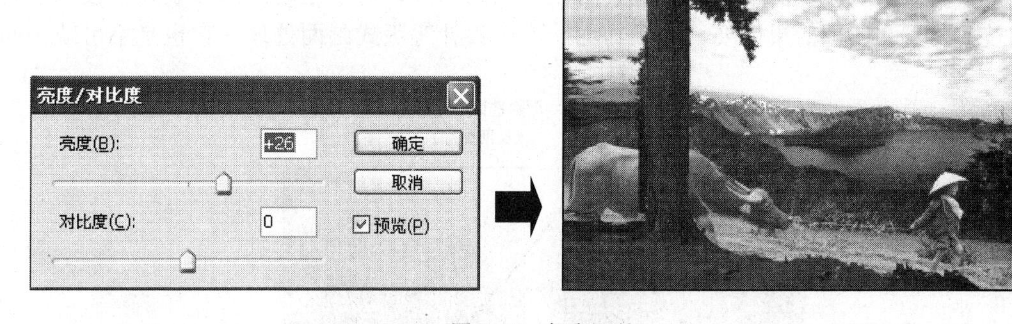

图 2.91　色彩调整

2.4.5　存储文件

根据创意设计目的，选择要存储的图像文件格式，一般情况下，首先要存储 Photoshop 格式含编辑图层的正本文件。

（1）选择【文件】|【存储】(Ctrl+S)，【格式】中选择 Photoshop（*.PSD;*.PDD），单击【保存】按钮。

（2）“出山”最终编辑图像可存储为 JPEG 格式，供浏览、Web 使用。

2.5 范例 12：“踪影”存储/载入选区

“踪影” 存储/载入选区的图像处理，主要任务是为底图置换背景图像，运用 Photoshop CS2 选择工具选取“准备置换的背景位置”，建立羽化选区并进行存储。然后置入“新的背景图像”，载入“存储的选区”并删除选区图像内容，完成风景图像的合像处理，达到图像背景更新的目的，如图 2.92 至图 2.94 所示。

图 2.92 “踪影”效果图

图 2.93 存储选区

▲【存储/载入选区的意义】 存储/载入选区是 Photoshop 图像选区工作的一种方法，能够存储预设选区，根据操作需要随时调出使用，给图像处理带来很大方便，提高了操作速度。

图像背景置换技术主要用于照片处理。对于一些摄影技术不能够完成、取景不理想而需要满足背景效果的照片，对于日久失色、背景模糊的照片，可以运用图像背景置换技术达到理想的技术要求和图像效果需要。对于封面、广告设计等版式画面处理，它也是不可缺少的技术。

图 2.94 图像更新

2.5.1　图像编辑准备

“踪影”图像的编辑准备主要是选择并打开图像，复制图像，命名图像文档名称，确定图像编辑颜色模式和存储文件。

（1）启动 Photoshop CS2。

（2）打开图像。选择【文件】|【打开】(Ctrl+O)，从范例 12 文件夹中打开“hf098.jpg”图片，如图 2.95 所示。

图 2.95　hf098.jpg 图片

（3）复制图像。打开图像后，选择【图像】|【复制图像】，出现“复制图像”对话框，输入“踪影”，单击【确定】按钮，然后关闭“hf098.jpg”图片，如图 2.96 所示。

图 2.96　复制图像

（4）查看图像。选择【图像】|【图像大小】，查看图像信息，如图 2.97 所示。

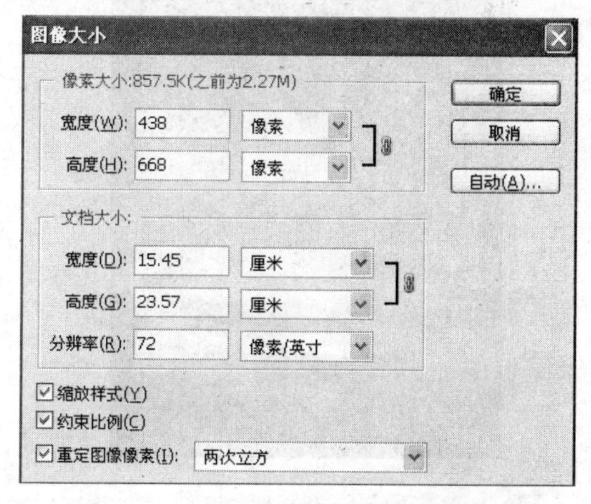

图 2.97　图像信息

（5）确定颜色模式。选择【图像】|【模式】，选择“RGB 颜色”模式，选择“8 位/通道”，如图 2.98 所示。

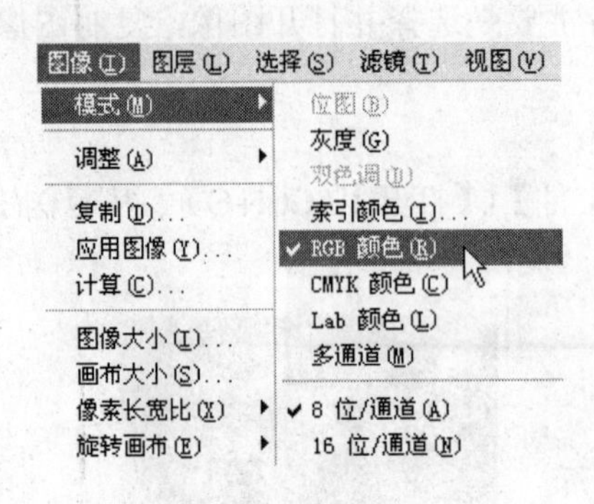

图 2.98 选择图像模式

（6）调整编辑窗口。出现图像编辑窗口，在左下角状态栏“画布显示比例”中输入 50%，在工具箱屏幕切换选项中选择中间按钮，将屏幕界面切换到带有菜单的全屏模式，选择“抓手”工具将画布拖至中央。

（7）打开图层调板。选择【窗口】|【图层】，置放【图层调板】在画布的右边。

（8）存储文件。选择【文件】|【存储】(Ctrl+S)，【格式】中选择 Photoshop（*.PSD;*.PDD），单击【保存】按钮。

2.5.2 构建置换背景选区

在背景图像上选择天空和海平面部分图像内容，建立图像选区并设定边缘羽化像素。

（1）在【工具箱】中选择“魔棒”工具，选择【选项栏】|【添加到选区】按钮，容差设置为 20，单击天空蓝色的部分，然后选择【选择】|【选取相似】，将树叶缝隙的蓝天内容选上，如图 2.99 和图 2.100 所示。

图 2.99 点选天空

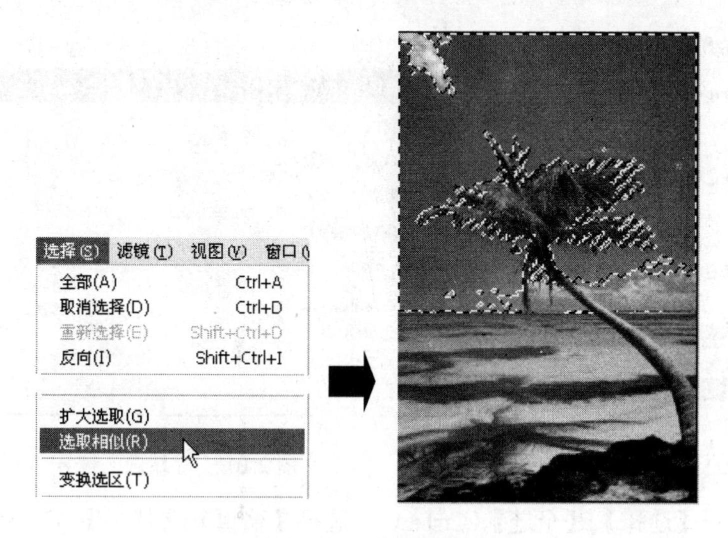

图 2.100　选取相似

（2）在【工具箱】中选择“套索”工具，选择【选项栏】|【添加到选区】按钮，将天空的云彩和海水部分选上，选择【选择】|【羽化】(Ctrl+Alt+D)，设置羽化半径为 2 像素，如图 2.101 所示。

图 2.101　羽化选区边缘

【提示】设定羽化是为了使选取图像边缘色彩过渡比较自然。

2.5.3　存储背景选区

存储选区是将建立的图像选区存储通道，在【通道调板】中可以见到存储的选区，也可以从通道调板中删除存储的选区。

选择【选择】|【存储选区】，出现“存储选区”对话框，在“通道栏”中选择“新建”，在“名称栏”里随意输入一个编号，单击【确定】按钮，如图 2.102 和图 2.103 所示。

2.5.4　置入背景图像

（1）拷贝图像。选择【文件】|【打开】(Ctrl+O)，从范例 12 文件夹中打开“js014”

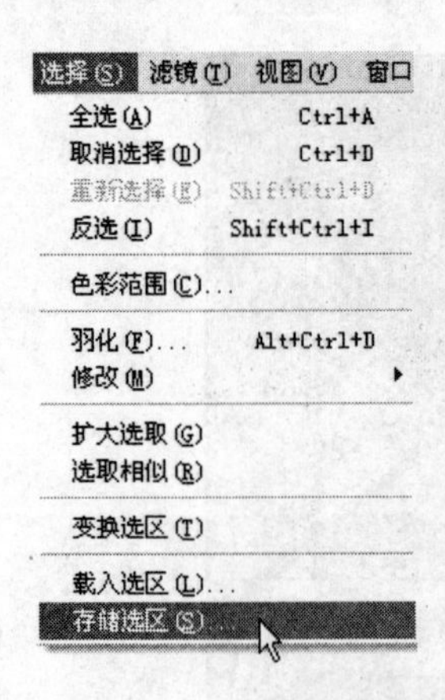

图 2.102 存储选区命令

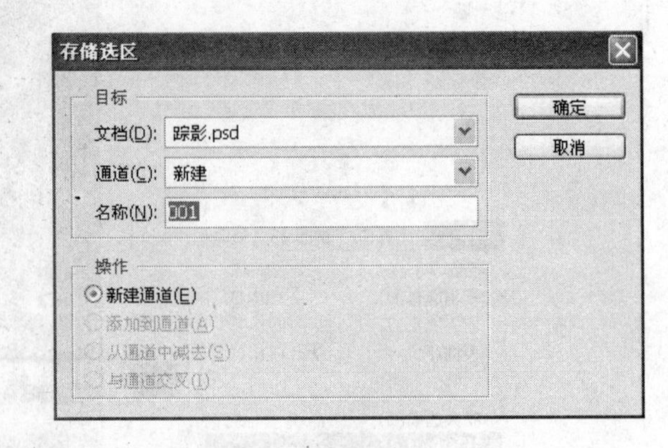

图 2.103 存储选区编号

JPEG 图片，选择【选择】|【全选】(Ctrl+A)，选择【编辑】|【拷贝】(Ctrl+C)，拷贝选区内容，关闭"js014.jpg"图片，选择【选择】|【取消选择】(Ctrl+D)，如图 2.104 所示。

图 2.104 拷贝图像

(2) 粘贴图像。选择【编辑】|【粘贴】(Ctrl+V)，【图层调板】上出现"图层 1"，如图 2.105 所示。

(3) 调整图像位置。选择【编辑】|【自由变换】(Ctrl+T)，左手按压 Shift 键等比例缩放，移动拖移手柄 ⤡，挂角调整图像位置，如图 2.106 所示。

图 2.105 图层 1

图 2.106 调整图像位置

2.5.5　替换背景图像

在置入的背景图像上删除选区图像内容，渗透出底图保留图像，其他部位被（置入的背景图像）遮盖，替换为新的背景图像。

（1）载入选区。选择【选择】|【载入选区】，出现“载入选区”对话框，在“通道栏”里选择 001 选区，勾选“反相”，如图 2.107 所示。

（2）删除图像。选区载入后，选择【编辑】|【清除】，将“图层 1”选区内的图像内容删除，新的背景图像便替换了原始的背景图像，如图 2.108 所示。

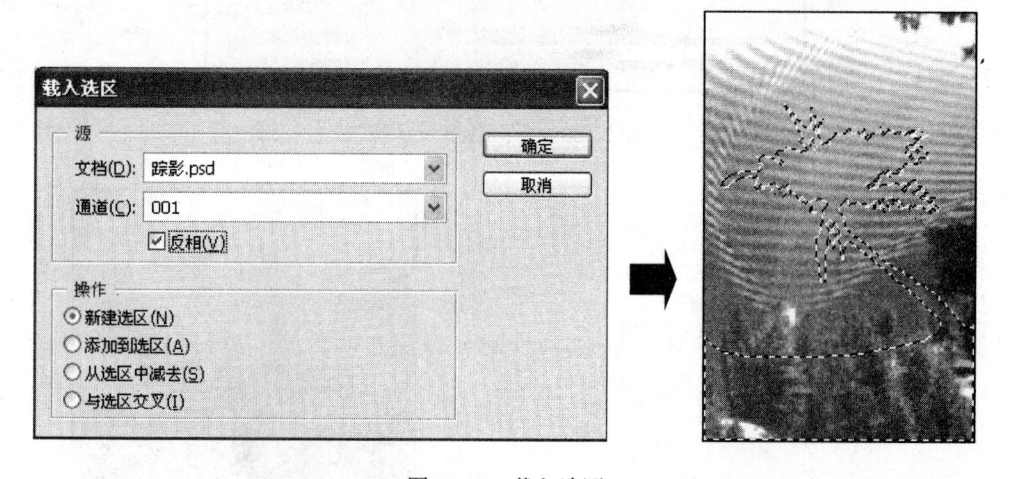

图 2.107　载入选区

图 2.108　删除选区图像

2.5.6　图像色彩调整

图像编辑完成后，需要进行色彩调整。

（1）在【图层调板】上选择“图层 1”，选择【图像】|【调整】|【色相/饱和度】，设定饱和度为+30，如图 2.109 所示。

（2）在【图层调板】上选择“背景”，选择【图像】|【调整】|【亮度/对比度】，设定亮度为+26，如图 2.110 所示。

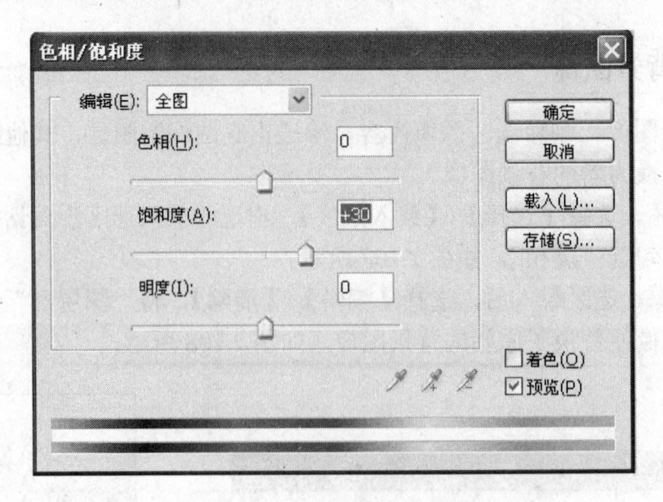

图 2.109　色相/饱和度调整

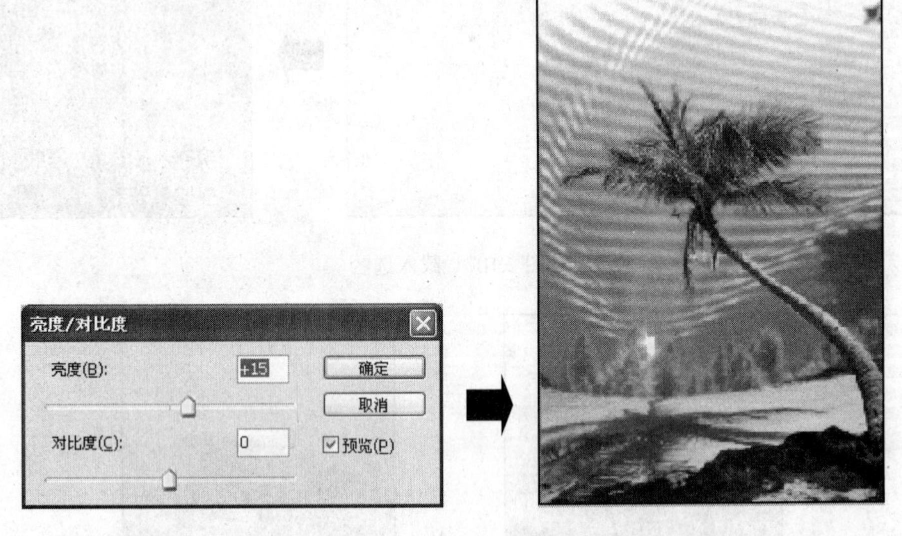

图 2.110　亮度/对比度调整

2.5.7　存储文件

根据创意设计目的，选择要存储的图像文件格式，一般情况下，首先要存储 Photoshop 格式含编辑图层的正本文件。

（1）选择【文件】|【存储】(Ctrl+S)，【格式】中选择 Photoshop（*.PSD;*.PDD），单击【保存】按钮。

（2）“踪影”最终编辑图像可存储为 JPEG 格式，供浏览和 Web 使用。

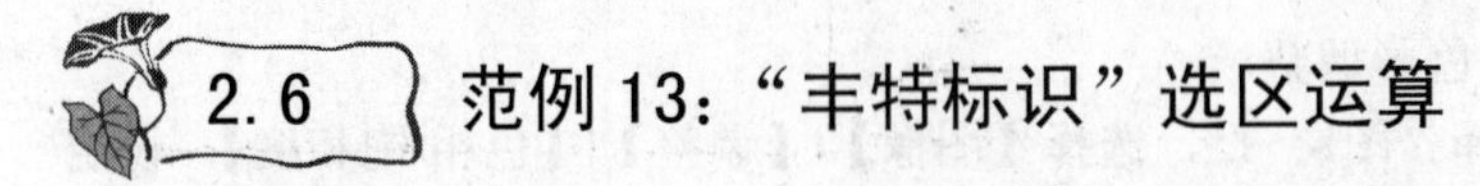

2.6　范例 13：“丰特标识”选区运算

图层是 Photoshop CS2 图像处理的主要控制密钥。“丰特标识”设计灵活地运用了图层工作原理，创建图层 1，使用多个图层 1 副本，巧妙地进行了选区运算，准确地实施了图像删除、图像变形、图像位移处理，非常成功地控制了图层编辑、构建选区、颜色填充、图形变化等操作环节，完成了设计任务，如图 2.111 至图 2.114 所示。

图 2.111　标识效果图

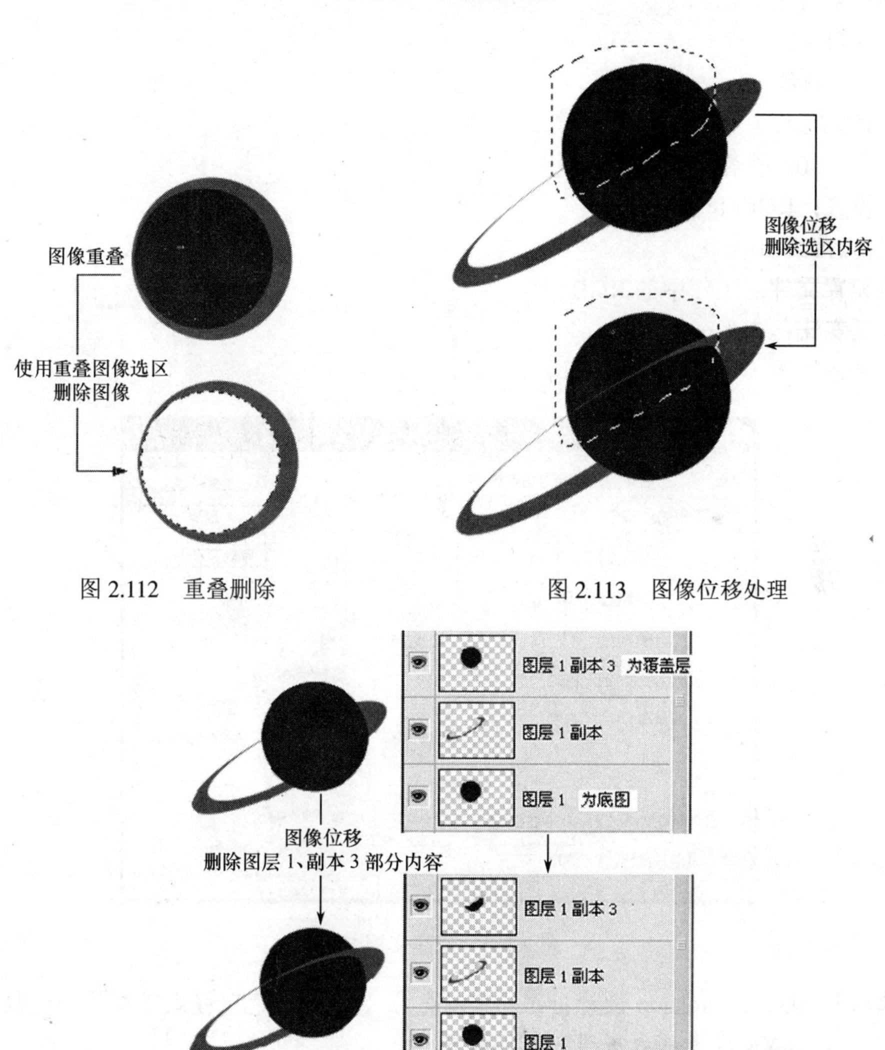

图 2.112　重叠删除

图 2.113　图像位移处理

图 2.114　位移分析

▲【选区运算的意义】选区运算通过使用复制图像形状作为选区曲线，能够准确地测量复制目标的形状，构建选区。

【提示】标识设计一般使用矢量软件进行设计，印刷不受栅格图分辨率的影响，可以任意缩放，线条和色彩都比较清晰。使用 Photoshop 设计标识，可以为矢量软件设计作样稿；可以使用高分辨率进行标识设计，其分辨率不低于 300 像素/英寸，能够保证印刷质量。

2.6.1　图像编辑准备

“丰特标识”设计的图像编辑准备主要是新建图像文件，命名新建图像文档名称，存储文件。

（1）启动 Photoshop CS2。

（2）新建文件。选择【文件】|【新建】（Ctrl+N），设定如下参数：

名称：丰特公司标识

预设：自定

宽：180 毫米

高：150 毫米

分辨率：300 像素 / 英寸

颜色模式：RGB/ 8 位

背景内容：白色

颜色配置文件：工作中的 RGB

像素长宽比：方形

设定参数结果，如图 2.115 所示。

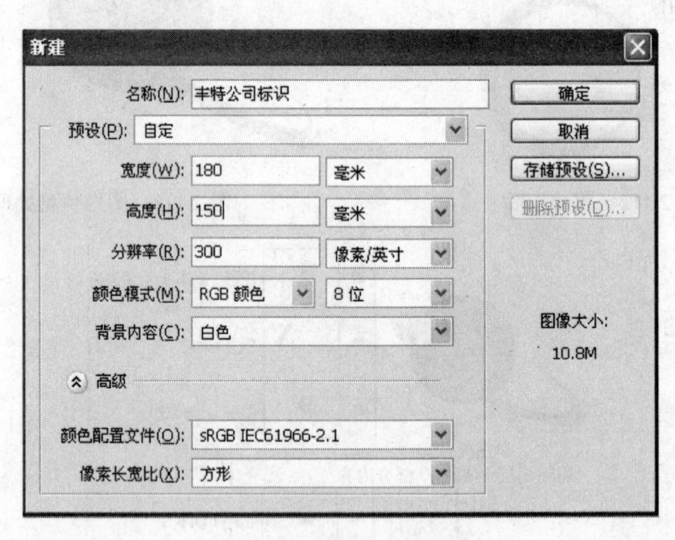

图 2.115　新建文档参数

【提示】 使用 Photoshop 设计标识，可以先在“RGB 颜色”模式下编辑，定稿前转换成 CMYK 颜色模式并进行颜色校正。

（3）调整编辑窗口。出现图像编辑窗口，在左下角状态栏“画布显示比例”中输入 25%，在工具箱屏幕切换选项中选择中间按钮，将屏幕界面切换到带有菜单的全屏模式，选择“抓手”工具将画布拖至中央。

（4）打开标尺。选择【视图】|【标尺】（Ctrl+R）。

（5）设定参考线。选择“移动”工具 ，从标尺线拉参考线至纵坐标 40 毫米、90 毫米和横坐标 80 毫米、130 毫米位置，建立参考线，如图 2.116 所示。

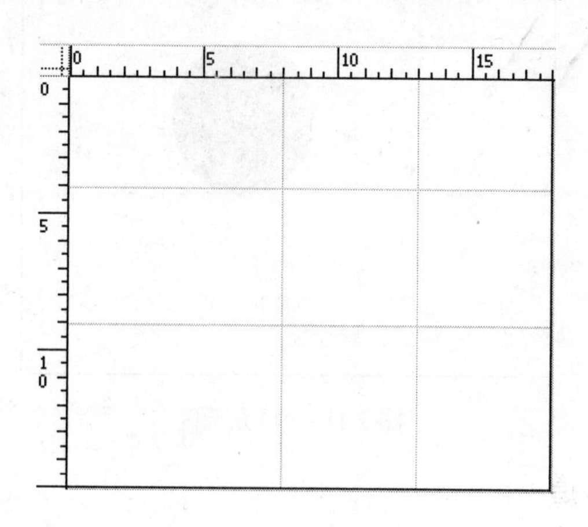

图 2.116　设定参考线

（6）打开图层调板。选择【窗口】|【图层】，置放【图层调板】在画布的右边。

（7）存储标志文件。选择【文件】|【存储】（Ctrl+S），【格式】选择 Photoshop（*.PSD;*.PDD），单击【保存】按钮。

2.6.2　绘制蓝色球体

蓝色球体是“丰特标志”的主体结构，形象为星体，表示公司的主体，是事业的象征。

（1）新建图层 1。选择【图层调板】，在调板下边选择【创建新图层】按钮，新建“图层 1”，如图 2.117 所示。

（2）设定颜色。选择【工具箱】|【前景色】，前景色设置为蓝色（R7.G114.B198）。

（3）建立选区。在【工具箱】中选择“椭圆形”工具，十字光标从左上角参考线交叉位置向右下方拖动至参考线交叉位置，绘制圆形选区，如图 2.118 所示。

（5）填充选区。选择【编辑】|【填充】（Alt+Delete），填充【前景色】，如图 2.119 所示。

图 2.117　图层 1

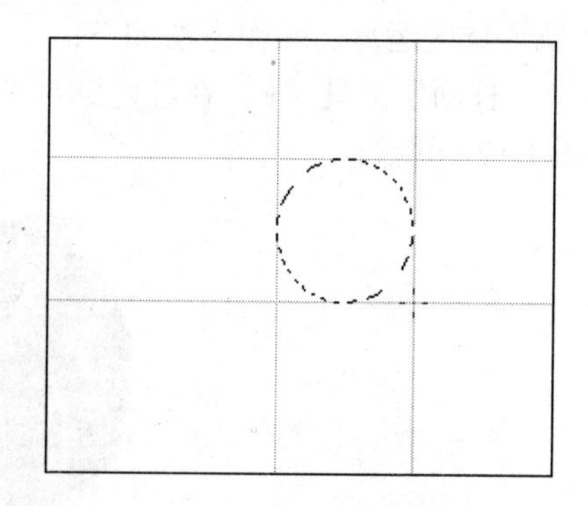

图 2.118　绘制圆形选区

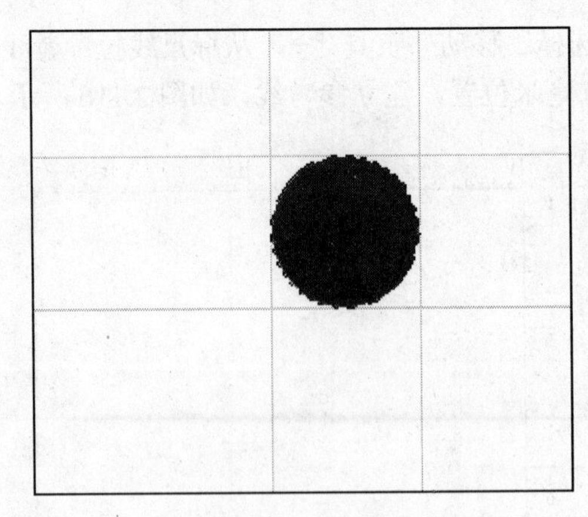

图 2.119 填充选区

2.6.3 绘制红色轨道

在复制的两个图层中选择一个，将重叠图像缩小并以此图形建立选区，删除另一个复制图层选区图像内容，建立轨道圈并设置为红颜色。然后调整轨道圈的位置。

（1）复制图层。在【图层调板】中选择“图层 1”，选择【右键】|【复制图层】，如图 2.120 所示。

（2）填充颜色。选择【工具箱】|【前景色】，前景色设置为红色（R255.G0.B0），选择【编辑】|【填充】（Alt+Delete），填充【前景色】，保留选区，如图 2.121 所示。

图 2.120 复制图层

图 2.121 填充红色

（3）轨道选区运算。操作方法如下：

● 选择“移动”工具，在红色圆形图像右边内缩 5 毫米，左边内缩 2 毫米，建立参考线，如图 1.122 所示。

图 2.122 增设参考线

● 在【图层调板】中选择"图层 1"，选择【右键】|【复制图层】，建立"图层 1 副本 2"，然后将"图层 1 副本 2"调整到"图层 1 副本"的上面，如图 2.123 所示。

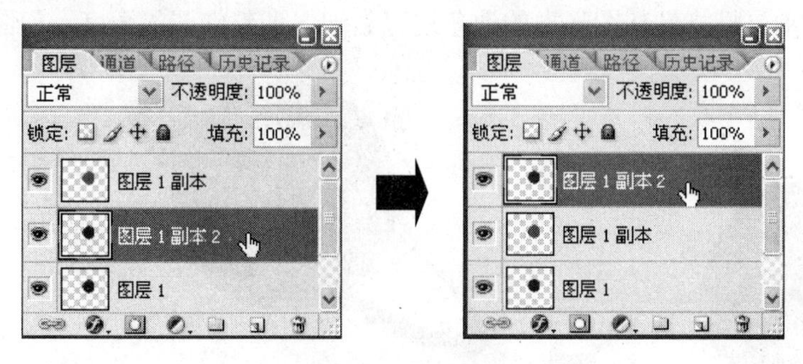

图 2.123　调整图层

● 选择【编辑】|【自由变换】(Ctrl+T)，左手按压 Shift+Alt 键，移动拖移手柄↖↘，挂角调整图像，选区边缘对齐右边内缩 5 毫米参考线，然后向左移动图形框，选区左边缘对齐内缩 2 毫米参考线，如图 2.124 所示。

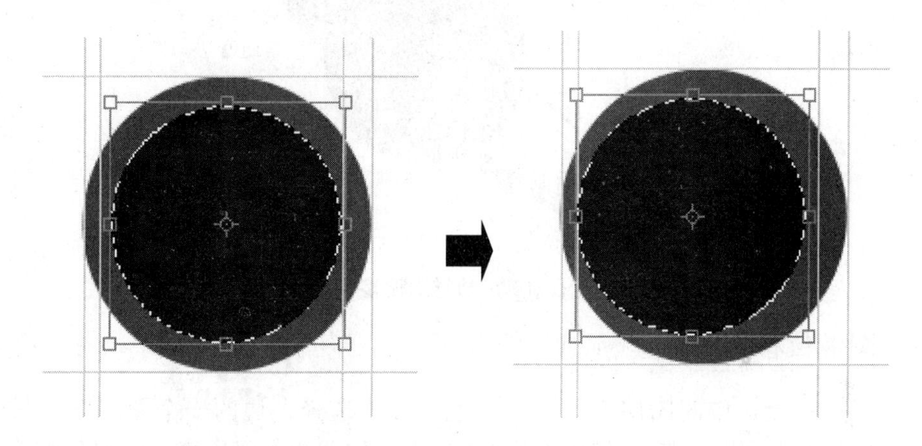

图 2.124　调整选区位置

(4) 删除图像。操作方法如下：

● 在【图层调板】中隐藏"图层 2 副本"，选择"图层 1 副本"，如图 2.125 所示。
● 选择【编辑】|【清除】(Delete)，删除"图层 1"选区内容，如图 2.126 所示。

图 2.125　选择图层

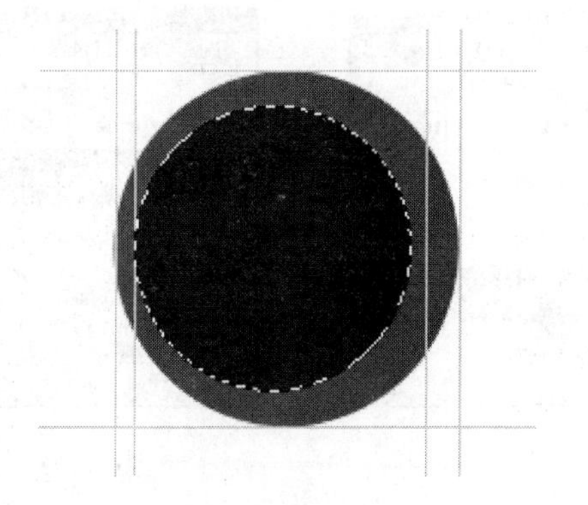

图 2.126　删除选区内容

● 选择【选择】|【取消选择】(Ctrl+D)。

（5）轨道圈位置调整。选择【编辑】|【自由变换】(Ctrl+T)，现将红圈压扁，然后左手按压 Ctrl 键，移动鼠标指针从图形框的边角进行斜切，调整红圈的角度，如图 2.127 所示。

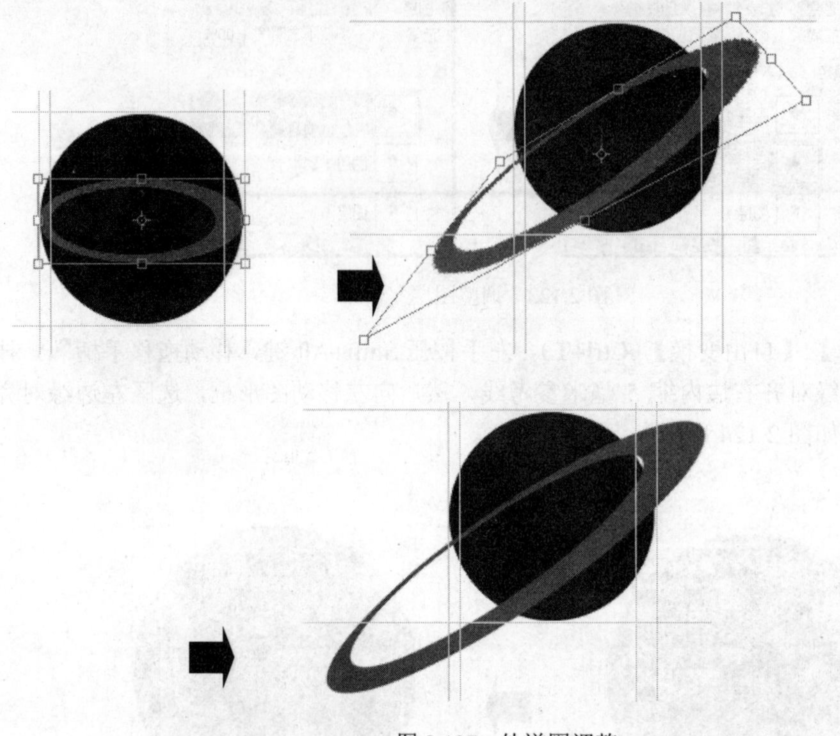

图 2.127 轨道圈调整

2.6.4 图像位移处理

三个图层相重合，中间图层为另一种颜色图像，选择上边的一个图层删除与中间图层相重叠的部分，中间图层与上边图层删除的重叠部位就会表现出来，位移到整体图像的上边。

（1）图层设置。在【图层调板】上选择“图层 1”，选择【右键】|【复制图层】，建立“图层 1 副本 3”，然后将“图层 1 副本 3”调整到“图层 1 副本 2”的上面，如图 2.128 所示。

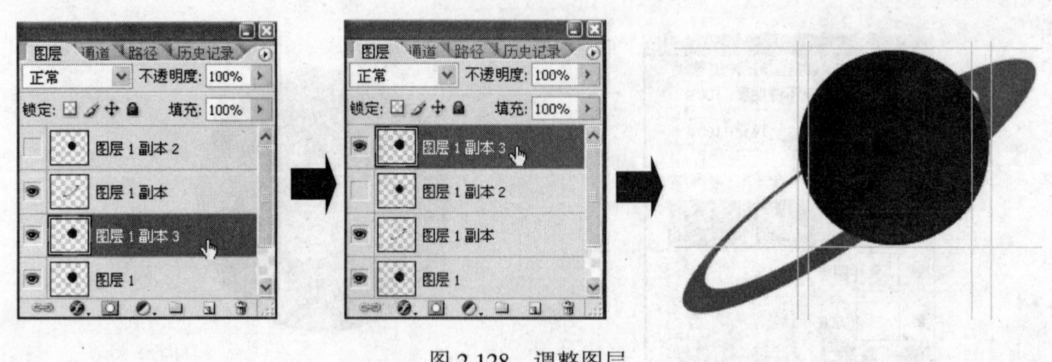

图 2.128 调整图层

（2）删除图像。选择【视图】|【隐藏参考线】(Ctrl+;)，在【工具箱】中选择“套索”

工具，选择“图层 1 副本 3”与“图层 1 副本”相重叠的“轨道圈的上半圈”，建立选区，选择【编辑】|【清除】(Delete)，删除选区内容，如图 2.129 所示。

（3）叠色处理。操作方法如下：

● 在【图层调板】上选择“图层 1 副本”，选择【右键】|【复制图层】，建立“图层 1 副本 4”，然后选择“图层 1 副本”，如图 2.130 所示。

● 设定前景色为 R185.G243.B245，选择【编辑】|【填充】，勾选“保留透明区域”，填充【前景色】，选择“移动”工具，在键盘上点按向下方向箭头键 3 次，如图 2.131 所示。

图 2.129　删除图像

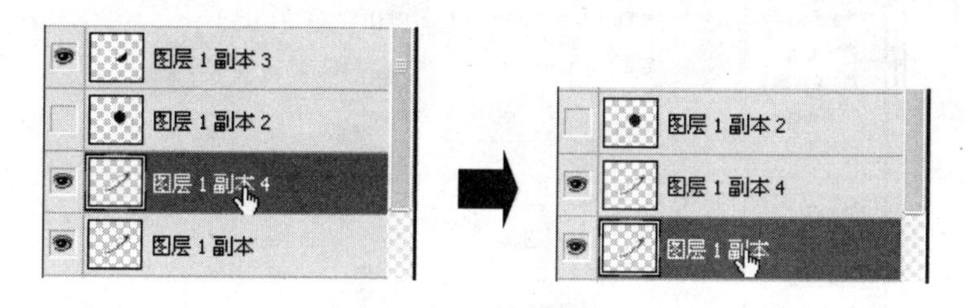

图 2.130　选择图层

图 2.131　叠色处理

2.6.5　文字效果处理

在标志的蓝色球体上输入“丰特”拼音字头，构成视觉平衡效果。

（1）输入文字。在【工具箱】中选择“横排文字”工具T，选择【选项栏】|【字符调板】，【文字颜色】中设置为白色，【字体】设置为 Brush Script Std，【字号】设置为 60 点，在蓝色球体下面输入：FT，如图 2.132 和图 2.133 所示。

图 2.132　字符设定

图 2.133　输入文字

（2）文字效果设定。选择【图层】|【图层样式】|【投影】,【混合模式】设定为正片叠底,【不透明度】设定为 75%,【角度】设定为 120 度,【距离】设定为 17 像素,【大小】设定为 4 像素，勾选【图层挖空投影】，如图 2.134 所示。

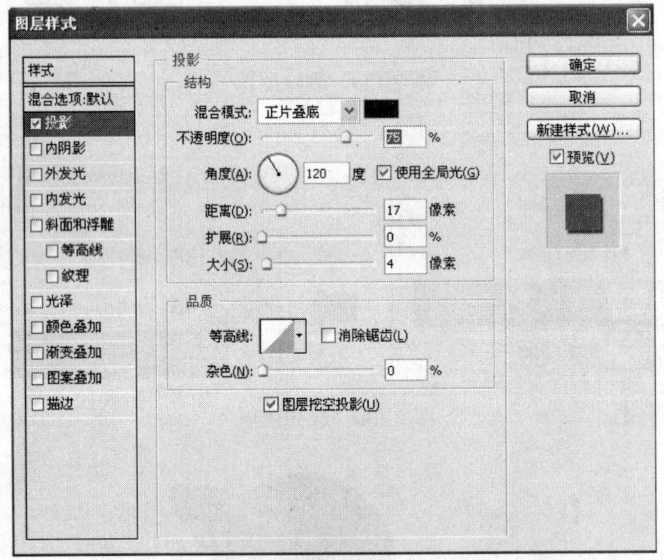

图 2.134　投影设定

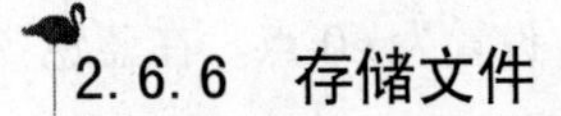

2.6.6　存储文件

根据创意设计目的，选择要存储的图像文件格式，一般情况下，首先要存储 Photoshop 格

式含编辑图层的正本文件。

● 选择【文件】|【存储】(Ctrl+S),【格式】中选择 Photoshop (*.PSD;*.PDD),单击【保存】按钮。

● 选择【文件】|【存储】(Ctrl+S),【格式】中选择 TIFF (*.TIF;*.TIFF),单击【保存】按钮。

第3章　色彩编辑妙法

色彩编辑是图像处理的最终目的，Photoshop CS2 色彩编辑功能非常强大，可以进行颜色渐变、颜色混合、颜色不透明度设定、颜色变化调整、图像仿制、色彩涂抹变形、图像扭曲等，图像效果处理技术可以说无所不能。掌握了上述图像色彩编辑方法就可以到达 Photoshop 图像世界的自由天地。

3.1 范例 14：“小画室”室内映射效果处理

“小画室”室内映射效果处理，主要通过运用 Photoshop CS2 颜色渐变的功能，将房间“内室门窗”改变为挂油画的墙壁，扩大了室内空间，改变后的室内光线映射自然，色彩协调，视觉效果非常逼真，如图 3.1 至图 3.3 所示。

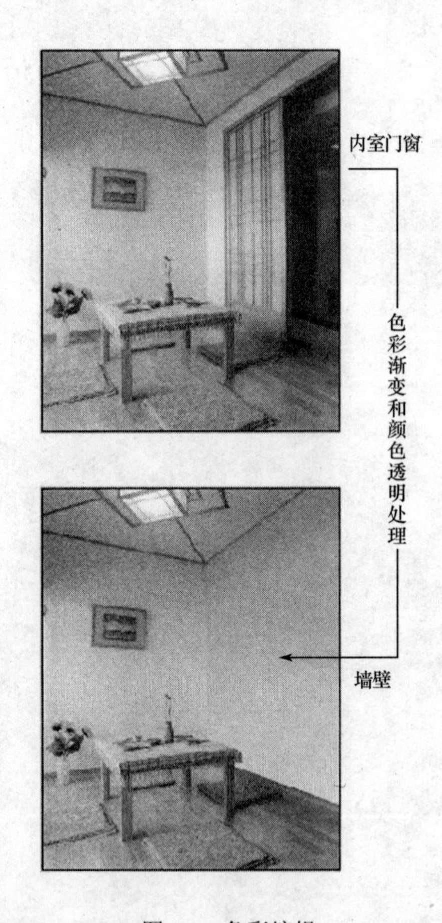

图 3.1　色彩编辑

▲【室内映射效果处理的意义】室内映射效果处理主要适用数码照片处理，场地效果设计和图像合成。

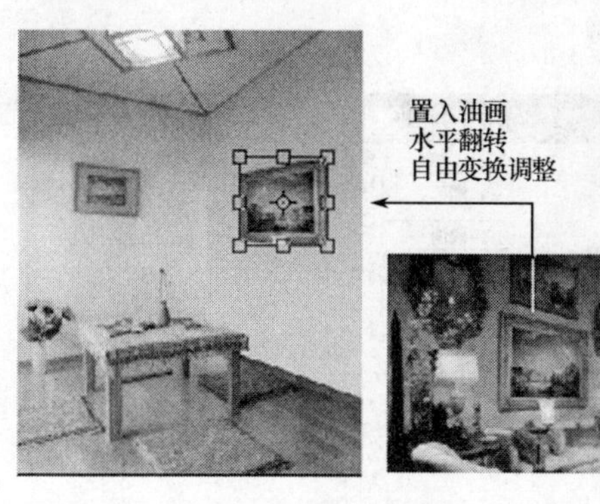

图3.2　置入油画

图3.3　“小画室”效果图

3.1.1　图像编辑准备

“小画室”图像的编辑准备主要是选择并打开图像，复制图像，命名图像文档名称，确定图像编辑颜色模式和存储文件。

（1）启动 Photoshop CS2。

（2）打开图像。选择【文件】|【打开】(Ctrl+O)，从范例 14“小画室”文件夹中打开“hs021.jpg”图片，如图 3.4 所示。

图3.4　hs021.jpg 图片

（3）复制图像。打开图像后，选择【图像】|【复制图像】，出现“复制图像”对话框，输入“小画室”，单击【确定】按钮，然后关闭“hs021.jpg”图片，如图 3.5 所示。

（4）查看图像。选择【图像】|【图像大小】，查看图像信息，如图 3.6 所示。

（5）调整编辑窗口。出现图像编辑窗口，在左下角状态栏“画布显示比例”中输入 50%，在工具箱屏幕切换选项中选择中间按钮，将屏幕界面切换到带有菜单的全屏模式，选择“抓

图 3.5 复制图像

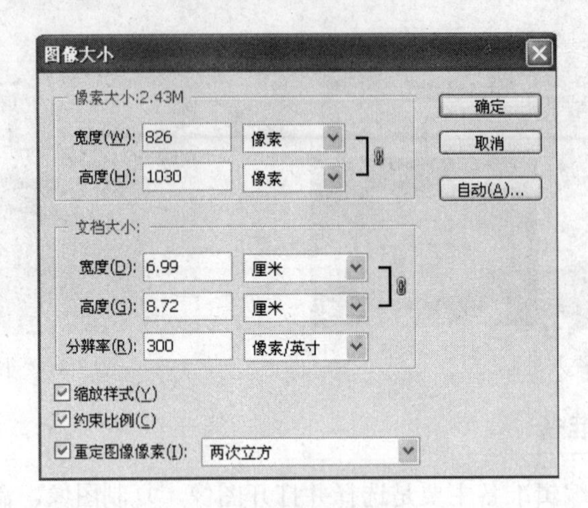

图 3.6 图像信息

手”工具将画布拖至中央。

（6）打开图层调板。选择【窗口】|【图层】，置放【图层调板】在画布的右边。

（7）确定颜色模式。选择【图像】|【模式】，选择“RGB 颜色”模式，选择“8 位/通道”，如图 3.7 所示。

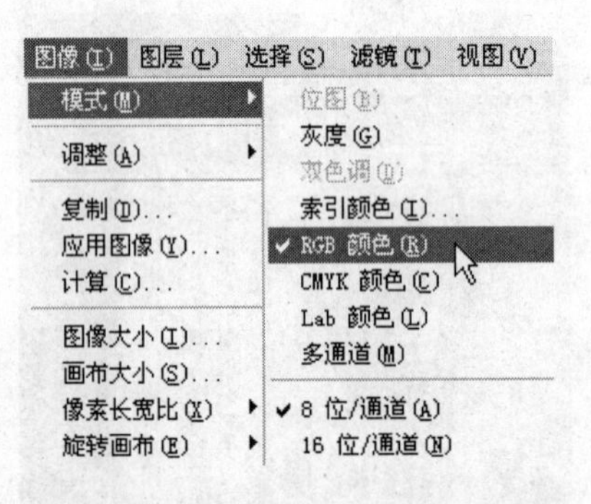

图 3.7 选择图像模式

（8）存储图像文件。选择【文件】|【存储】(Ctrl+S)，选择磁盘文件夹，【格式】选择 Photoshop（*.PSD;*.PDD），单击【保存】按钮。

3.1.2 颜色渐变处理

“小画室”颜色渐变处理的任务，是在底图上选择“内室门窗”部位建立选区，设定渐变颜色，使用渐变工具进行渐变颜色填充，覆盖选区图像内容，达到图像更新的目的。

（1）新建图层。在【图层调板】上选择“背景”，在调板下边选择【创建新图层】按钮，新建“图层 1”，如图 3.8 所示。

（2）构建选区。在【工具箱】中选择“多边形套索”工具，在画布中勾选“内室门窗”

部位建立选区，如图 3.9 所示。

图 3.8 图层 1

图 3.9 构建选区

（3）设定渐变颜色。渐变颜色要符合室内光线映射条件，找到光线变化的角度，确定目视色差定位点，拾取所需要的颜色。操作方法如下：

● 在【工具箱】中选取“取样颜色”工具 ，在选区的左下角内侧点取背景色，如图 3.10 所示。

● 在【工具箱】中单击【颜色切换】按钮，在选区的上边内侧点取前景色，如图 3.11 所示。

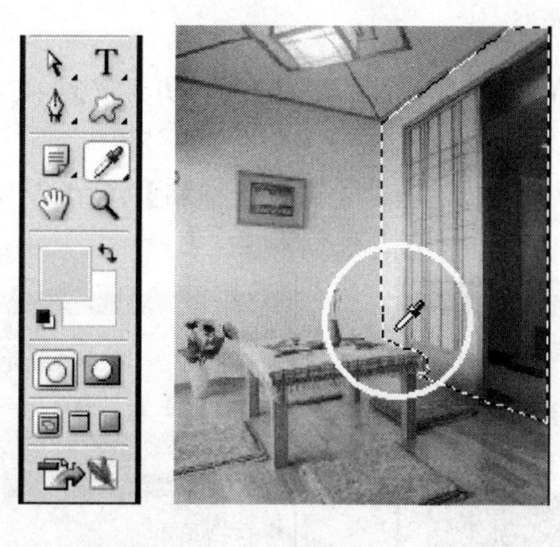

图 3.10 拾取背景色

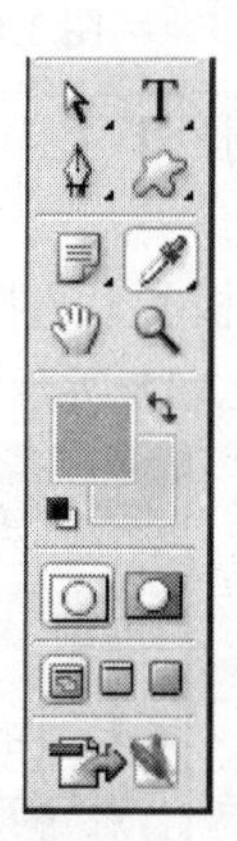

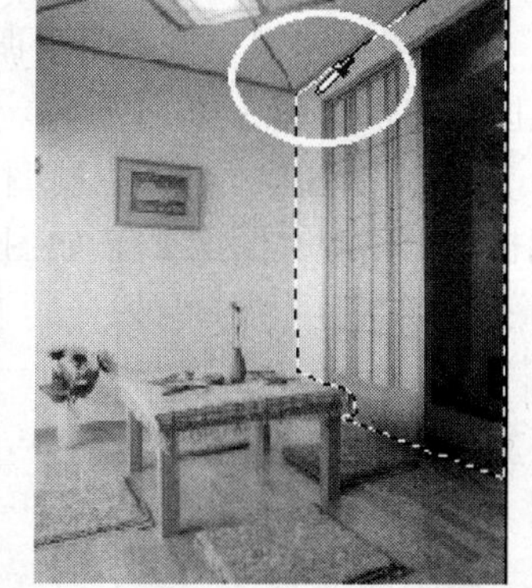

图 3.11 拾取前景色

（4）颜色渐变。在【工具箱】中选择“渐变”工具 ，选择【选项栏】|【渐变颜色编辑】|【前景到背景】，然后选择“线性渐变样式” ，设定模式为“正常”，不透明度为 100%，在选区内从上至下进行颜色渐变，如图 3.12 所示。

3.1.3 渐变颜色修补

直接渐变的色彩比较呆板不够自然，需要进行调整，使其室内光线协调一致。

（1）构建选区。在【工具箱】中选择“多边形套索”工具 ，在油画上方墙壁上建立选区，如图 3.13 所示。

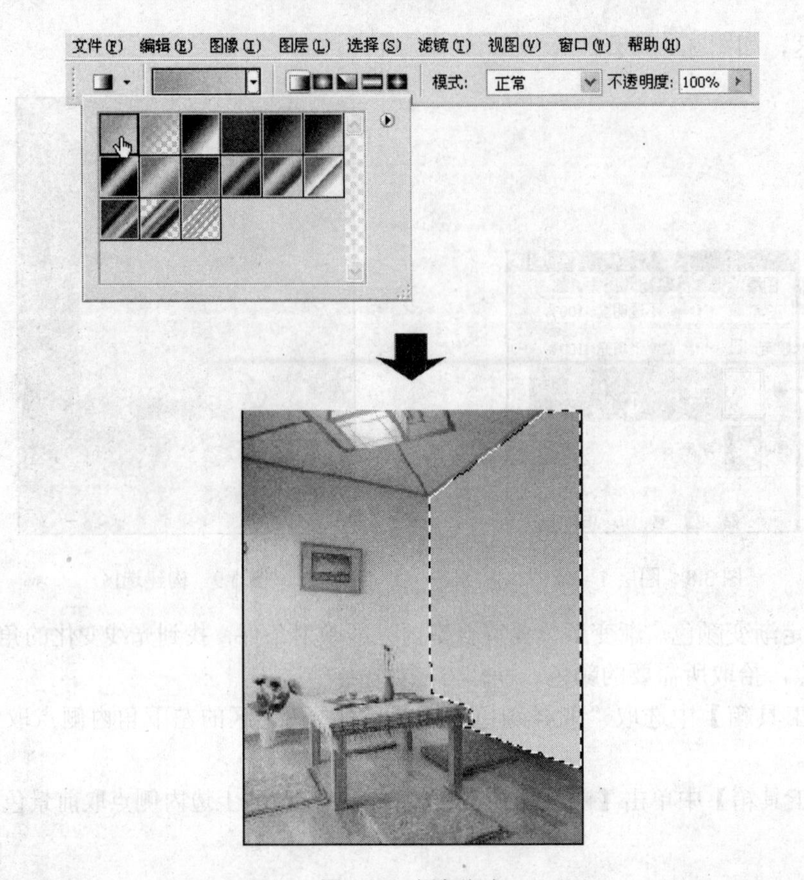

图 3.12　颜色渐变

（2）拷贝图像。在【图层调板】上选择“背景”，选择【编辑】|【拷贝】(Ctrl+C)，拷贝选区内容，如图 3.14 所示。

（3）粘贴图像。在【图层调板】上选择“图层 1”，选择【编辑】|【粘贴】(Ctrl+V)，【图层调板】上出现“图层 2”，如图 3.15 所示。

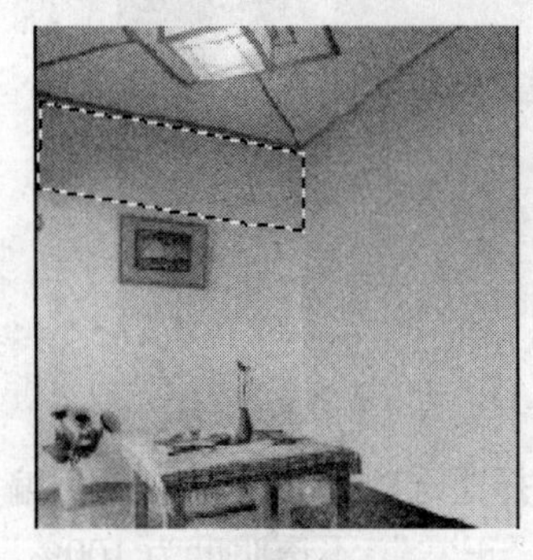

图 3.13　选择图像

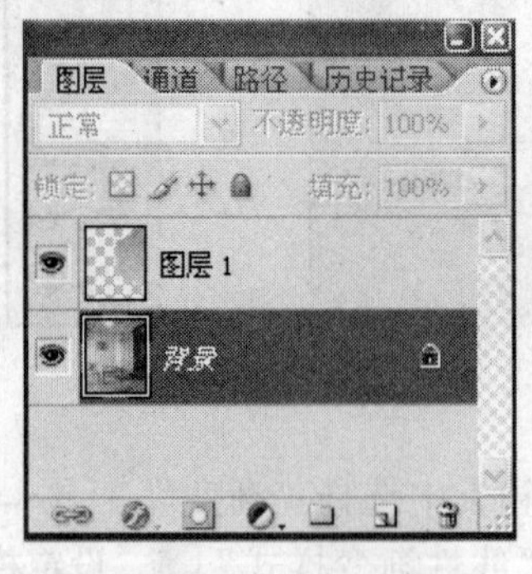

图 3.14　选择背景

图 3.15　图层 2

（4）调整图像位置。选择【编辑】|【自由变换】(Ctrl+T)，移动图像到渐变图像的上方，左手按压 Ctrl 键，移动指针从图形框的边角进行斜切变化，调整图像位置，如图 3.16 所示。

（5）透明擦拭。在【工具箱】中选择“橡皮擦”工具，选择【选项栏】，设定画笔为柔角像素 200，模式为画笔，不透明度为 30%，流量为 100%，按压 Caps Lock 键切，换橡皮擦图标为圆形光标，在图层 2 上擦拭图像的下边，使色彩过渡比较自然，如图 3.17 所示。

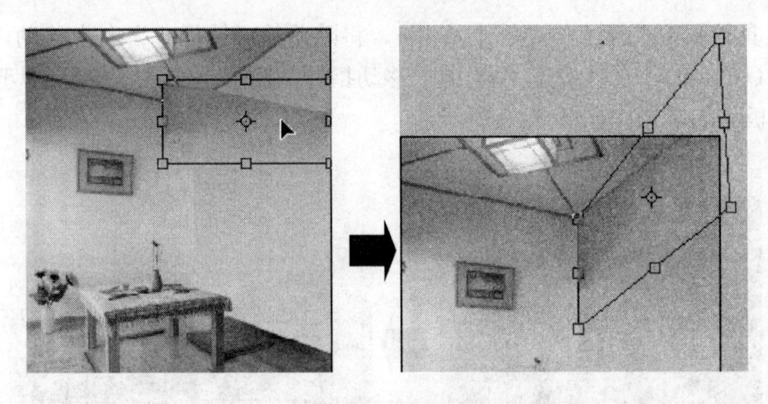

图 3.16　调整图像

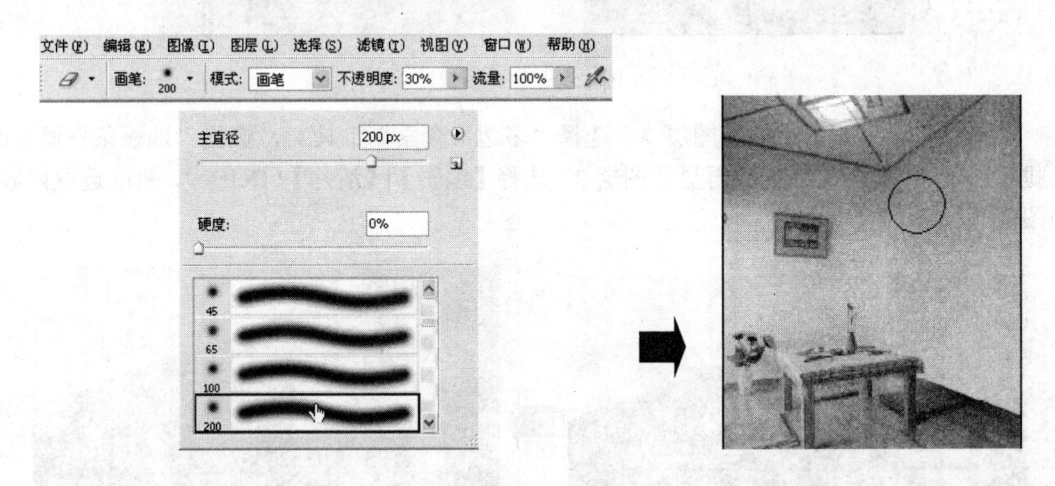

图 3.17　擦拭图像

（6）调整地板颜色。原来“室内门窗”留下的阴影，使渐变颜色墙壁下的地板颜色较暗，需要调整亮度，操作方法如下：

● 在【图层调板】上选择“背景”，在【工具箱】中选择“多边形套索”工具，在小桌右前面勾选一块中色的地板，建立选区，选择【编辑】|【拷贝】(Ctrl+C)，拷贝选区内容，如图 3.18 所示。

● 在【图层调板】上选择“图层 2”，选择【编辑】|【粘贴】(Ctrl+V)，【图层调板】上出现“图层 3”，如图 3.19 所示。

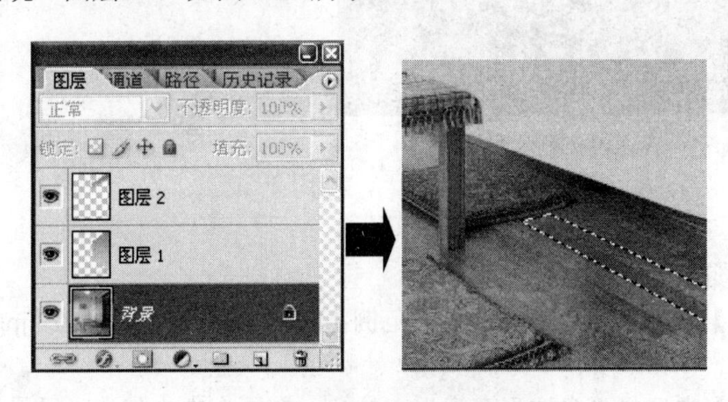

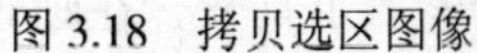

图 3.18　拷贝选区图像　　图 3.19　图层 3

● 在【工具箱】中选择“移动”工具，将贴入的“地板条”向上移动，选择【编辑】|【自由变换】(Ctrl+T)，左手按压 Ctrl 键，移动指针从图形框的边角进行斜切变化调整图像位置，遮盖地板上的黑影，如图 3.20 所示。

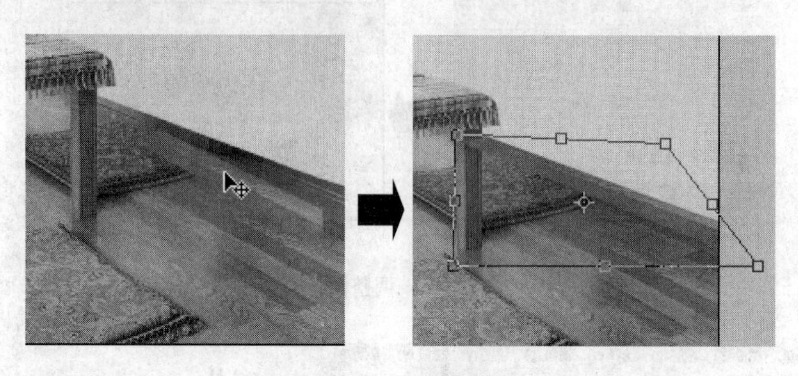

图 3.20 调整图像

● 在【图层调板】上隐蔽图层 3，选择“多边形套索”工具，选择“地板条”遮盖的桌腿和铺垫部分，建立选区，再显示图层 3，选择【编辑】|【清除】(Delete)，删除选取内容，如图 3.21 所示。

图 3.21 删除图像

3.1.4 置入油画

室内色彩调整后，在渐变色彩的墙壁上挂上一幅油画。

(1) 打开图像。选择【文件】|【打开】(Ctrl+O)，从范例 14 文件夹中打开“hs022.jpg”图片，如图 3.22 所示。

(2) 拷贝图像。在【工具箱】中选择“多边形套索”工具，在画布中央勾选“风景油

画”图像建立选区，选择【编辑】|【拷贝】(Ctrl+C)，拷贝选区内容，如图 3.23 所示。

图 3.22　hs022.jpg 图片　　　　图 3.23　拷贝选区图像

(3) 关闭“hs022.jpg”图片，回到“风景油画”编辑窗口。

(4) 粘贴图像。选择【编辑】|【粘贴】(Ctrl+V)，【图层调板】上出现“图层 4”，如图 3.24 所示。

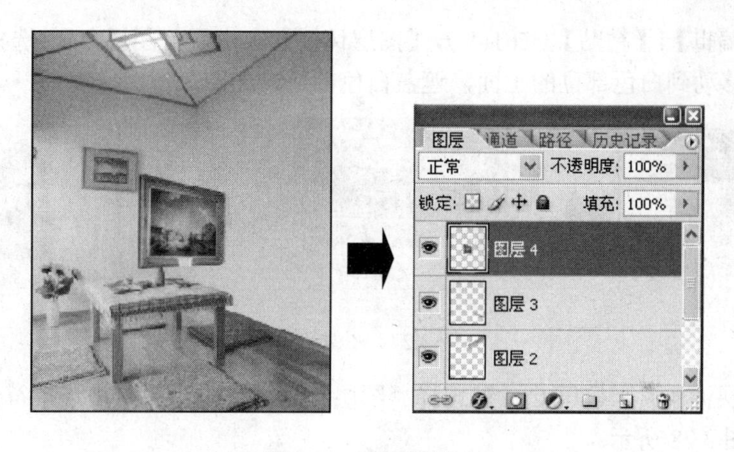

图 3.24　建立图层 4

(5) 移动图像。在【图层调板】上选择“图层 4”，选择“移动”工具将“风景油画”移动到渐变色彩的墙壁上面，如图 3.25 所示。

图 3.25　移动图像

（6）修补画框。操作方法如下：

● 在【工具箱】中选择“缩放”工具 ，将图像放大，选择“多边形套索”工具 ，勾选画框下边的白色部位，建立选区，将光标放在选区内移动选区至白色部位左边，选择【编辑】|【拷贝】（Ctrl+C），拷贝选区内容，如图 3.26 所示。

图 3.26 移动选区

● 选择【编辑】|【粘贴】（Ctrl+V），【图层调板】上出现“图层 5”，选择“移动”工具 将拷贝图像移动到白色部位的上面，遮盖白色部位，如图 3.27 所示。

图 3.27 图像遮盖

● 在【图层调板】上按压 Ctrl 键选择“图层 4”、“图层 5”，单击连接符号将图层 4、图层 5 连接，如图 3.28 所示。

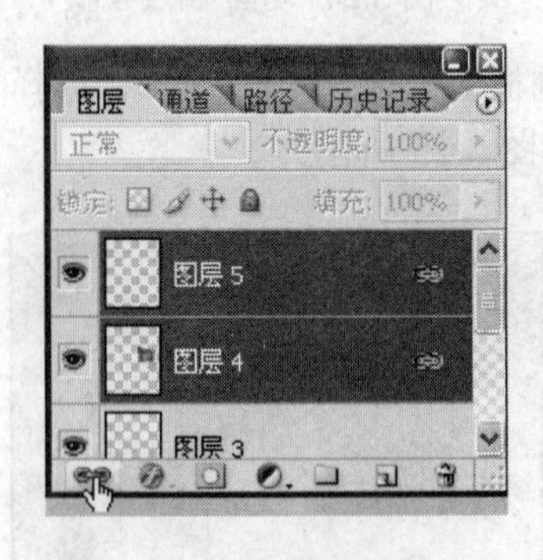

图 3.28 连接图层

（7）调整图像角度。选择【编辑】|【自由变换】（Ctrl+T），左手按压 Ctrl 键，移动鼠标指针从图形框的边角进行斜切变化，调整“风景油画”的视角关系，如图 3.29 所示。

（8）设定阴影。在【图层调板】上选择“图层 4”，选择【图层】|【图层样式】|【投影】，【混合模式】设定为正片叠底，【不透明度】设定为 53%，【角度】设定为 172 度，【距离】设定为 5 像素，【大小】设定为 5 像素，勾选【图层挖空投影】，如图 3.30 所示。

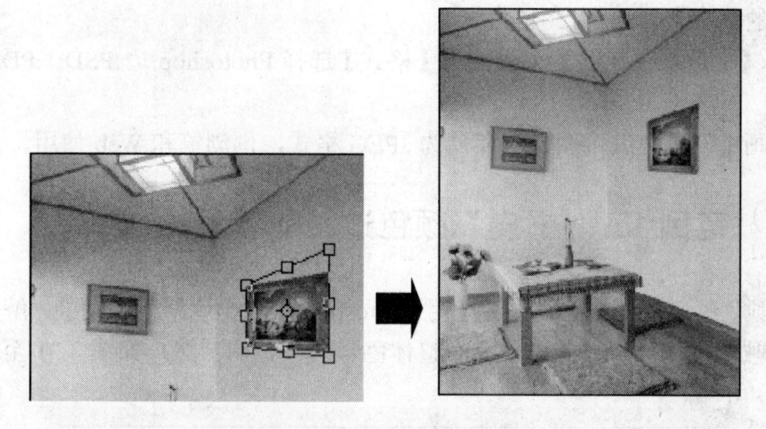

图 3.29　调整图像视角

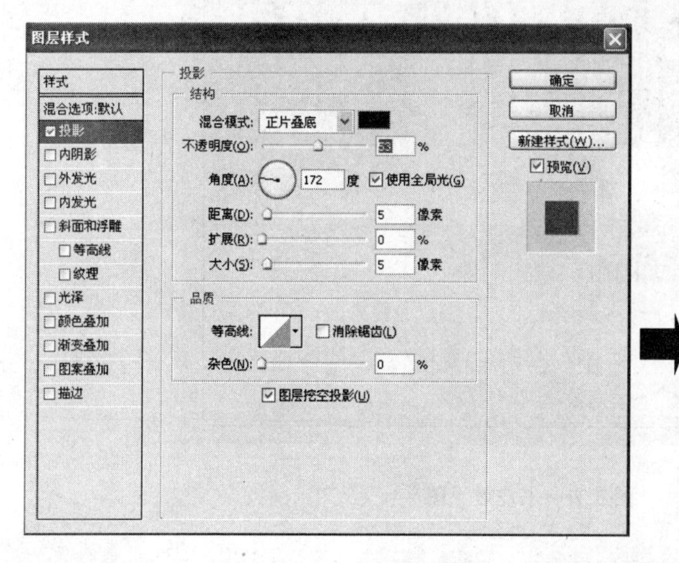

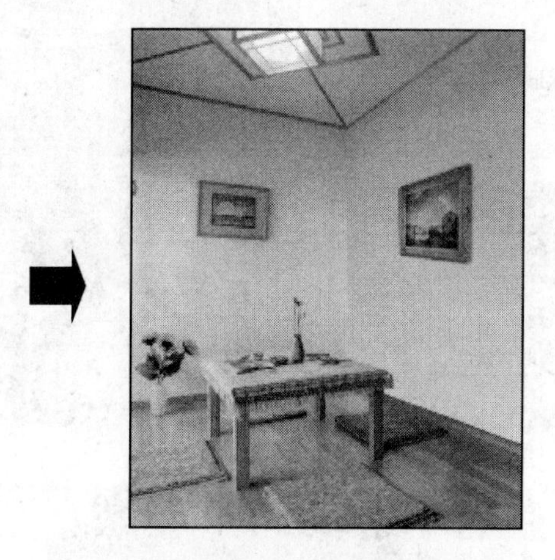

图 3.30　阴影效果

3.1.5　存储文件

根据创意设计目的，选择要存储的图像文件格式，一般情况下，首先要存储 Photoshop 格

式含编辑图层的正本文件。

（1）选择【文件】|【存储】（Ctrl+S），【格式】选择 Photoshop（*.PSD;*.PDD），单击【保存】按钮。

（2）“小画室”最终编辑图像可存储为 JPEG 格式，供浏览和 Web 使用。

3.2 范例 15：“书皮”颜色过渡处理

“书皮”颜色过渡处理，主要通过运用 Photoshop CS2 颜色渐变的功能，解决渐变颜色与对接图像边缘融合问题，使“书皮”版面整体色彩韵律协调自然，如图 3.31 至图 3.34 所示。

图 3.31　书皮效果图

图 3.32　上区域渐变

▲【颜色过渡处理意义】颜色过渡效果是平面效果处理的基础，色彩渲染，色彩协调等平面创意设计表现，可以使用 Photoshop 颜色渐变功能来完成。

图 3.33　下区域渐变

图 3.34　渐变扩展

3.2.1　图像编辑准备

“书皮”设计，其图像的编辑准备主要是新建图像文件，命名新建图像文档名称，设定编辑参考线，存储图像文件。

（1）启动 Photoshop CS2。

（2）新建文件。选择【文件】|【新建】(Ctrl+N)，设定如下参数：

名称：书皮

预设：自定

宽：296 毫米

高：206 毫米

分辨率：72 像素 / 英寸

颜色模式：CMYK / 8 位

背景内容：白色

颜色配置文件：工作中的 CMYK

像素长宽比：方形

设定参数结果，如图 3.35 所示。

【提示】书皮设计，分辨率不得低于 300 像素/英寸，作业练习可设分辨率为 72 像素 / 英寸。如使用 RGB 颜色模式编辑，印刷输出前先进行校样色彩，然后转换为 CMYK 颜色模式，再进行颜色调整。

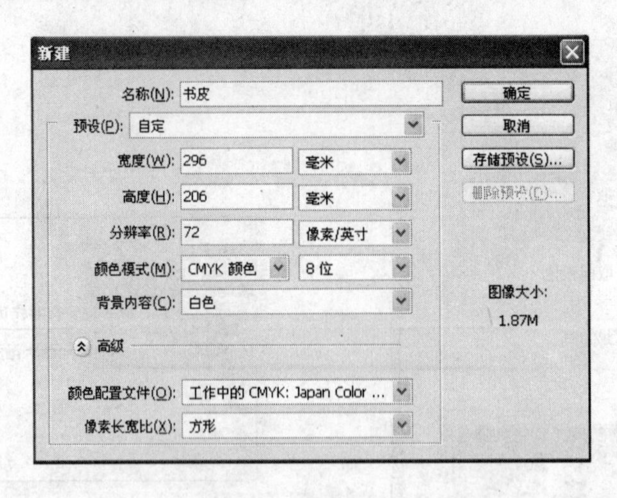

图 3.35 新建文档参数

（3）调整编辑窗口。出现图像编辑窗口，在左下角状态栏“画布显示比例”中输入 66.67%，在工具箱屏幕切换选项中选择中间按钮，将屏幕界面切换到带有菜单的全屏模式，选择“抓手”工具将画布拖至中央。

（4）打开标尺。选择【视图】|【标尺】(Ctrl+R)。

（5）设定裁切出血线。在画布各边向内缩进 3 毫米设定裁切（出血）线，选择“移动”工具，从标尺线拉参考线至出血线位置，如图 3.36 所示。

（6）设定书脊参考线。选择“移动”工具，在横坐标 143 毫米和 153 毫米位置，建立书脊参考线，如图 3.37 所示。

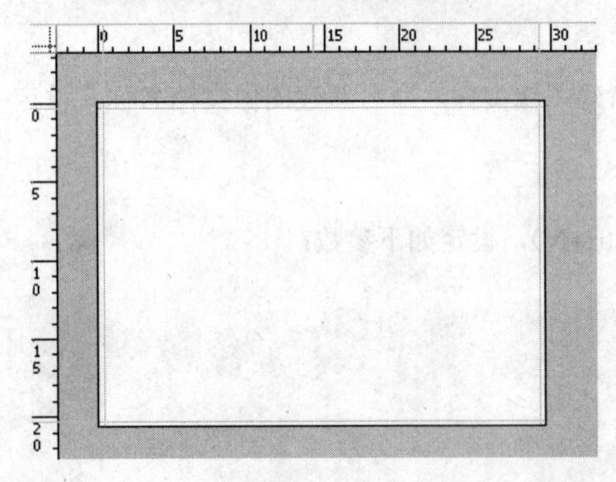

图 3.36 出血线

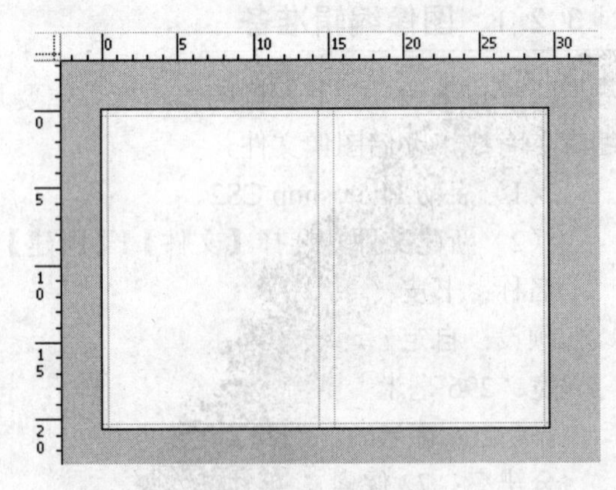

图 3.37 书脊参考线

（7）锁定参考线。选择【视图】，锁定参考线（Ctrl+Alt+;）。

（8）存储图像文件。选择【文件】|【存储】(Ctrl+S)，选择磁盘文件夹，【格式】选择 Photoshop（*.PSD;*.PDD），单击【保存】按钮。

3.2.2 置入底图图像

底图可以是一张图片，也可以是多张图片合成。范例 15 底图是在一张缩小的图片上扩展色彩内容的。

（1）增设参考线。选择“移动”工具，在纵坐标 64 毫米和 154 毫米位置，增设两条参考线，如图 3.38 所示。

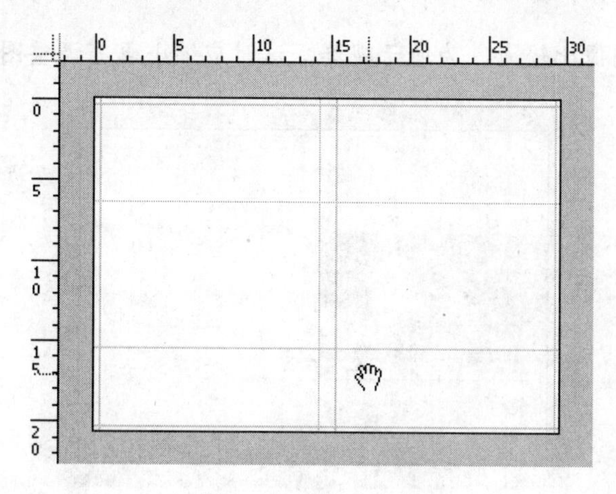

图 3.38　增设参考线

（2）打开图像。选择【文件】|【打开】(Ctrl+O)，从范例 15“书皮”文件夹中打开“ht013.jpg”图片，如图 3.39 所示。

（3）拷贝图像。选择【选择】|【全选】(Ctrl+A)，选择【编辑】|【拷贝】(Ctrl+C)，拷贝选区内容，关闭“ht013.jpg”图片，如图 3.40 所示。

图 3.39　ht013.jpg 图片

图 3.40　拷贝选区图像

（4）粘贴图像。选择【编辑】|【粘贴】(Ctrl+V)，【图层调板】上出现“图层 1”，如图 3.41 所示。

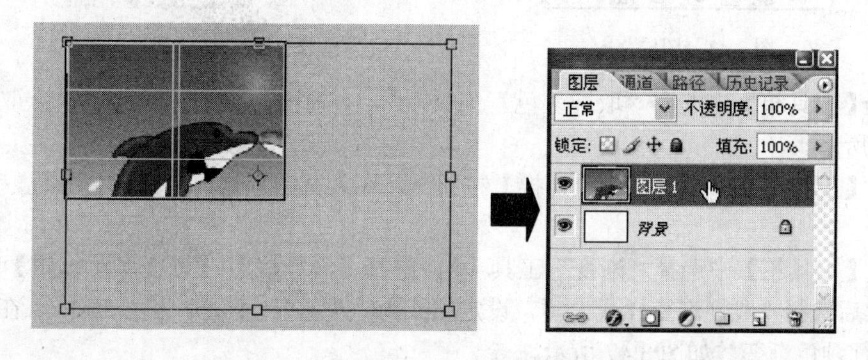

图 3.41　图层 1

（5）调整图像位置。选择【编辑】|【自由变换】(Ctrl+T)，移动指针，调整图像至“书

皮”封底新设参考线之内，如图 3.42 所示。

【提示】贴入的图像比较大，为便于观察，这时应缩小画布调整图像。

图 3.42　调整图像位置

3.2.3　颜色过渡效果处理

范例 15 颜色过渡处理主要工作是在置入的底图图像上向上进行天空色彩过渡，向下进行海面色彩过渡。

（1）天空颜色渐变对接。操作方法如下：

● 在【图层调板】上选择“图层 1”，在调板下边选择【创建新图层】按钮，新建“图层 2”，如图 3.43 所示。

● 在【工具箱】中选择“矩形选框”工具 ，在“书皮”封底上选择上面空白区域，建立选区，如图 3.44 所示。

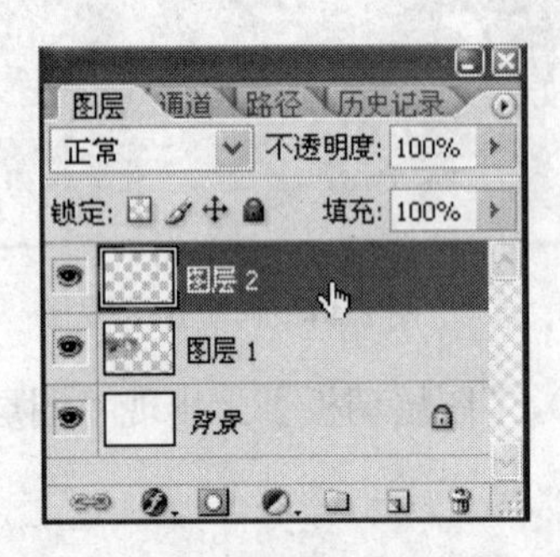

图 3.43　图层 2

图 3.44　构建选区

● 在【工具箱】中选取“取样颜色”工具 ，在海面与天空接壤的上边点取前景色，如图 3.45 所示。

● 在【工具箱】中单击【颜色切换】按钮，在天空的顶边内侧点取背景色，如图 3.46 所示。

● 在【工具箱】中选择“渐变”工具 ，选择【选项栏】|【渐变颜色编辑】|【前景到背景】，然后选择“线性渐变样式”，设定模式为“正常”，不透明度为 100%，在选区内从上至下进行颜色渐变，如图 3.47 所示。

（2）海面颜色渐变对接。操作方法如下：

● 在【图层调板】上选择“图层 2”，在调板下边选择【创建新图层】按钮，新建图层

3，如图 3.48 所示。

图 3.45　拾取前景色

图 3.46　拾取背景色

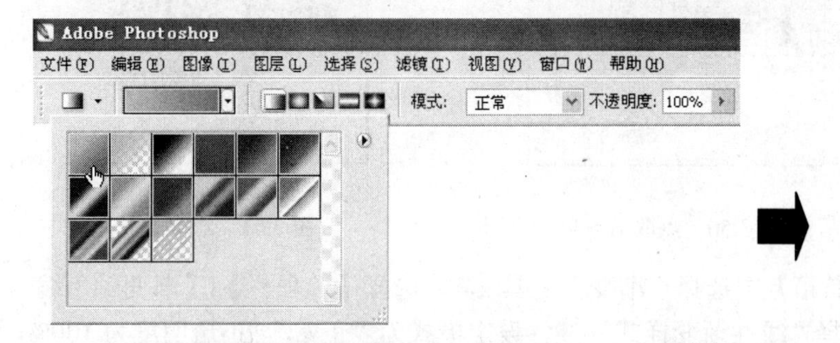

图 3.47　颜色渐变

● 在【工具箱】中选择“矩形选框”工具，在“书皮”封底上选择下面空白区域，建立选区，如图 3.49 所示。

图 3.48　图层 3

图 3.49　构建选区

● 在【工具箱】中选取“取样颜色”工具 ，在海面的下边点取前景色，如图 3.50 所示。

● 在【工具箱】中单击【颜色切换】按钮 ，在海面的上边点取背景色，如图 3.51 所示。

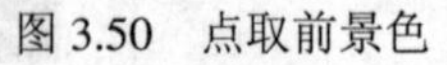
图 3.50　点取前景色

图 3.51　点取背景色

● 在【工具箱】中选择“渐变”工具 ，选择【选项栏】|【渐变颜色编辑】|【前景到背景】，然后选择“线性渐变样式” ，设定模式为“正常”，不透明度为 100%，在选区内从上至下进行颜色渐变，如图 3.52 所示。

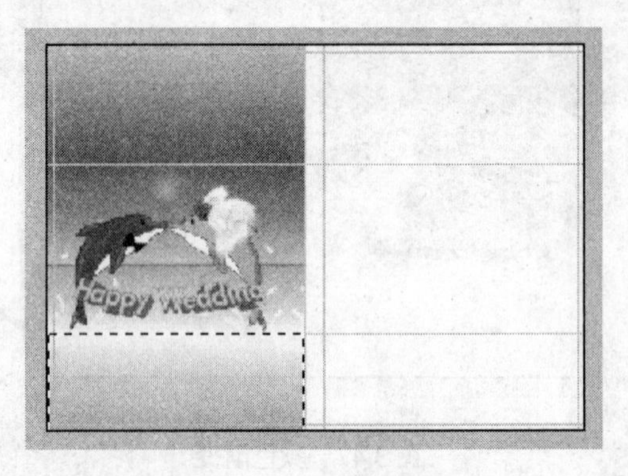

图 3.52　颜色渐变

3.2.4　渐变色彩扩展

“书皮”封底色彩处理完成后，合并拷贝天空和海面色彩内容，使用【自由变换】工具向书脊和封面平伸扩展。

（1）构建选区。在【工具箱】中选择“矩形选框”工具 ，在封底右边取齐参考线，在红色海豚右边选择天空和海面色彩内容，建立选区，如图 3.53 所示。

（2）拷贝图像。选择【编辑】|【合并拷贝】(Shift+Ctrl+C)，拷贝选区内容。

（3）粘贴图像。在【图层调板】选择“图层 3”，选择【编辑】|【粘贴】(Ctrl+V)，【图层调板】上出现图层 4，如图 3.54 所示。

（4）调整图像位置。选择【编辑】|【自由变换】(Ctrl+T)，移动指针调整图形框，向右平伸扩展图像到画布的边缘，如图 3.55 所示。

图 3.53　选择图像

图 3.54　图层 4

图 3.55　调整图像

3.2.5　存储文件

根据创意设计目的，选择要存储的图像文件格式。一般情况下，首先要存储 Photoshop 格式含编辑图层的正本文件。

（1）选择【文件】|【存储】(Ctrl+S)，【格式】选择 Photoshop（*.PSD;*.PDD），单击【保存】按钮。

（2）选择【文件】|【存储】(Ctrl+S)，【格式】选择 TIFF（*.TIF;*.TIFF），单击【保存】按钮。

3.3　范例 16：“小博士”照片图像修版

本范例“小博士”照片图像修版，介绍 Photoshop CS2 通过运用图层颜色模式、照片处理工具、颜色调整模型等技术性能，进行人像照片修版、色彩调整和背景效果处理的操作方法，如图 3.56 至图 3.58 所示。

图 3.56 “小博士”效果图

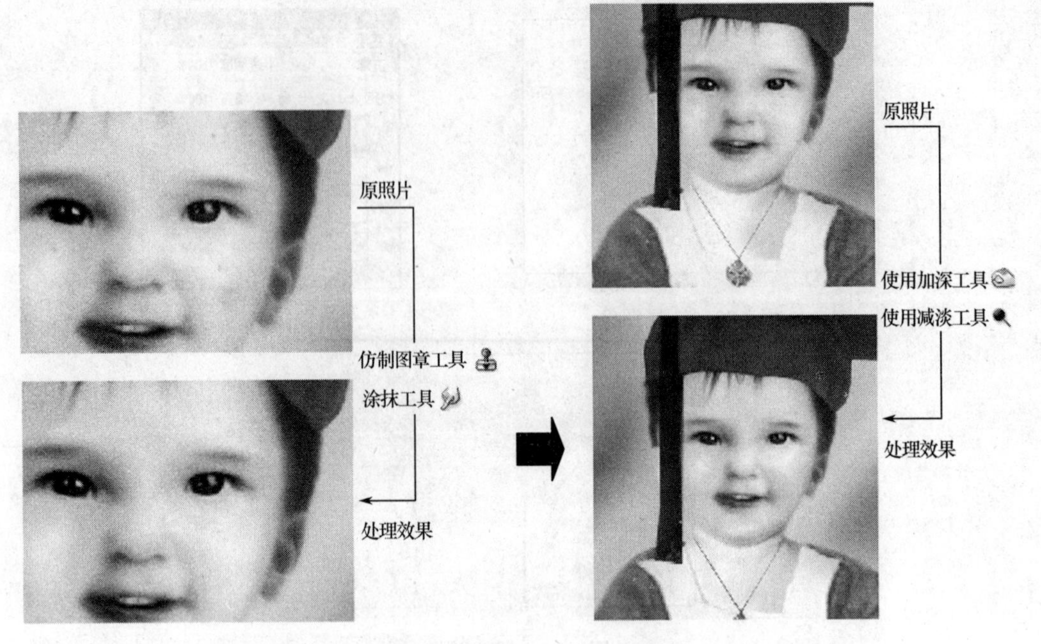

图 3.57 使用照片修饰工具

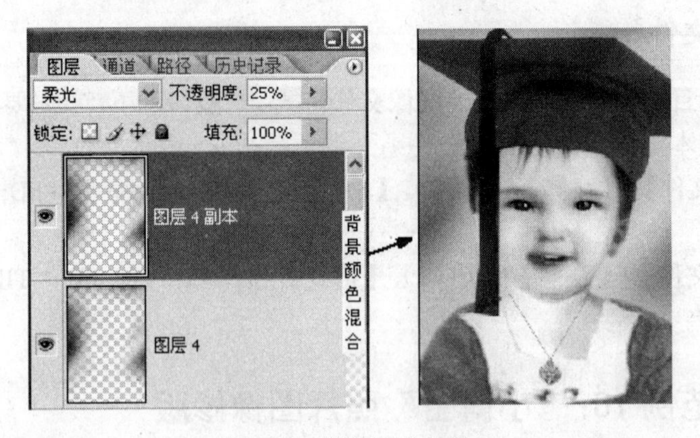

图 3.58 背景混合效果

▲【人像照片修版意义】 Photoshop CS2 处理人像照片具有非常灵活方便有效的各种工具，可以帮助完成所需要的色彩效果；照片色彩调整有亮度/对比度、色彩平衡、色相/饱和度、颜色混合、色阶、曲线等，可以从色彩需要的角度设定参数调整照片，还可以通过预览观察调试效果，解决偏色、失色、替换颜色等问题；运用图层颜色叠放形式进行颜色混合，可以在不同的层面上设定参数值调整照片色彩。

3.3.1 编辑图像准备

“小博士”图像的编辑准备主要是选择并打开照片图像，复制图像，命名图像文档名称，确定图像编辑颜色模式。

（1）启动 Photoshop CS2。

（2）打开图像。选择【文件】|【打开】(Ctrl+O)，从范例 16 文件夹中打开“小博士.jpg”照片图像，如图 3.59 所示。

（3）复制图像。打开图像后，选择【图像】|【复制图像】，出现“复制图像”对话框，

输入“小博士 01”，单击【确定】按钮，然后关闭“小博士.jpg”照片图像，如图 3.60 所示。

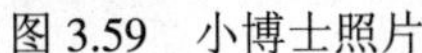

图 3.59　小博士照片

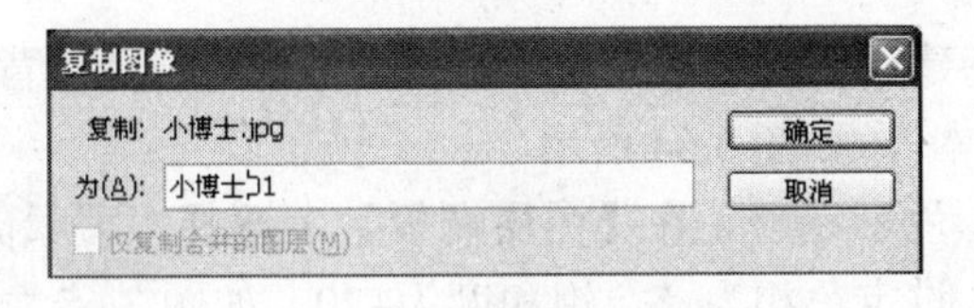

图 3.60　复制图像

（4）调整图像分辨率。选择【图像】|【图像大小】，勾选“约束比例”、“重定图像像素”，设定像素大小不变，将分辨率改成 300 像素/英寸，如图 3.61 所示。

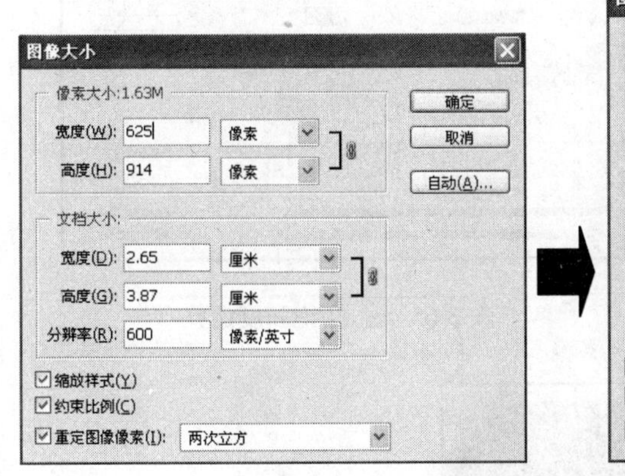

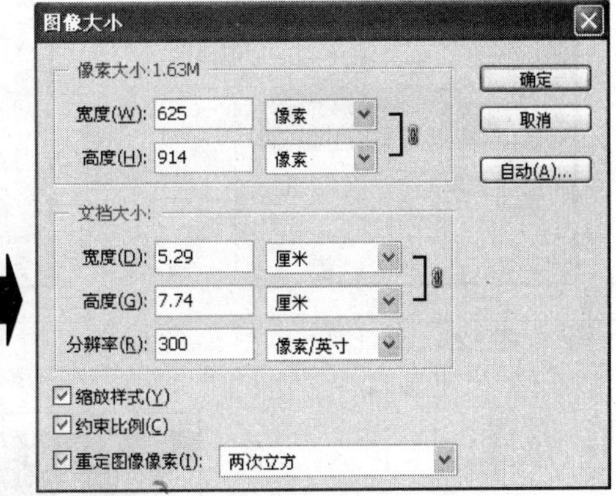

图 3.61　调整分辨率

（5）确定颜色模式。选择【图像】|【模式】，选择“RGB 颜色”模式，选择“8 位/通道”，如图 3.62 所示。

（6）存储文件。选择【文件】|【存储】(Ctrl+S)，选择（*.PSD;*.PDD）格式，单击【保存】按钮，如图 3.63 所示。

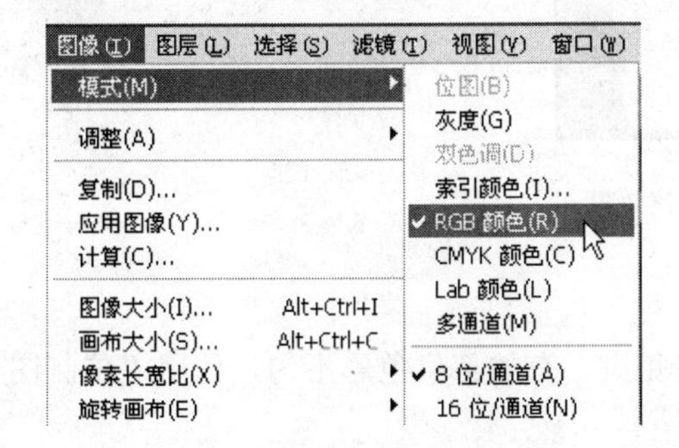

图 3.62　选择图像模式

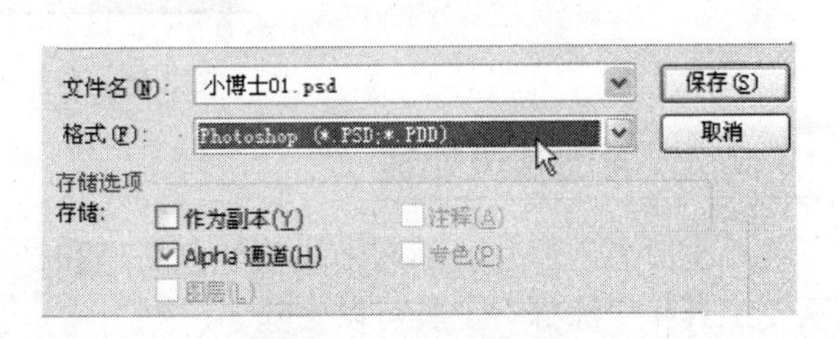

图 3.63　保存选项

（7）调整编辑窗口。出现图像编辑窗口，在左下角状态栏“画布显示比例”中输入 50%，在【工具箱】屏幕切换选项中选择中间按钮，将屏幕界面切换到带有菜单的全屏模式，选择“抓手”工具，将画布拖至中央。

（8）打开【图层调板】。选择【窗口】|【图层】，放置【图层调板】在画布的右边。

3.3.2 色彩调整

“小博士”照片颜色偏黄，饱和度不够，选择【图像】|【调整】|【色相/饱和度】，进行色彩调整。

（1）建立背景副本。在【图层调板】上选择“背景”，选择【右键】|【复制图层】，建立“背景副本”，如图 3.64 所示。

（2）色彩调整。在【图层调板】上选择“背景副本”，选择【图像】|【调整】|【色相/饱和度】，设定色相为-5，饱和度为+20，如图 3.65、图 3.66 所示。

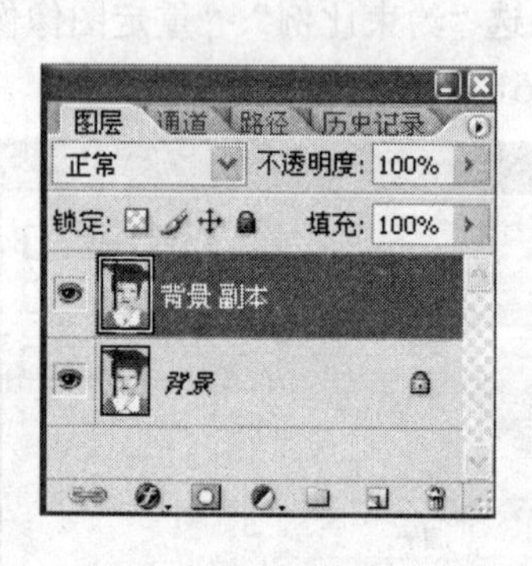

图 3.64 背景副本

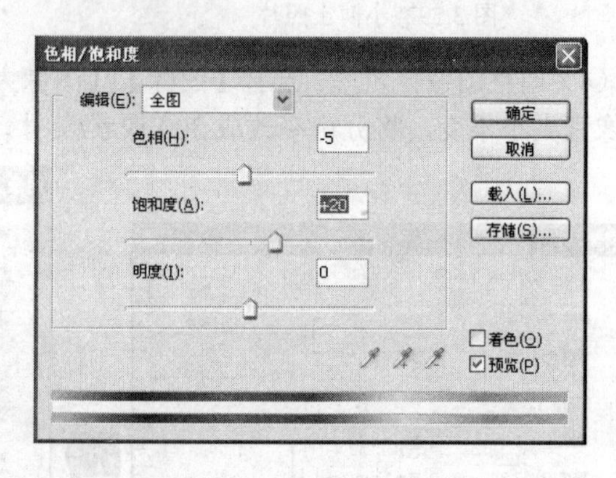

图 3.65 色相/饱和度调整

图 3.66 色彩调整效果

3.3.3 面部祛斑处理

“小博士”照片脸部有一块暗红色祛斑和一些雀斑，有的部位色彩不匀，使用“仿制图章”工具和“涂抹”工具可以去除。

（1）新建图层。在【图层调板】上选择“背景副本”，在调板下边选择【创建新图层】

按钮，新建“图层 1”，如图 3.67 所示。

图 3.67　新建图层 1

（2）设定仿制图章工具。在【工具箱】中选择“仿制图章”工具，选择【选项栏】设定模式为正常，不透明度为 100，流量为 100，对所有图层取样，点按右键设置笔画为柔角 13 像素，如图 3.68 所示。

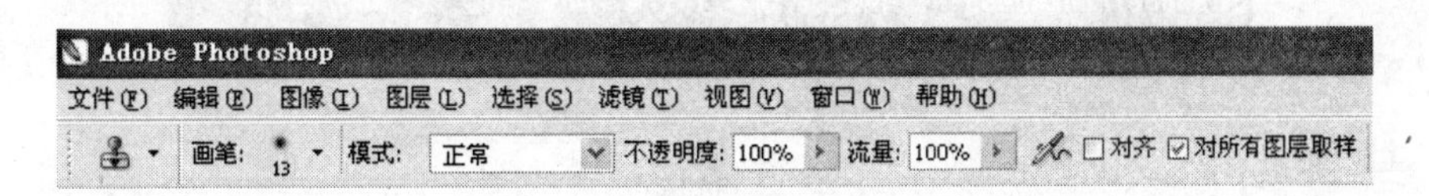

图 3.68　仿制图章设定

（3）采样覆盖斑点。操作方法如下：

● 选择“缩放”工具，框选放大准备修改的部位，如图 3.69 所示。

● 将“仿制图章”工具光标放在斑点周围正常色彩上，切换 Caps Lock 键显示圆圈光标。

● 定位仿制采样位置（Alt+左键），如图 3.70 所示。

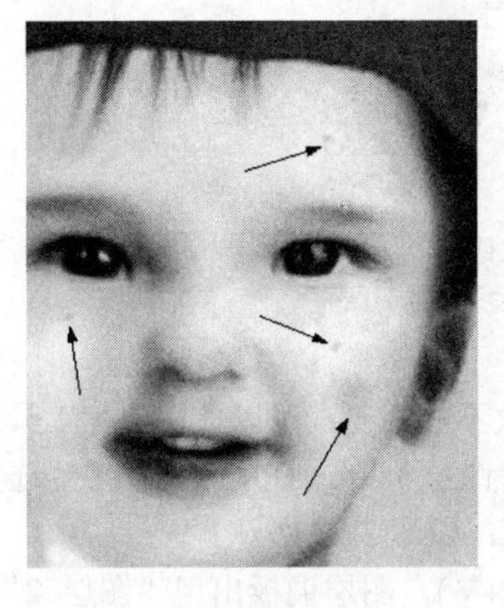

图 3.69　准备修改的部位

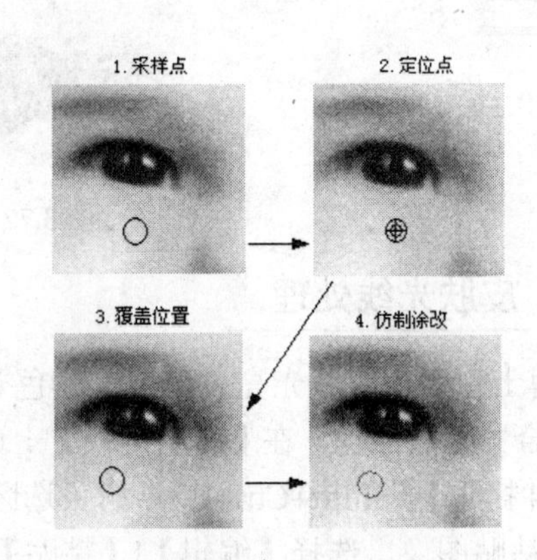

图 3.70　修改过程

● 移动光标在斑点上进行点按覆盖，如图 3.71 所示。

（4）涂抹修色 在【工具箱】中选择“涂抹”工具，选择【选项栏】设置笔画为柔角 13 像素，设定模式为“正常”，强度为 50%，对所有图层取样，对照片面部色彩不匀的部位进行涂抹，如图 3.72 所示。

图 3.71　仿制效果

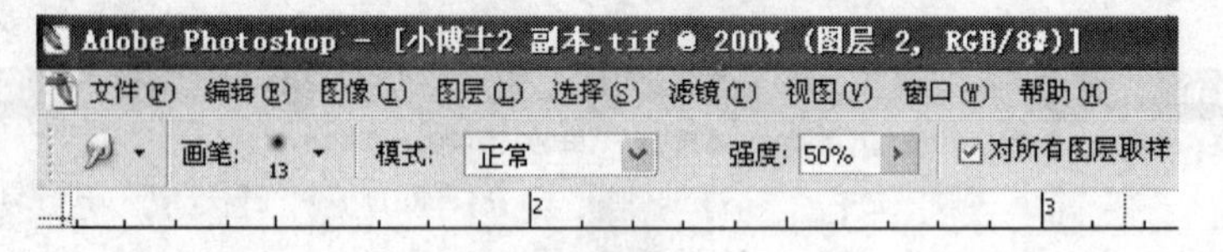

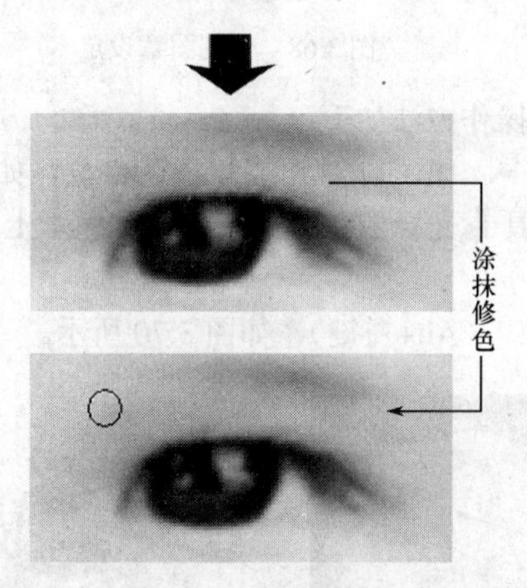

图 3.72　涂抹修色

3.3.4　皮肤光线处理

“小博士”照片皮肤光亮过度，人物色彩层次不够分明，可以使用照片工具进行处理。

（1）合并拷贝图像。在【图层调板】上选择“图层 1”，选择【选择】|【全选】，选择【编辑】|【合并拷贝】(Shiftt+Ctrl+C)，拷贝选区内容，如图 3.73 所示。

（2）粘贴图像。选择【编辑】|【粘贴】(Ctrl+V)，图层调板出现“图层 2”，如图 3.74 所示。

（3）皮肤颜色加深。在【图层调板】上选择“图层 2”，在【工具箱】中选择“加深”工具，在【选项栏】设定笔画为柔角像素 65，范围为中间调，曝光度为 50%，在人物脸颊、头额、颈项上选择偏亮的部位轻涂修色，如图 3.75、图 3.76 所示。

（4）使用“减淡”工具。在【工具箱】中选择“减淡”工具，在【选项栏】中设定笔画为柔角像素 65，范围为中间调，曝光度为 50%，对加深工具加深过重的部分再轻涂修色，如图 3.77 所示。

图 3.73　全选图像

图 3.74　图层 2

图 3.75　加深工具设定

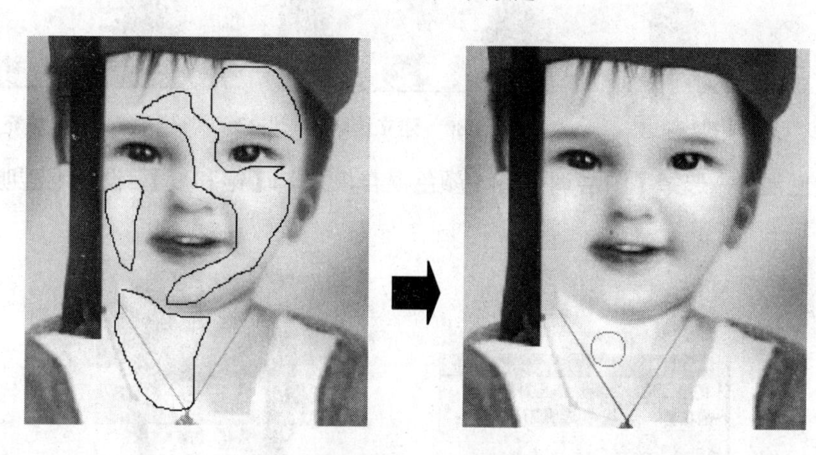

图 3.76　加深效果

3.3.5　衣服颜色调整

（1）新建图层 3。选择“图层 2”，在调板下边选择【创建新图层】按钮，新建“图层 3”，如图 3.78 所示。

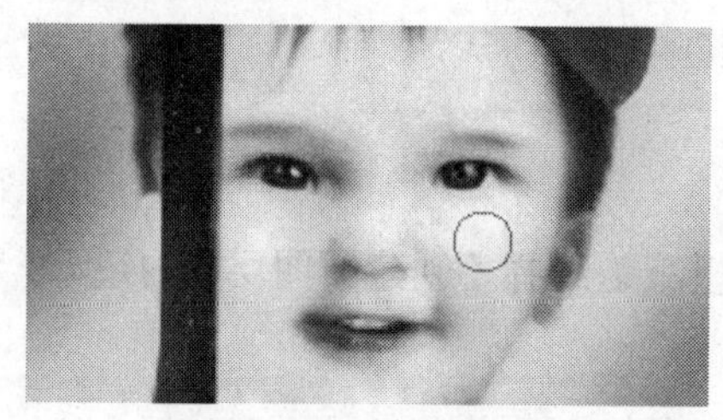

图 3.77　减淡擦拭

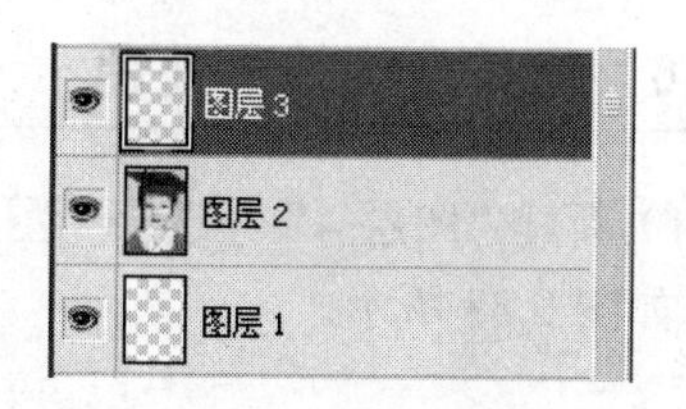

图 3.78　图层 3

（2）选取衣服。操作方法如下：

● 在【工具箱】中选择“魔棒”工具，选择【选项栏】|【添加到选区】按钮，容差设置为 32 像素，选择“消除锯齿”、“连续”。

● 点选衣服颜色，选择【选择】|【选取相似】，如图 3.79 所示。

● 使用“套索”工具，按压 Alt 键，减选衣服以外选区，如图 3.80 所示。

（3）建立羽化选区。选择【选择】|【羽化】（Ctrl+Alt+D），设置羽化半径为 5 像素。

（4）设定填充颜色。在【工具箱】中单击【前景色】按钮，设定【前景色】为 R71、G118、B187。

（5）填充颜色。选择【编辑】|【填充】（Alt+Delete），填充前景颜色，如图 3.81 所示。

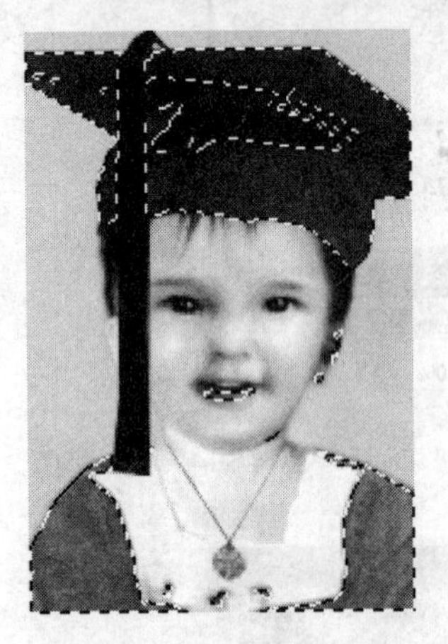

图 3.79　选取相似

图 3.80　建立选区

图 3.81　填充颜色

（6）颜色混合。选择【图层调板】|【颜色混合模式】|【饱和度】，设置不透明度为 40%，如图 3.82 所示。

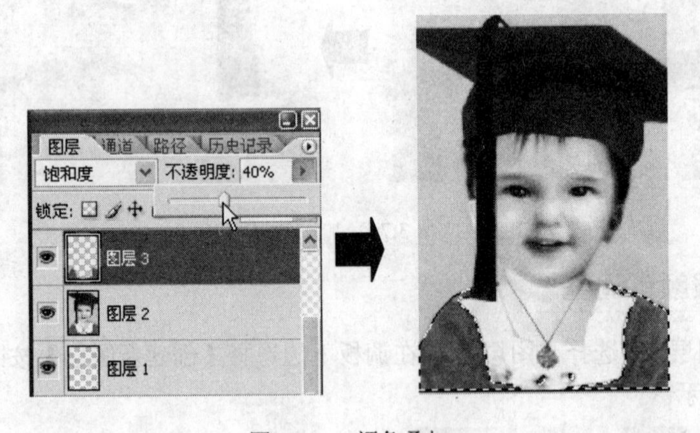

图 3.82　颜色叠加

3.3.6　背景光线效果处理

（1）新建“图层 4”　选择“图层 3”，在调板下边选择【创建新图层】按钮，新建“图层 4”，如图 3.83 所示。

图 3.83　图层 4

（2）建立背景羽化选区。操作方法如下：

● 在【图层调板】上选择“图层2”，在【工具箱】中选择“魔棒”工具，选择【选项栏】|【添加到选区】按钮，容差设置为32像素，选择“消除锯齿”、“连续”。

● 使用“魔棒”工具。点选照片背景颜色，建立选区，选择【选择】|【羽化】(Ctrl+Alt+D)，设置羽化半径为50像素，如图3.84所示。

图 3.84　羽化选区

（3）渐变填充。在【工具箱】中选择“渐变”工具，选择【选项栏】|【渐变颜色编辑】|【色谱颜色】，然后选择“线性渐变样式”，在选区内从左至右渐变，如图3.85所示。

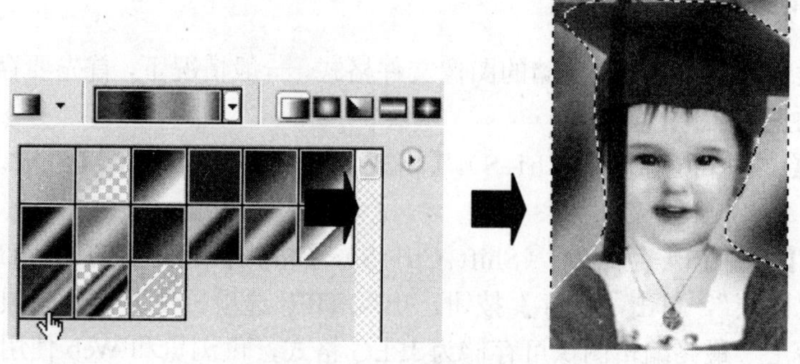

图 3.85　渐变填充

（4）颜色模式设定。选择【图层调板】|【颜色混合模式】|【亮度】，不透明度设置为50%，选择【选择】|【取消选择】(Ctrl+D)，如图3.86所示。

（5）图层柔光。在【图层调板】上选择“图层4”，选择【右键】|【复制图层】，建立“图层4副本”，选择【图层调板】|【颜色混合模式】|【柔光】，不透明度设置为25%，如图3.87所示。

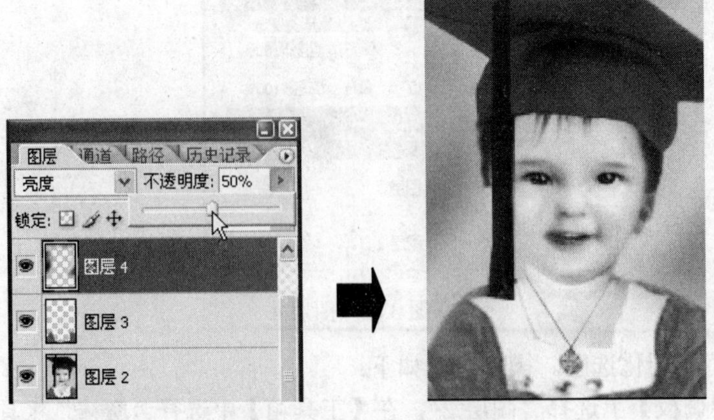

图 3.86　颜色混合

图 3.87　柔光效果

3.3.7　存储文件

根据创意设计目的，选择要存储的图像文件格式，一般情况下，首先要存储 Photoshop 格式含编辑图层的正本文件。

（1）选择【文件】|【存储】(Ctrl+S)，【格式】选择 Photoshop（*.PSD;*.PDD），单击【保存】按钮。

（2）选择【文件】|【存储为】(Shift+Ctrl+S)，【格式】选择 TIFF（*.TIF;*.TIFF），在存储选项中勾选"图层"，单击【保存】按钮，出现 TIFF 选项，使用默认选项。

（3）"小博士"最终编辑图像可存储为 JPEG 格式，供浏览和 Web 使用。

3. 4　范例 17："波兰女"人像变形处理

"波兰女"人像变形处理，介绍 Photoshop CS2 通过运用图层编辑功能和使用照片处理工具、拷贝粘贴图像、自由变换等技术，进行人像照片色彩变化处理的操作方法，如图 3.88 至图 3.90 所示。

图 3.88 “波兰女”效果图

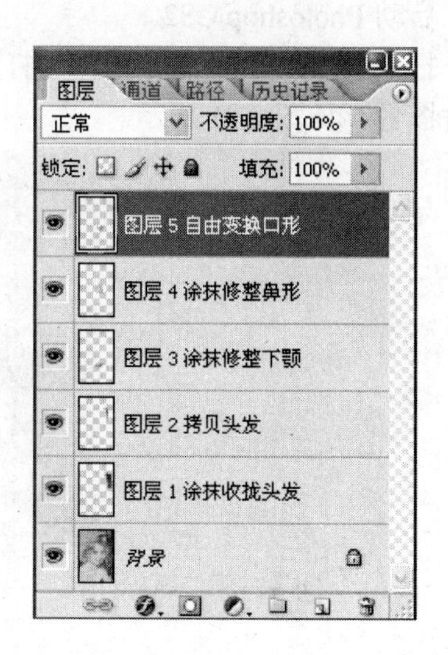

图 3.89　图层编辑

图 3.90　变形效果

▲【人像变形处理的意义】 Photoshop 人像照片变形处理，实际上是图像形状变化的色彩处理，可以使用“涂抹”工具、“自由变换”工具等来完成。

3.4.1　编辑图像准备

“波兰女”图像的编辑准备主要是选择并打开照片图像，调整分辨率，确定图像编辑颜色模式，存储新文件。

（1）启动 Photoshop CS2。

（2）打开图像。选择【文件】|【打开】(Ctrl+O)，从范例 17 文件夹中打开“波兰女”JPEG 照片图像，如图 3.91 所示。

图 3.91　波兰女照片

（3）调整图像分辨率。选择【图像】|【图像大小】，勾选“约束比例”、“重定图像像素”，设定像素大小不变，将分辨率改成 72 像素/英寸，如图 3.92 所示。

（4）确定颜色模式。选择【图像】|【模式】，选择“RGB 颜色”模式，选择“8 位/通道”，如图 3.93 所示。

（5）存储文件。选择【文件】|【存储为】(Shift+Ctrl+S)，【文件名】中输入“波兰女”，选择*.PSD;*.PDD 格式，单击【保存】按钮。

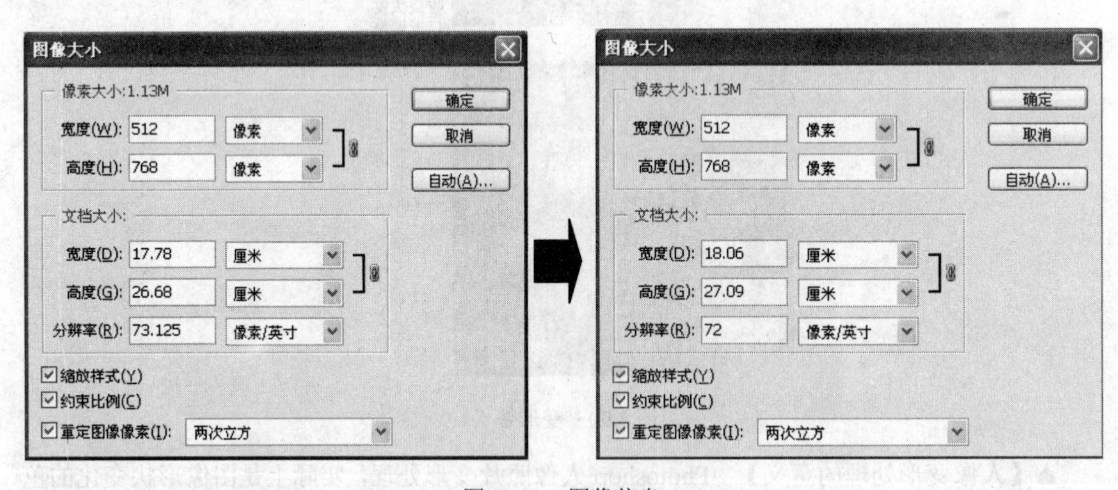

图 3.92　图像信息

（6）调整编辑窗口。出现图像编辑窗口，在左下角状态栏“画布显示比例”中输入 100%，在【工具箱】屏幕切换选项中选择中间按钮，将屏幕界面切换到带有菜单的全屏模式，选择“抓手”工具，将人像头部拖至中央。

（7）打开【图层调板】。选择【窗口】|【图层】，放置【图层调板】在画布的右边。

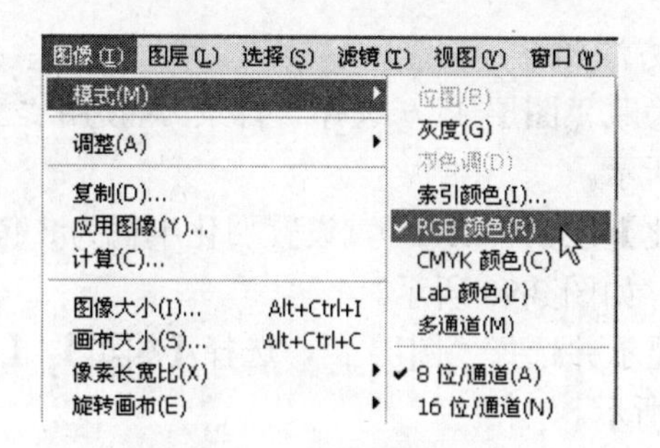

图 3.93　选择图像模式

3.4.2　发型变形处理

“波兰女”发型变形处理，使用涂抹工具将蓬散的头发收拢，结合使用【自由变换】工具，调整剪贴的头发图像，修补发型色彩，使收拢的头发趋于自然。

（1）新建图层。在【图层调板】上选择“背景”，在调板下边选择【创建新图层】按钮，新建“图层 1”，如图 3.94 所示。

图 3.94　新建图层 1

（2）涂抹收拢头发。在【工具箱】中选择“涂抹”工具，选择【选项栏】，设置笔画为柔角 50 像素，设定“模式”为“正常”，强度为 100%、对所有图层取样，在照片右边蓬散的头发部位，从外向里进行涂抹，如图 3.95 和图 3.96 所示。

图 3.95　设定涂抹工具参数

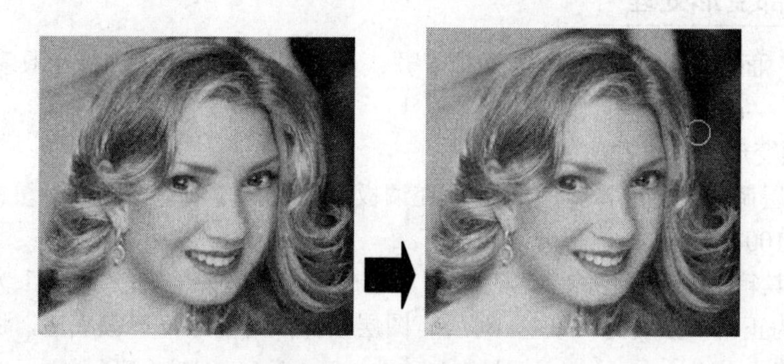

图 3.96　涂抹收拢头发

（3）剪贴头发。操作方法如下：

● 在【图层调板】上隐藏“图层 1”，选择“背景”，使用“套索”工具，选择一鬏头发，建立选区，如图 3.97 所示。

● 选择【选择】|【羽化】（Ctrl+Alt+D），设置羽化半径为 3 像素，选择【编辑】|【拷贝】（Ctrl+C），拷贝选区内容，如图 3.98 所示。

● 在【图层调板】上显示并选择“图层 1”，选择【编辑】|【粘贴】（Ctrl+V），图层调板出现“图层 2”，如图 3.99 所示。

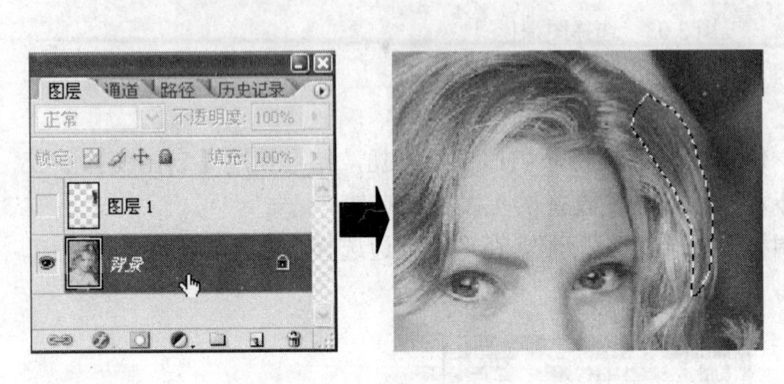

图 3.97　选择头发

图 3.98　图层 2

● 选择【编辑】|【自由变换】（Ctrl+T），左手按压 Ctrl 键，移动鼠标指针从图形框的边角进行斜切调整贴入图像的形状，如图 3.99 所示。

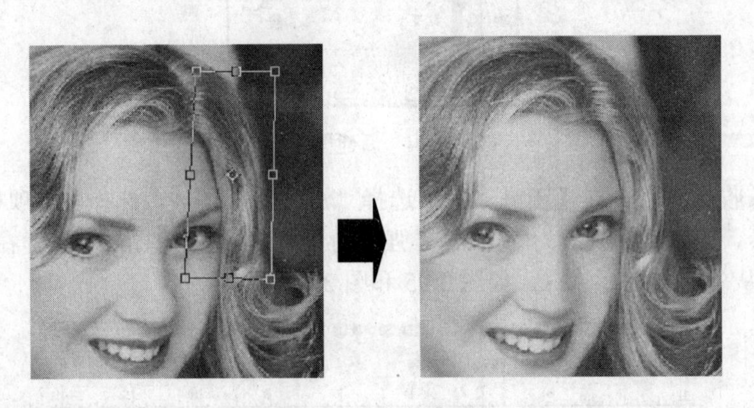

图 3.99　调整发形

3.4.3　面部变形处理

“波兰女”面部变形处理内容主要有下颚、鼻梁和口形，使用涂抹工具和图像剪贴方法进行处理。

（1）下颚变形。操作方法如下：

● 在【图层调板】上选择“图层 2”，在调板下边选择【创建新图层】按钮，新建“图层 3”，如图 3.100 所示。

● 在【工具箱】中选择“涂抹”工具，选择【选项栏】，设置“笔画”为柔角 50 像素，设定“模式”为正常，强度为 100%，对所有图层取样，向下涂抹下颚底边，将方形下颚变成圆形下颚，如图 3.101 所示。

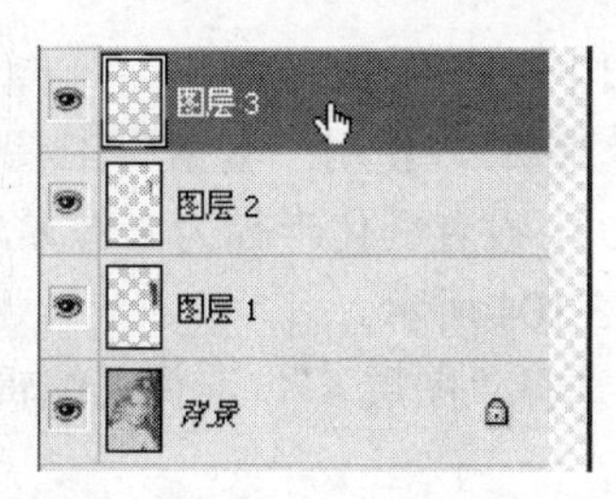

图 3.100　图层 3

图 3.101　涂抹下颚

（2）鼻梁变形。操作方法如下：

● 在【图层调板】上选择“图层 3”，在调板下边选择【创建新图层】按钮，新建“图层 4”，如图 3.102 所示。

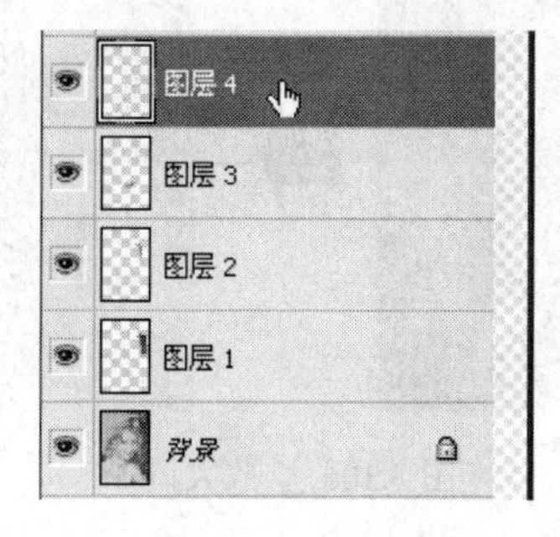

图 3.102　图层 4

● 在【工具箱】中选择“涂抹”工具，选择【选项栏】，设置“笔画”为柔角 50 像素，设定“模式”为正常，“强度”为 100%，对所有图层取样，从鼻梁右边向左涂抹，如图 3.103 所示。

图 3.103　涂抹鼻梁

（3）调整口形。操作方法如下：

● 在【图层调板】上选择“背景”，使用“套索”工具，选择口形部位，建立选区，选择【选择】|【羽化】(Ctrl+Alt+D)，设置羽化半径为 2 像素，选择【编辑】|【拷贝】(Ctrl+C)，拷贝选区内容，保留选区，如图 3.104 所示。

● 在【图层调板】上显示并选择“图层 4”，选择【编辑】|【粘贴】(Ctrl+V)，图层调板出现“图层 5”，如图 3.105 所示。

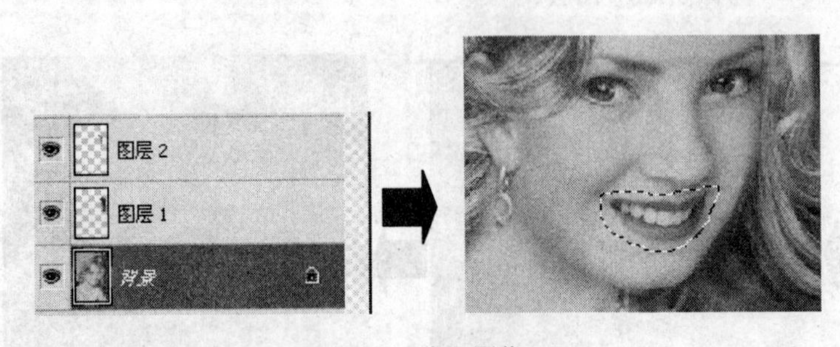

图 3.104 选取图像

图 3.105 图层 5

● 选择【编辑】|【自由变换】(Ctrl+T)，移动指针调整口形图像，边缘放大约 3 像素，如图 3.106 所示。

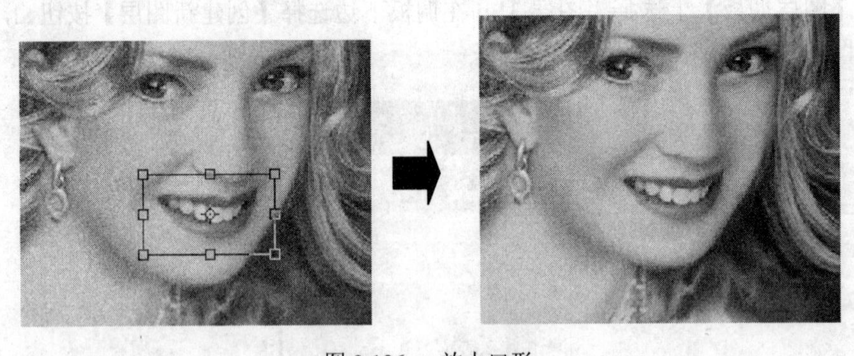

图 3.106 放大口形

3.4.4 存储文件

根据创意设计目的，选择要存储的图像文件格式，一般情况下，首先要存储 Photoshop 格式含编辑图层的正本文件。

（1）选择【文件】|【存储】(Ctrl+S)，【格式】选择 Photoshop（*.PSD;*.PDD），单击【保存】按钮。

（2）选择【文件】|【存储为】(Shift+Ctrl+S)，【文件名】中输入“波兰女”，【格式】选择 TIFF（*.TIF;*.TIFF），在存储选项中勾选“图层”，单击【保存】按钮，出现 TIFF 选项，使用默认选项。

（3）“波兰女”最终编辑图像可存储为 JPEG 格式，供浏览和 Web 使用。

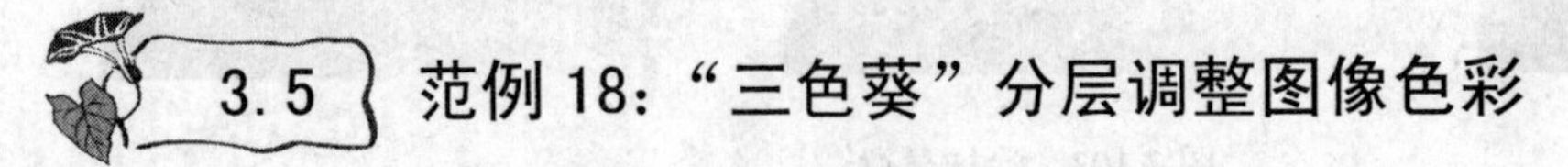

3.5 范例 18：“三色葵”分层调整图像色彩

分层调整图像色彩技术，是 Photoshop CS2 色彩编辑的一种方法。在图像效果调整时，在一个层面上使用相同的调整模式参数值，不能完成不同内容的色彩调整需要，应使用分层调整图像色彩技术。

"三色葵"图像色彩编辑过程，介绍 Photoshop CS2 运用分层调整图像色彩技术，将一张暗淡失色的"野葵花"旧照片，变成色彩鲜丽的新照片，如图 3.107 图 3.110 所示。

图 3.107　"三色葵"效果图

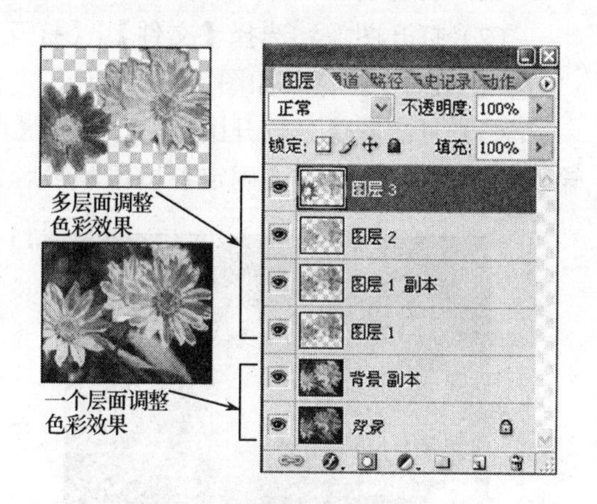

图 3.108　色彩分层

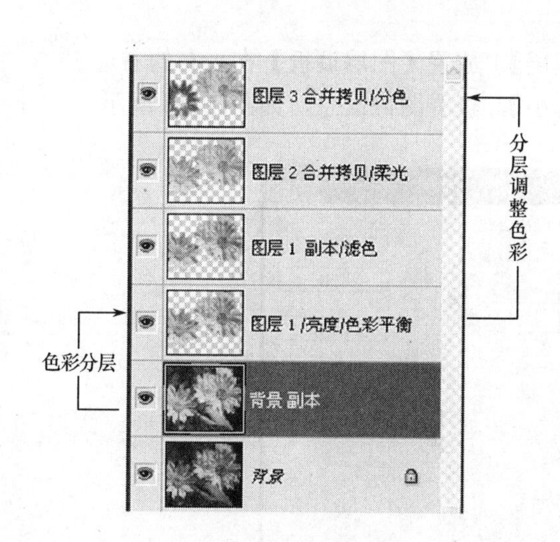

图 3.109　色彩分层编辑

图 3.110　色彩分层调整效果

▲【分层调整图像的意义】 分层调整图像色彩技术，主要用于改变图像色彩内容，可以修改照片图像颜色，按照创意要求进行图像色彩变换调整，也可以满足图像局部视觉变化的实际需要，实现抽象的、夸张的表现图像色彩艺术效果的塑造。

3.5.1　图像编辑准备

“三色葵”图像的编辑准备主要是选择并打开图像，复制图像，命名图像文档名称，确定图像编辑颜色模式。

（1）启动 Photoshop CS2。

（2）打开图像。选择【文件】|【打开】(Ctrl+O)，从范例 18“三色葵”文件夹中打开“野葵花.JPG”图像，如图 3.111 所示。

（3）复制图像。打开图像后，选择【图像】|【复制图像】，出现“复制图像”对话框，输入“三色葵”，单击【确定】按钮，然后关闭“野葵花.JPG”图像，如图 3.112 所示。

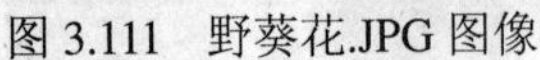

图 3.111　野葵花.JPG 图像

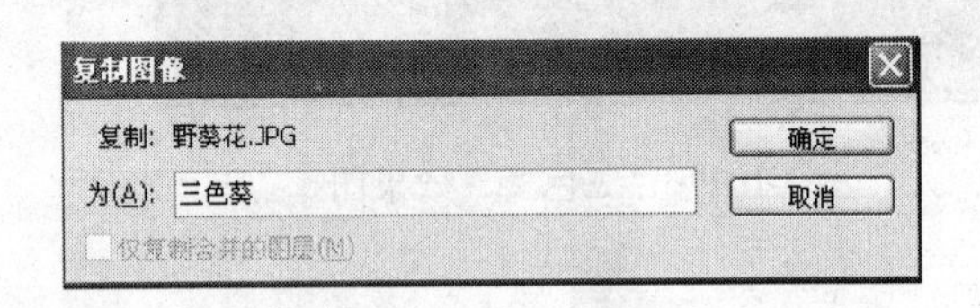

图 3.112　复制图像

（4）调整编辑窗口。出现图像编辑窗口，在左下角状态栏“画布显示比例”中输入 50%，在工具箱屏幕切换选项中选择中间按钮，将屏幕界面切换到带有菜单的全屏模式，选择“抓手”工具将画布拖至中央。

（5）打开图层调板。选择【窗口】|【图层】，放置【图层调板】在画布的右边。

（6）查看图像。选择【图像】|【图像大小】，查看图像信息，如图 3.113 所示。

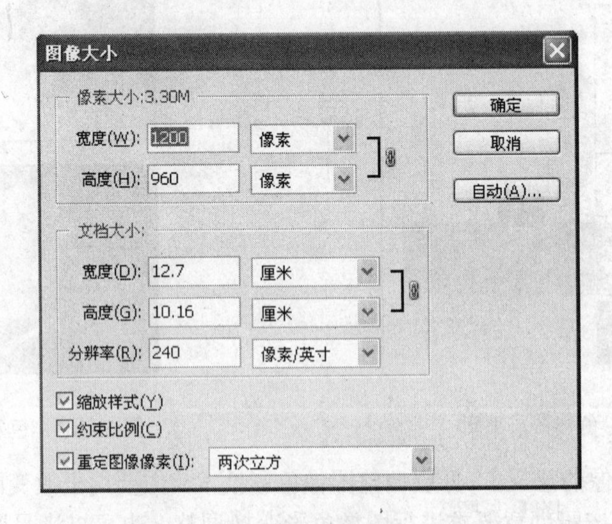

图 3.113　图像信息

（7）确定颜色模式。选择【图像】|【模式】，选择“RGB 颜色”模式，如图 3.114 所示。

3.5.2　图像色彩分层

将图像内容分离分层，运用 Photoshop 选区工作原理和图层编辑方法，将图像的组织成分可选内容复制粘贴到新的图层，构成色彩内容的多个层面。

（1）建立背景副本。在【图层调板】上右键单击“背景”，选择【复制图层】，建立“背景副本”，如图 3.114 所示。

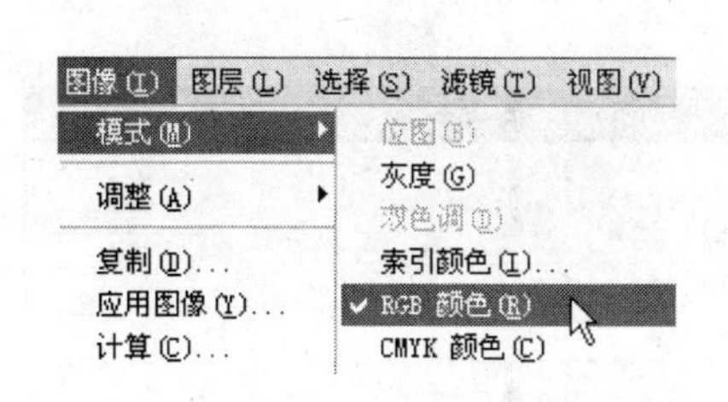

图 3.114　选择图像模式

图 3.115　背景副本

（2）选取分层图像内容。在【工具箱】中选择“魔棒”工具，选择【选项栏】|【添加到选区】按钮，容差设置为 30 像素，选择“消除锯齿”、“连续”，在画布上连续点选菊花的背景图像内容，选择【选择】|【反向】（Shift+Ctrl+I），如图 3.116 所示。

图 3.116　选取图像

（3）羽化选区。选择【选择】|【羽化】（Ctrl+Alt+D），设置羽化半径为 10 像素，如图 3.117 所示。

（4）存储选区。选择【选择】|【存储选区】，出现“存储选区” 对话框，在“通道”栏中选择“新建”，在“名称” 栏里随意输入一个编号，单击【确定】按钮，如图 3.118 和图 3.119 所示。

（5）拷贝图像。选择【编辑】|【拷贝】（Ctrl+C），拷贝选区内容。

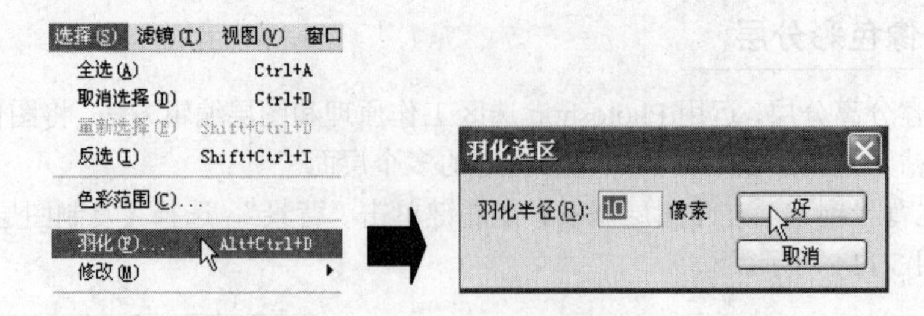

图 3.117 羽化设置

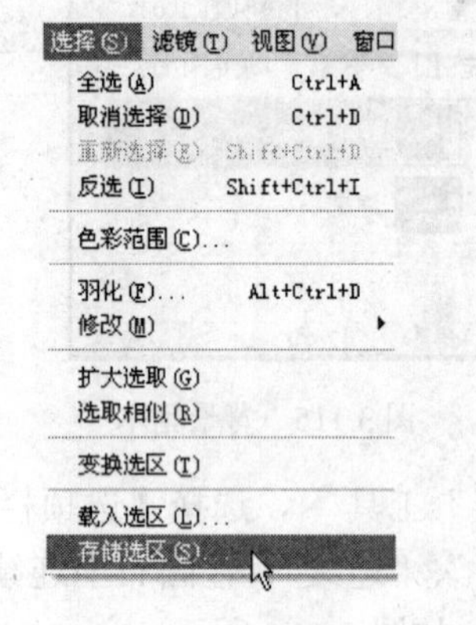

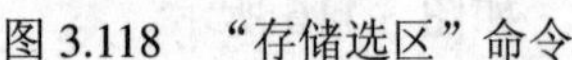

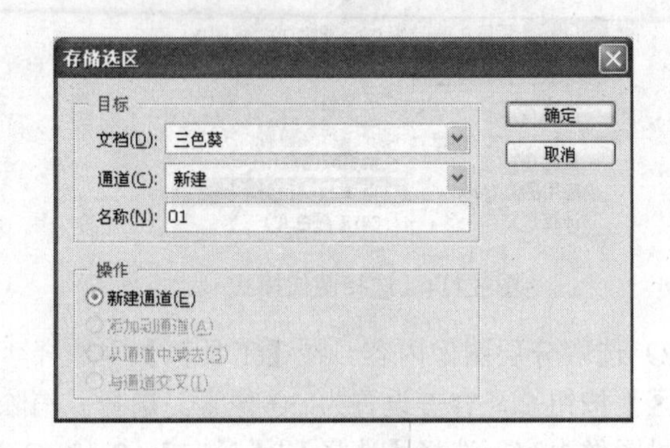

图 3.118 “存储选区”命令　　　　图 3.119 存储选区编号

（6）粘贴图像。选择【编辑】|【粘贴】（Ctrl+V），【图层调板】上出现“图层 1”，如图 3.120 所示。

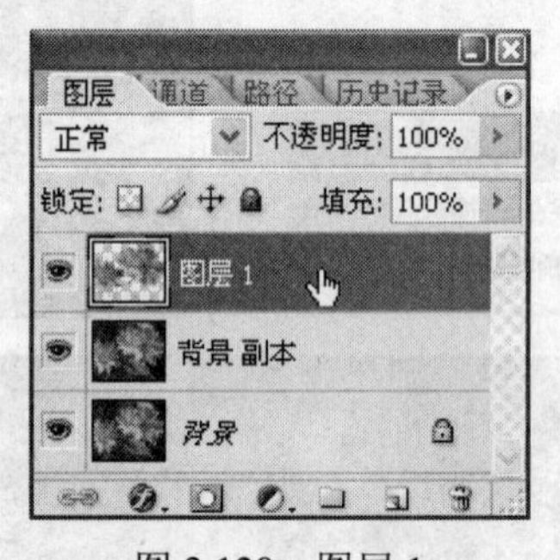

图 3.120 图层 1

3.5.3 分层调整色彩

图像的色彩内容分离构成多个层面，在不同的层面上分别调整图像不同部位、不同色彩范围的色彩内容。

（1）调整背景副本色彩。操作方法如下：

● 选择【图层调板】，单击“图层 1”左边的小眼睛，隐藏图层 1。

● 选择“背景副本”。选择【图像】|【调整】|【亮度/对比度】，设定亮度值为+35，对比度值为+5，如图 3.121 和图 3.122 所示。

● 选择【图像】|【调整】|【色彩平衡】，设定中间调，“绿色”值为+76，如图 3.123 所示。

图 3.121　选择“背景副本”

图 3.122　亮度/对比度调整

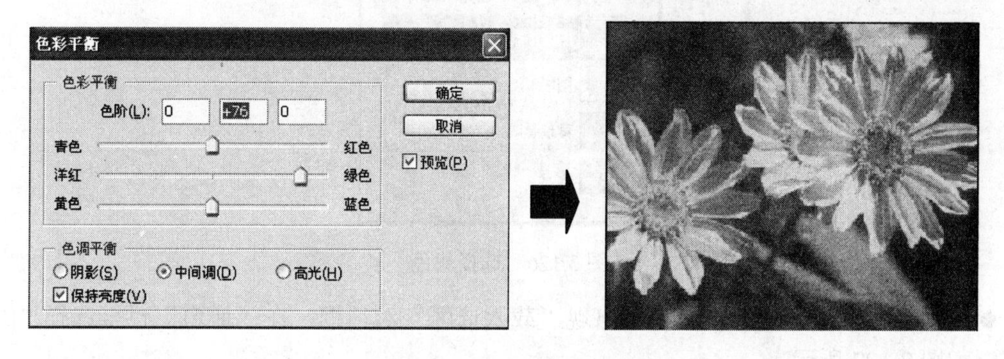

图 3.123　色彩平衡

（2）调整分离层色彩。操作方法如下：

● 选择【图层调板】，单击“图层 1”左边的小眼睛位置，显示并选择“图层 1”，如图 3.124 所示。

图 3.124　色彩平衡调整

● 选择【图像】|【调整】|【亮度/对比度】，设定亮度值为+35，对比度值为+5，与背景副本调整参数一致。

● 选择【图像】|【调整】|【色彩平衡】，设定中间调，“黄色”为-75，如图 3.125 所示。

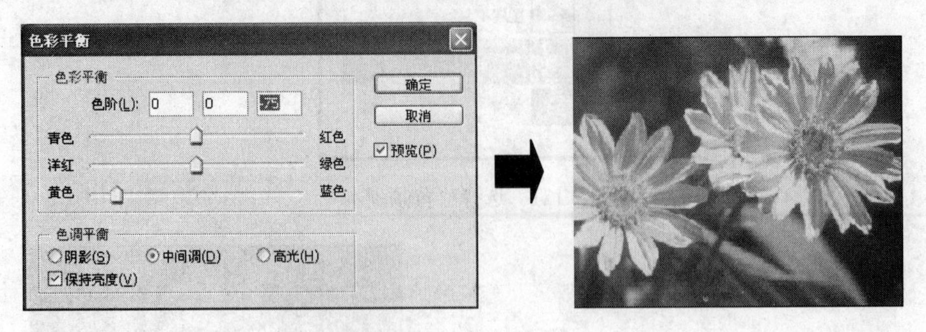

图 3.125 色彩平衡

（3）图层颜色混合。操作方法如下：

● 在【图层调板】上右键单击“图层 1”，选择【复制图层】，创建“图层 1 副本”，选择【颜色混合模式】|【滤色】，不透明度设定为 50%，如图 3.126 所示。

图 3.126 选择滤色

● 选择【选择】|【载入选区】，出现“载入选区”对话框，在“通道”栏里选择“01”选区，如图 3.127 所示。

图 3.127 载入选区

● 选择【编辑】|【合并拷贝】(Shift+Ctrl+C)，拷贝选区内容。

● 选择【编辑】|【粘贴】(Ctrl+V)，【图层调板】上出现“图层 2”。

● 在【图层调板】上选择“图层 2”，选择【颜色混合模式】|【柔光】，如图 3.128 所示。

图 3.128　柔光效果

- 选择【选择】|【载入选区】，出现“载入选区”对话框，在“通道”栏里选择 01 选区。
- 选择【编辑】|【合并拷贝】(Shift+Ctrl+C)，拷贝选区内容。
- 选择【编辑】|【粘贴】(Ctrl+V)，【图层调板】上出现“图层 3”，如图 3.129 所示。

图 3.129　图层 3

（4）图像分色调整。操作方法如下：

- 选择【选择】|【载入选区】，出现“载入选区”对话框，在“通道”栏里选择 01 选区。
- 在【工具箱】中选择“套索”工具，选择【选项栏】|【从选区中减去】按钮，减去右边的两朵菊花，如图 3.130 所示。

图 3.130　减选图像

- 选择【图像】|【调整】|【色相/饱和度】，设定“色相”为-41，如图 3.131 所示。

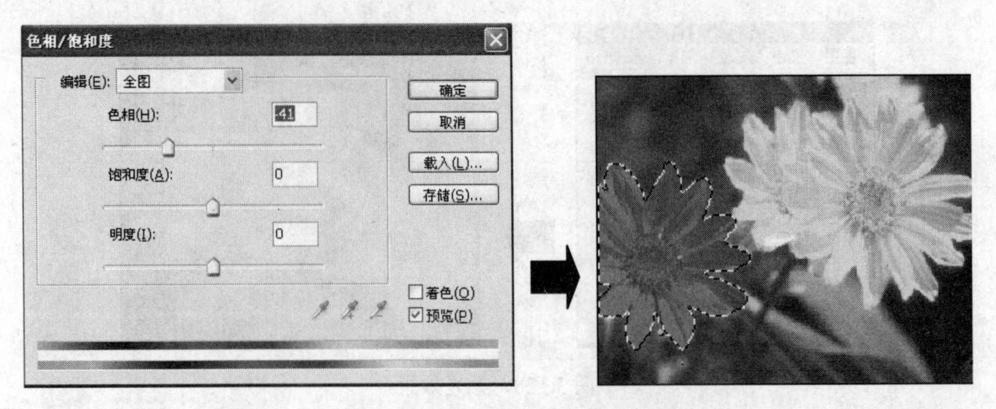

图 3.131 色相调整

● 在【工具箱】中选择“套索”工具，选择红色菊花的花心，建立选区，选择【选择】|【羽化】(Ctrl+Alt+D)，设置羽化半径为 3 像素，选择【编辑】|【清除】，删除选区内的图像内容，如图 3.132 所示。

图 3.132 删除图像

● 在【工具箱】中选择“套索”工具，选择右边菊花后边的菊花建立选区，选择【选择】|【羽化】(Ctrl+Alt+D)，设置羽化半径为 3 像素，如图 3.133 所示。

图 3.133 选取图像

● 选择【图像】|【调整】|【色相/饱和度】，设定“色相”值为-14，取消选择（Ctrl+D），如图 3.134 所示。

图 3.134　色相调整

3.5.4　存储文件

根据创意设计目的，选择要存储的图像文件格式，一般情况下，首先要存储 Photoshop 格式含编辑图层的正本文件。

（1）选择【文件】|【存储】(Ctrl+S)，【格式】中选择 Photoshop（*.PSD;*.PDD），单击【保存】按钮。

（2）“三色葵”最终编辑图像可存储为 JPEG 格式，供浏览和 Web 使用。

3.6　范例 19：“黄亭子”改变照片局部颜色

改变照片局部颜色是对“图像景物颜色的更新”，是运用 Photoshop CS2 图层颜色混合功能，进行色彩编辑，处理图像效果的一种方法。

“黄亭子”使用“图像景物颜色的更新”技术改变照片局部颜色，因为使用颜色填充、图像调整模式（如：亮度/对比度、色彩平衡、色相/饱和度、颜色混合）等同时作用于一个层面的图像画面，不能够表现图像中景物颜色内容的各自需要。Photoshop CS2 运用颜色层分析的原理，将图像中的景物颜色分别生成新的图层，然后在不同的层面调整图像中景物的颜色，达到了“黄亭子”旧貌换新颜的目的，如图 3.135 至图 3.137 所示。

▲【改变照片局部颜色的意义】根据图像中景物的颜色内容不同，使用色彩分层技术在不同的层面上设置所需要的色彩内容，再使用图层颜色混合模式，改变或更新图像中景物内容的颜色。

改变照片局部颜色可以修改照片图像颜色内容，可以满足图像整体或局部视觉变化的实际需要，按照重新着色要求进行图像色彩变化调整。

图 3.135 “黄亭子”效果图

图 3.136 改变局部色彩

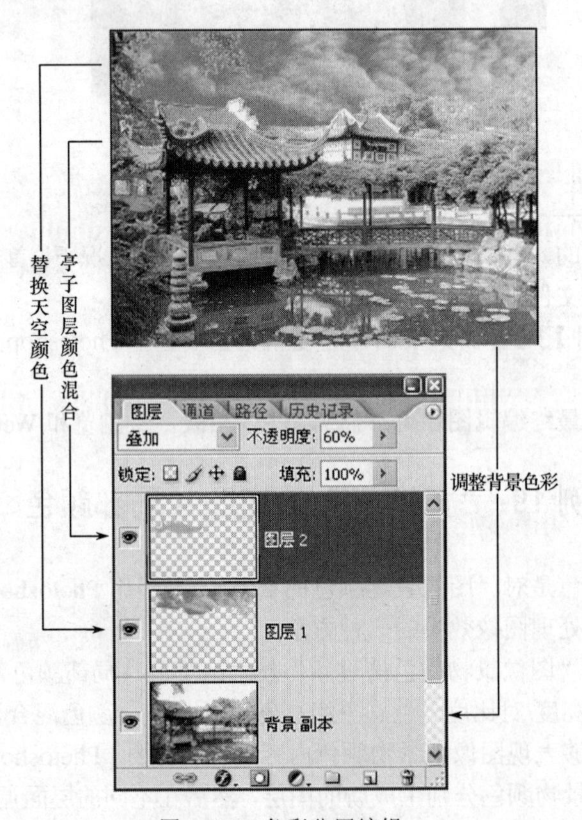

图 3.137 色彩分层编辑

3.6.1 图像编辑准备

“黄亭子”图像编辑准备主要是选择并打开图像，命名新建图像文档名称，确定图像编辑颜色模式。

（1）启动 Photoshop CS2。

（2）打开图像。选择【文件】|【打开】（Ctrl+O），从范例 19 文件夹中打开“HTZ0123.JPG”图像，如图 3.138 所示。

图 3.138　HTZ0123.JPG 图像

（3）复制图像。打开图像后，选择【图像】|【复制图像】，出现“复制图像”对话框，输入“黄亭子”，单击【确定】按钮，然后关闭“HTZ0123.JPG”图像，如图 3.139 所示。

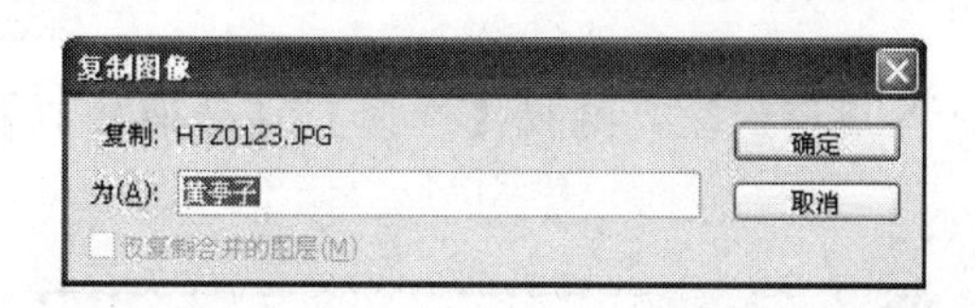

图 3.139　复制图像

（4）调整编辑窗口。出现图像编辑窗口，在工具箱屏幕切换选项中选择中间按钮，将屏幕界面切换到带有菜单的全屏模式，选择“抓手”工具将画布拖至中央。

（5）打开图层调板。选择【窗口】|【图层】，放置【图层调板】在画布的右边。

（6）查看图像。选择【图像】|【图像大小】，查看图像信息，如图 3.140 所示。

（7）确定颜色模式。选择【图像】|【模式】，选择“RGB 颜色”模式，如图 3.141 所示。

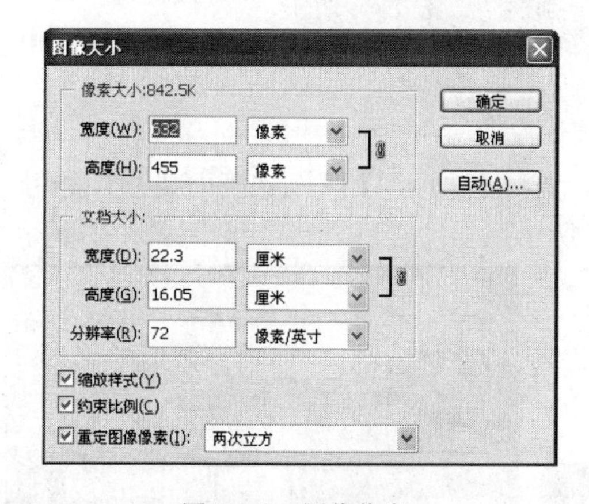

图 3.140　图像信息

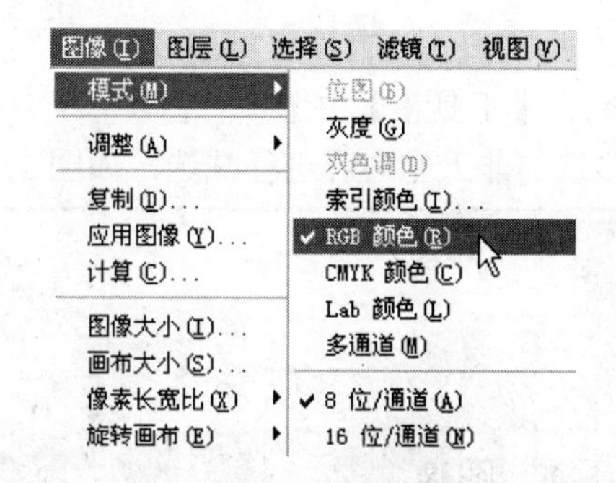

图 3.141　选择图像模式

3.6.2　替换天空背景图像

（1）建立背景副本。选择【图层调板】，右键单击“背景”，选择【复制图层】，创建“背景副本”图层，如图 3.142 所示。

【提示】建立背景副本是防止在背景图上作业出现错误，可以及时调出背景图像。

（2）构建天空背景选区。操作方法如下：

● 在【工具箱】中选择“魔棒”工具 ，选择【选项栏】|【添加到选区】按钮，容差设置为 33，如图 3.143 所示。

图 3.142 背景副本

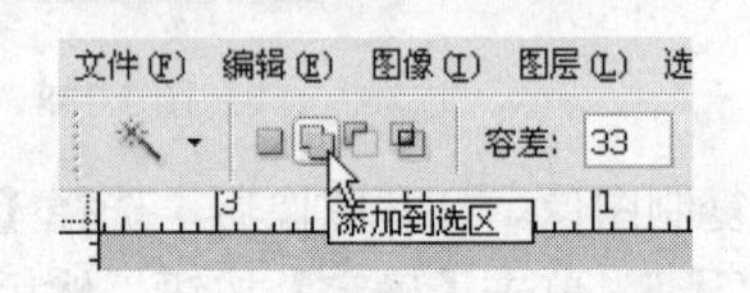

图 3.143 魔棒工具选项

● 使用“魔棒”工具点选天空，选择【选择】|【选取相似】，建立选区，如图 3.144 所示。

图 3.144 选取相似

● 在【工具箱】中选择“套索”工具，选择【选项栏】|【从选区中减去】按钮，对魔棒多选的非天空内容进行减选，如图 3.145 所示。

图 3.145 从选区中减去

● 选择【选择】|【羽化】(Ctrl+Alt+D)，设置羽化半径为 2 像素，如图 3.146 所示。

【提示】设定羽化是为了柔化天空与地面景物接壤选区部位，使色彩过渡比较自然。

(3) 存储背景选区。选择【选择】|【存储选区】，出现“存储选区”对话框，在“通道”栏中选择“新建”，在“名称” 栏里随意输入一个编号，单击【确定】按钮，如图 3.147 所示。

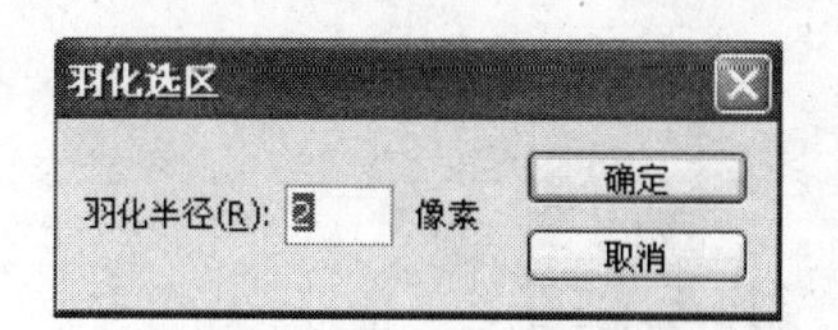

图 3.146　羽化设定

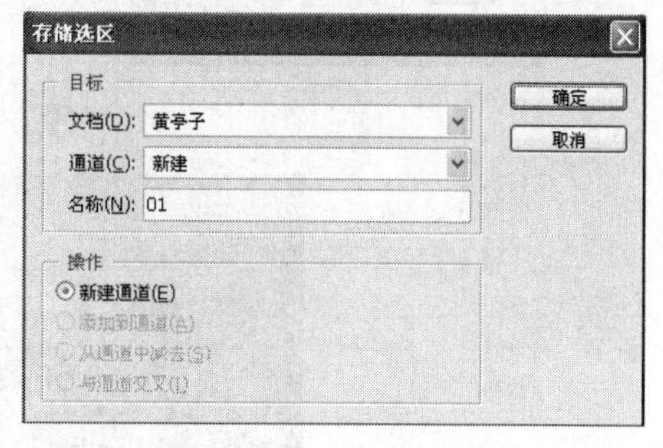

图 3.147　存储选区编号

(4) 置入新的背景图像。操作方法如下：

● 选择【文件】|【打开】(Ctrl+O)，从范例 19 文件夹中打开“云图 b01”JPEG 图像。

● 在【工具箱】中选择“矩形”选框 ⬚，选择【选择】|【全选】(Ctrl+A)，选择【编辑】|【拷贝】(Ctrl+C)，拷贝选区内容，如图 3.148 所示。

● 关闭“云图 b01”JPEG 图像，回到编辑窗口，选择【编辑】|【粘贴】(Ctrl+V)，【图层调板】上出现“图层 1”，如图 3.149 所示。

图 3.148　拷贝图像

图 3.149　图层 1

【提示】由于贴入的图片大于编辑窗口，这时需要使用缩放工具或者使用快捷键(Ctrl+ -)将窗口缩小，以便观察调整图像。

● 选择【图层调板】，设置图层 1 不透明度为 60%，在【工具箱】中选择“移动”工具 ▸✥，移动调整图像，左边对齐画布边缘，下边大约对齐远处房子的墙根，如图 3.150 和图 3.151 所示。

(5) 载入选区。选择【选择】|【载入选区】，出现“载入选区”对话框，在“通道”栏里选择“01”选区，勾选“反相”，如图 3.152 所示。

(6) 替换图像。操作方法如下：

● 载入选区后，在【图层调板】上恢复图层 1 不透明度为 100%，如图 3.153 所示。

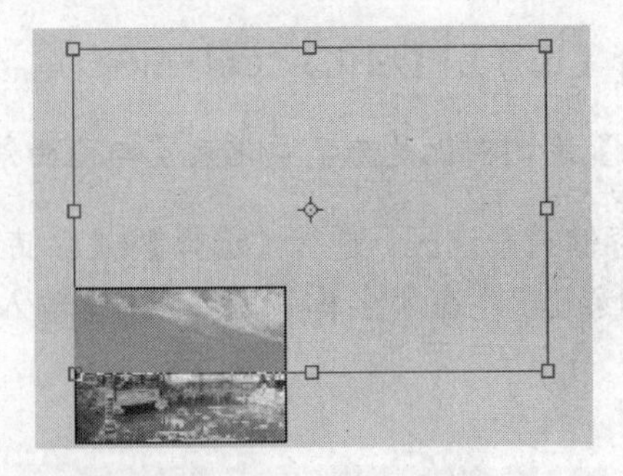

图 3.150 调整图像位置

图 3.151 调整图层不透明度

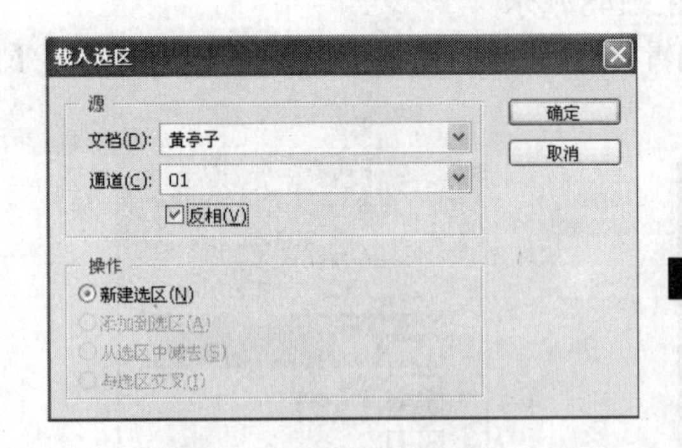

图 3.152 载入选区

● 选择【编辑】|【清除】，删除（Delete）选区内的图像内容，新的“云图”便替换了原始的背景图像，如图 3.154 所示。

图 3.153 恢复不透明度

图 3.154 删除图像

3.6.3 “亭子”颜色更新

直接生成颜色图层，使用颜色混合模式在层面上设定所需要的色彩效果。

（1）新建图层 2。在【图层调板】上选择“图层 1”，在调板下边选择【创建新图层】按钮，新建“图层 2”，如图 3.155 所示。

（2）构建选区。在【工具箱】中选择“套索”工具，选择亭子盖部位构建选区，如图 3.156 所示。

图 3.155　图层 2

图 3.156　选择亭子盖

（3）填充颜色。使用拾色器设置【前景色】为 R232、G187、B9，选择【编辑】|【填充】（Alt+Delete），如图 3.157 所示。

（4）颜色混合。选择【图层调板】|【颜色混合模式】|【叠加】，不透明度设定为 85%，取消选择（Ctrl+D），亭子盖颜色被更新为黄颜色，如图 3.158 和图 3.159 所示。

图 3.157　填充前景色

图 3.158　选择叠加

图 3.159　亭子盖叠加效果

3.6.4 背景色彩调整

（1）选择图层。在【图层调板】上选择“背景副本”，如图 3.160 所示。

（2）色彩调整。操作方法如下：

● 选择【图像】|【调整】|【色相/饱和度】，设定色相值为+5，饱和度值为+40，如图 3.161 所示。

图 3.160 选择图层

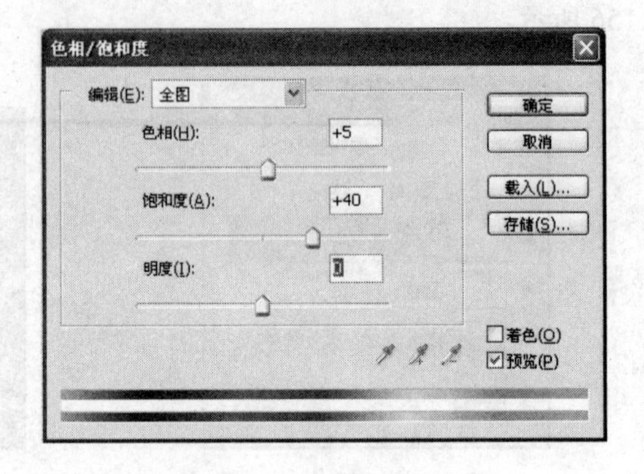

图 3.161 调整色相/饱和度

● 选择【图像】|【调整】|【亮度/对比度】，设定亮度值为+5，如图 3.162 和图 3.163 所示。

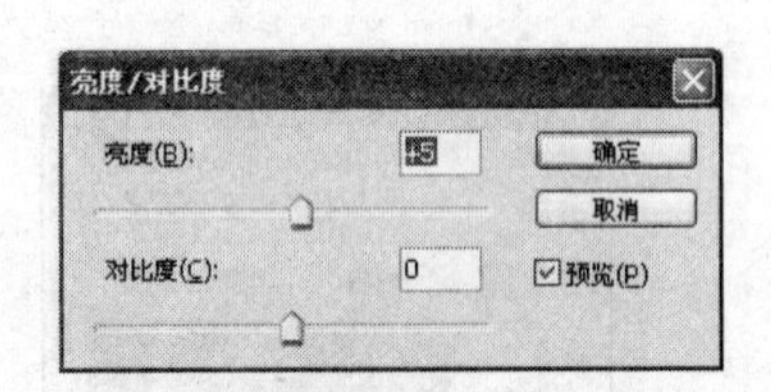

图 3.162 调整亮度

图 3.163 色彩调整效果

（3）合并图层。在【图层调板】上选择“背景副本”，选择【图层】|【向下合并图层】（Ctrl+E），将“背景副本”层合并到“背景”，如图 3.164 所示。

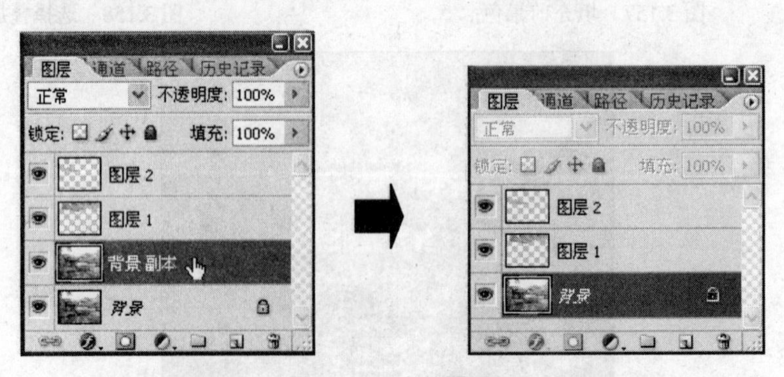

图 3.164 合并图层

3.6.5　存储文件

根据创意设计目的，选择要存储的图像文件格式，一般情况下，首先要存储 Photoshop 格式含编辑图层的正本文件。

（1）选择【文件】|【存储】（Ctrl+S），【格式】选择 Photoshop（*.PSD;*.PDD），单击【保存】按钮。

（2）“黄亭子”最终编辑图像可存储为 JPEG 格式，供浏览和 Web 使用。

第 4 章　图像特别效果处理方法

Photoshop CS2 图像特别效果处理，是设计理念与软件技术运用的高度统一，表现为图像编辑和色彩处理图层化、数字化、模式化的三大技术特性和五项智能化功能：工具变形 + 颜色填充形式 + 颜色混合+模式效果 + 图像调整。掌握上述图像处理技术，在平面设计应用过程中能够巧妙地结合，就能够达到“妙笔生辉”、“锦上添花”、“画龙点睛”的创意艺术效果。

4.1　范例 20：“新书介绍”图像阴影效果处理

“新书介绍”使用颜色渐变处理光线效果，使用图层样式投影处理阴影效果，是图像编辑的高级方法。它主要根据视觉变化要求，表现“图书构成的立体效果”，达到“新书介绍”的广告宣传目的，如图 4.1、图 4.2 和图 4.3 所示。

图 4.1 “新书介绍”效果图

图 4.2　投影效果

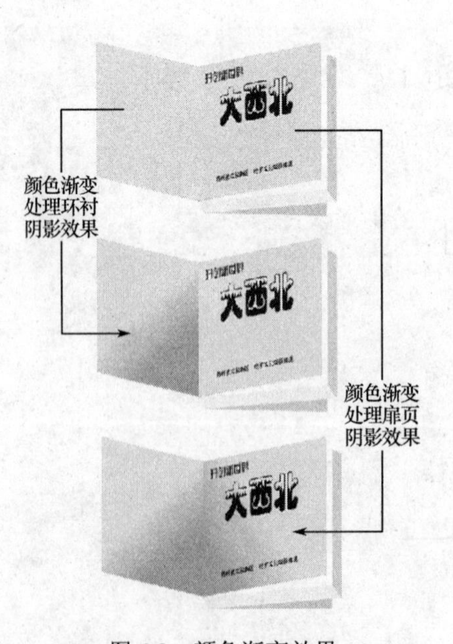

图 4.3　颜色渐变效果

▲【图像阴影效果处理的意义】　图像阴影效果处理就是运用 Photoshop CS2 进行立体构图，在平面领域如广告设计、效果图设计和其他图文设计中应用比较广泛，主要用来描述可塑事件存在条件的突出表现，增强视觉感染力。

4.1.1　图像编辑准备

“新书介绍”图像的编辑准备主要是选择并打开图像编辑文档，存储新文件，确定图像编辑颜色模式。

（1）启动 Photoshop CS2。

（2）打开图像。选择【文件】|【打开】（Ctrl+O），从范例 20 文件夹中打开“大西北”PSD 图像，如图 4.4 所示。

（3）存储文件。选择【文件】|【存储为】（Shift+Ctrl+S），【文件名】中输入“新书介绍”，选择（*.PSD;*.PDD）格式，单击【保存】按钮。然后关闭“大西北”PSD 图像。

图 4.4　“大西北.psd”图像

（4）查看图像。选择【图像】|【图像大小】，查看图像信息，如图 4.5 所示。

（5）确定颜色模式。选择【图像】|【模式】，选择“CMYK 颜色”模式，如图 4.6 所示。

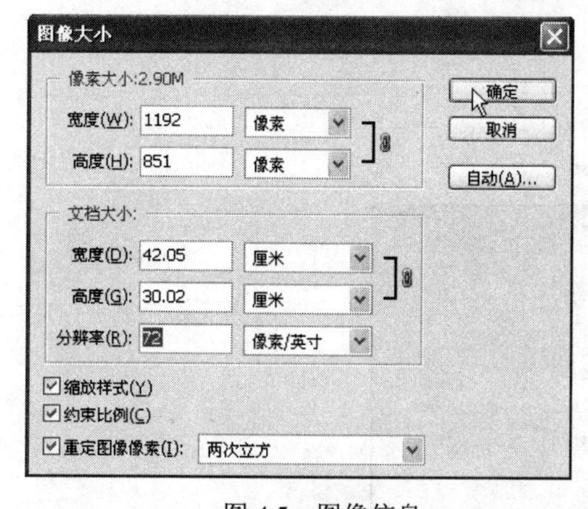

图 4.5　图像信息

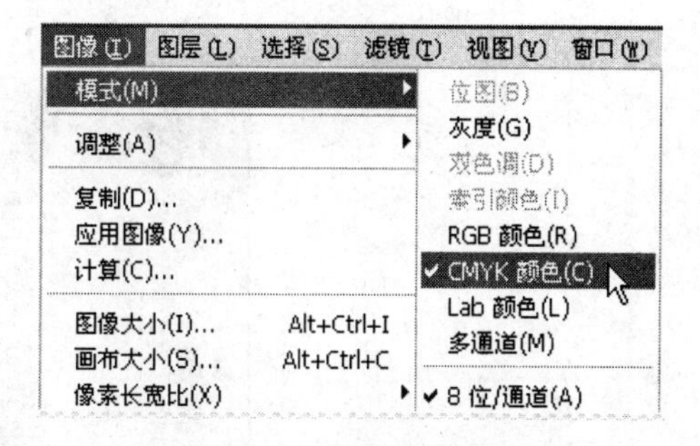

图 4.6　选择图像模式

【提示】　“新书介绍”广告设计，分辨率应不低于 300 像素/英寸。作业练习分辨率为 72 像素/英寸；图像大小显示：图像尺寸与设定尺寸会有细微误差，不影响作业。

（6）调整编辑窗口。出现图像编辑窗口，在工具箱屏幕切换选项中选择中间按钮，将屏幕界面切换到带有菜单的全屏模式，选择“抓手”工具将画布拖至中央。

（7）打开图层调板。选择【窗口】|【图层】，置放【图层调板】在画布的右边。

4.1.2 背景色彩处理

“新书介绍”将图层背景作为广告设计的底图，使用颜色渐变工具进行天空颜色渐变处理。

（1）选择图层背景。在【图层调板】上选择“背景”，如图 4.7 所示。

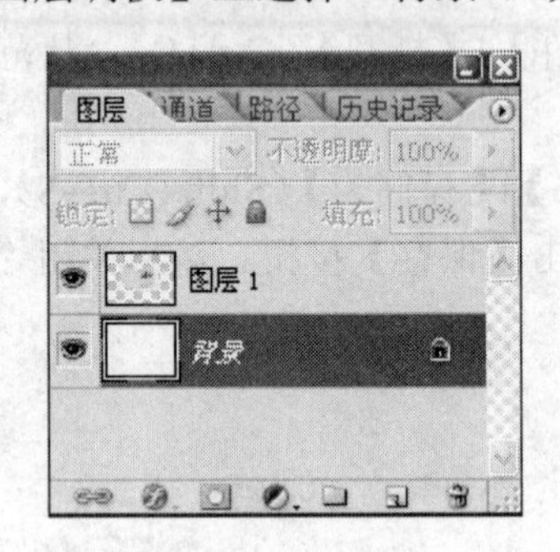

图 4.7 选择背景

（2）设定渐变颜色。选择【工具箱】|【前景色】，前景色设定为 C60，M23，Y4，K0，设置【背景色】为白色。

（3）渐变填充。在【工具箱】中选择“渐变”工具，选择【选项栏】|【渐变颜色编辑】|【前景到背景】，然后选择“线性渐变样式”，在画布内从上至下作垂直渐变，如图 4.8 所示。

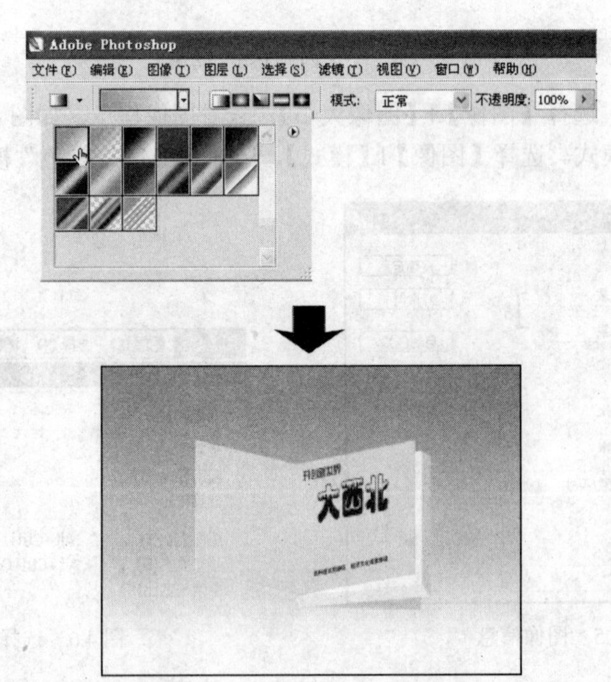

图 4.8 背景渐变填充

4.1.3　页面光线处理

使用渐变工具在环衬和扉页两个页面上进行渐变颜色填充，表现光线效果。

（1）新建图层 2。在【图层调板】上选择“图层 1”，在调板下边选择【创建新图层】按钮，新建“图层 2”，如图 4.9 所示。

（2）构建选区。在【工具箱】中选择“多边形套索”工具，在画布中勾选“环衬页面”，建立选区，如图 4.10 所示。

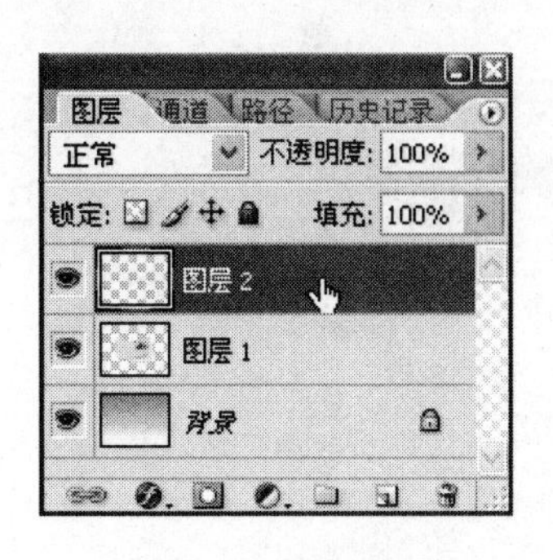

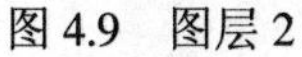
图 4.9　图层 2

图 4.10　建立选区

（3）设定渐变颜色。在【工具箱】中选取“取样颜色”工具，在选区内点取前景色，选择【工具箱】|【背景色】，背景色设定为 C33，M35，Y45，K0，如图 4.11 所示。

（4）颜色渐变。在【工具箱】中选择“渐变”工具，选择【选项栏】|【渐变颜色编辑】|【前景到背景】，然后选择“线性渐变样式”，设定模式为“正常”，不透明度为 100%，在选区内从左上角至右下角进行颜色渐变，如图 4.12 所示。

图 4.11　拾取前景色

图 4.12　颜色渐变

（5）新建图层 3。在【图层调板】上选择“图层 2”，在调板下边选择【创建新图层】按钮，新建“图层 3”，如图 4.13 所示。

（6）构建选区。在【工具箱】中选择“多边形套索”工具，在画布中勾选“扉页页面”，建立选区，如图 4.14 所示。

（7）颜色渐变。在【工具箱】中选择“渐变”工具，选择【选项栏】|【渐变颜色编辑】|【前景到背景】，然后选择“线性渐变样式”，设定模式为“正常”，不透明度为 100%，在选区内从右上角至左下角进行颜色渐变，如图 4.15 所示。

图 4.13 图层 3

图 4.14 建立选区

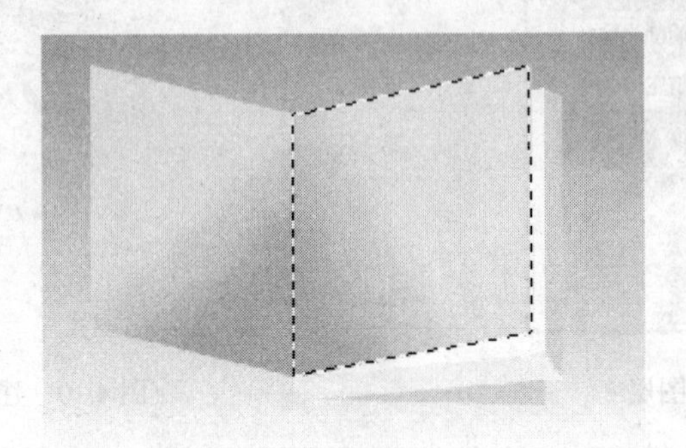

图 4.15 颜色渐变

（8）颜色混合。选择【图层调板】|【颜色混合模式】|【变暗】，如图 4.16 所示。

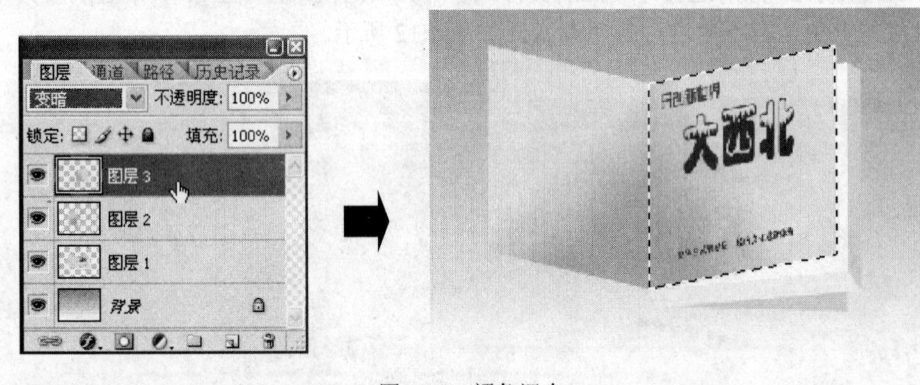

图 4.16 颜色混合

4.1.4 图书投影效果设定

（1）添加页面。操作方法如下：

● 在【图层调板】上选择“背景”，在调板下边选择【创建新图层】按钮，新建“图层 4”，如图 4.17 所示。

● 选择【视图】|【标尺】（Ctrl+R）。

● 选择“移动”工具，在横坐标 110 毫米位置处建立参考线。

● 在【工具箱】中选择“多边形套索”工具，在参考线右边与扉页平行处建立选区，如图 4.18 所示。

图 4.17　新建图层 4

图 4.18　建立选区

● 在【工具箱】中选取“取样颜色”工具，在图书的封三位置上点取前景色，如图 4.19 所示。

● 选择【编辑】|【填充】(Alt+Delete)，填充前景色，如图 4.20 所示。

图 4.19　点取颜色

图 4.20　填充颜色

● 在【图层调板】上选择“图层 1”，选择【图层】|【向下合并图层】(Ctrl+E)，将图层 1 合并到图层 4，如图 4.21 所示。

图 4.21　合并到图层 4

（2）设定投影。操作方法如下：

● 在【图层调板】上选择“图层 4”。

● 选择【图层】|【图层样式】|【投影】，【混合模式】设定为正片叠底，【不透明度】设定为 8%，【角度】设定为-42 度，【距离】设定为 150 像素，【大小】设定为 3 像素，勾选【图层挖空投影】，如图 4.22 和图 4.23 所示。

（3）调整图像位置 操作方法如下：

● 选择移动工具 ，在横坐标 380 毫米位、纵坐标 70 毫米位置处建立参考线。

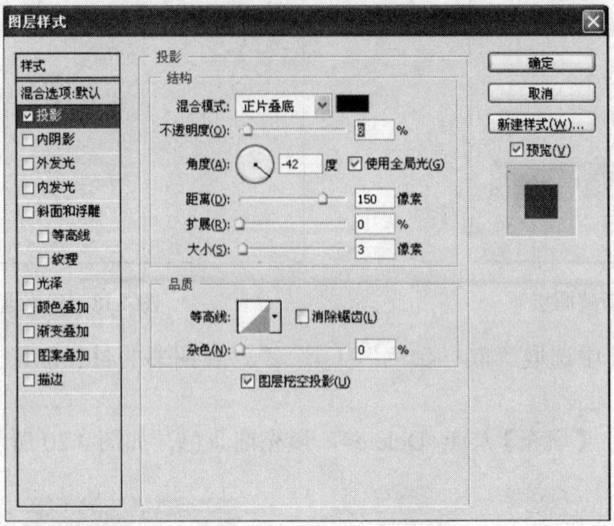

图 4.22 投影设定

● 在【图层调板】上按压 Ctrl 键选择所有图层，在调板下边单击【连接】按钮，将选定的图层进行连接，如图 4.24 所示。

图 4.23 投影效果

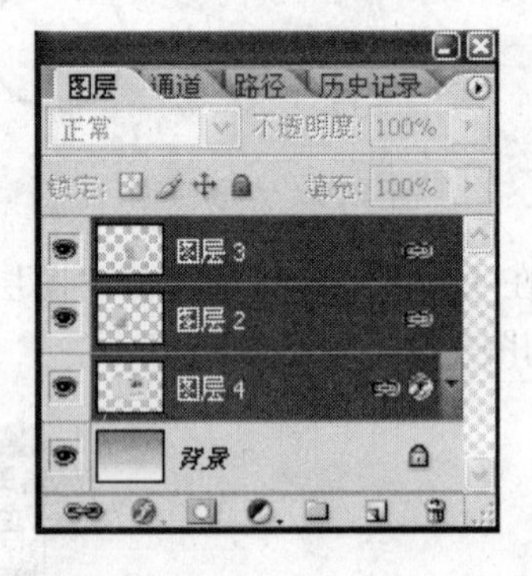

图 4.24 图层连接

● 使用“移动”工具 ，调整图像位置，上边和右边对齐新设参考线，如图 4.25 所示。

4.1.5 输入广告文字

在版面合适位置上输入“新书介绍”广告标题文字。

（1）绘制平行线。操作方法如下：

● 在【图层调板】上选择“图层 3”，在调板下边选择【创建新图层】按钮，新建“图层 5”，如图 4.26 所示。

● 选择“移动”工具 ，在纵坐标 200 毫米位置处建立参考线。

● 选择【工具箱】|【路径工具组】，选择“直线”工具＼，选择【选项栏】|【填充像素】按钮，粗细设定为 1 像素，模式设定为“正常”，不透明度设定为 100%，选择“消除锯齿”，如图 4.27 所示。

● 设置前景颜色为黑色。

图 4.25　调整图像位置

图 4.26　图层 5

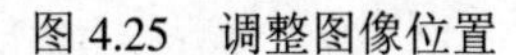

图 4.27　选择形状工具

● 使用“直线”工具＼在画布左下角沿参考线画一条长 190 毫米的直线，如图 4.28 所示。

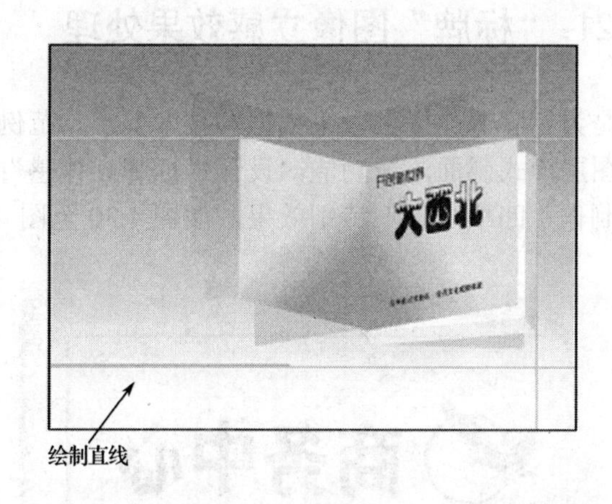

图 4.28　绘制直线

（2）输入文字。操作方法如下：

● 在【工具箱】中选择“横排文字”工具T，选择【选项栏】|【字符调板】，【文字颜色】设置为黑色。

● 在水平线上边输入“新书介绍”，【字体】设置为汉仪综艺体简，【字号】设置为 74 点。

● 在水平线下边输入“新月世纪出版社出版发行”，【字体】设置为黑体，【字号】设置为 43 点。

● 文字输入结果，如图 4.29 所示。

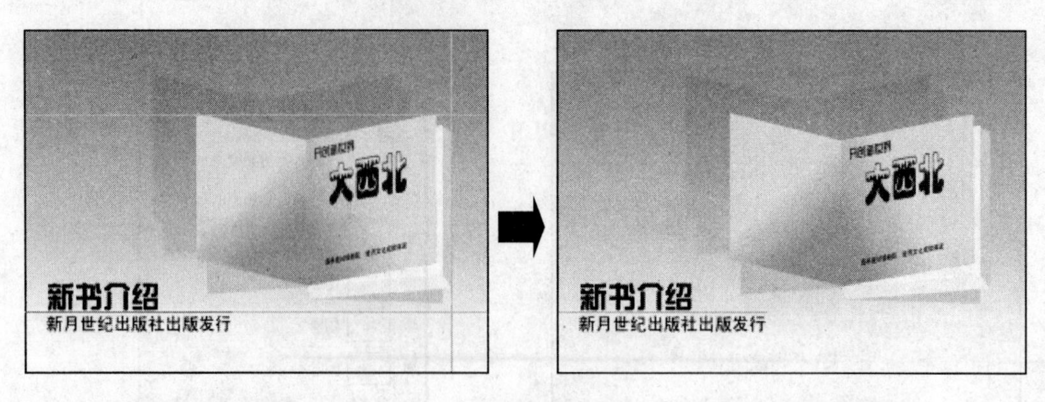

图 4.29 输入广告文字

4.1.6 存储文件

根据创意设计目的，选择要存储的图像文件格式，一般情况下，首先要存储 Photoshop 格式含编辑图层的正本文件。

（1）选择【文件】|【存储】(Ctrl+S)，【格式】选择 Photoshop（*.PSD;*.PDD），单击【保存】按钮。

（2）选择【文件】|【存储为】(Shift+Ctrl+S)，【文件名】中输入“新书介绍”，【格式】选择 TIFF（*.TIF;*.TIFF），在“存储”选项中勾选“图层”，单击【保存】按钮，出现 TIFF 选项，使用默认选项。

4.2 范例 21：“标牌”图像立感效果处理

“标牌”设计主要是为标牌制作提供效果依据和技术要求。范例 21 主要技术要求：一是运用 Photoshop CS2 图层样式斜面浮雕功能，设计“标牌立体感”；二是对浮雕效果进行色彩编辑，在铜板内边制作“凹槽雕刻”特别效果，如图 4.30 至图 4.32 所示。

图 4.30 “标牌”效果图

▲【图像立感效果处理的意义】 运用 Photoshop CS2 图层样式斜面浮雕功能，可以进行图像立感效果处理色彩编辑。其主要应用范围是图文效果处理和效果图制作。

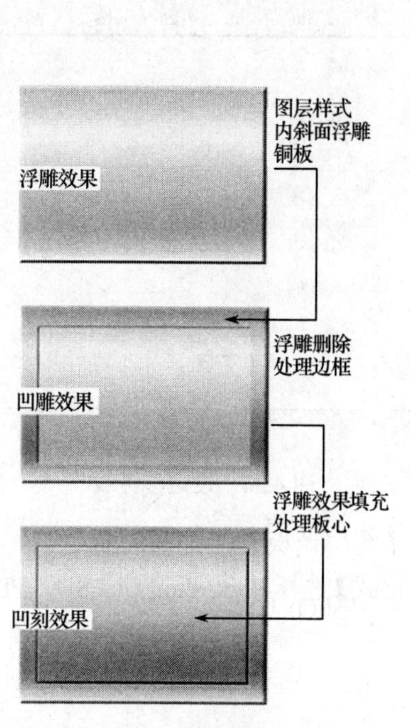

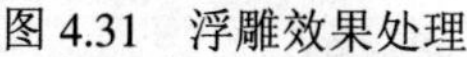
图 4.31　浮雕效果处理

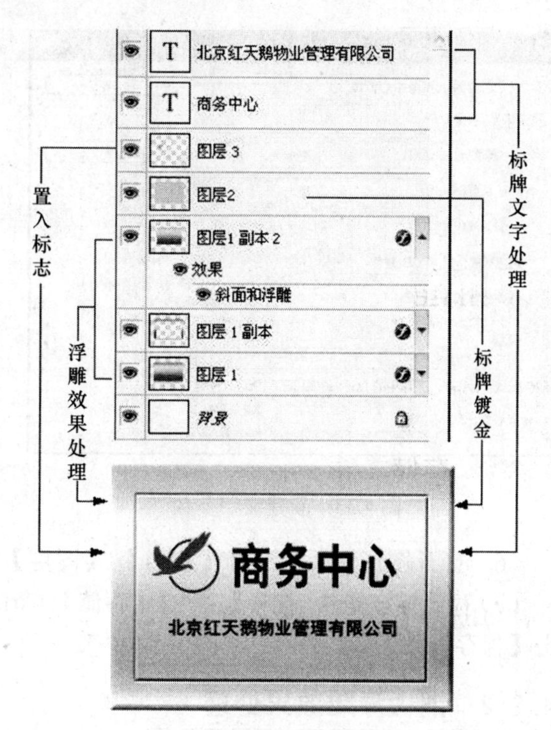

图 4.32　图像编辑

4. 2. 1　图像编辑准备

“标牌”设计图像的编辑准备，主要是新建图像文件，命名新建图像文档名称，设定编辑参考线，存储文件。

（1）启动 Photoshop CS2。

（2）新建文件。选择【文件】|【新建】(Ctrl+N)，设定如下参数：

名称：商务中心标牌

预设：自定

宽：350 毫米

高：270 毫米

分辨率：100 像素 / 英寸

颜色模式：RGB/ 8 位

背景内容：白色

颜色配置文件：工作中的 RGB

像素长宽比：方形

设定参数结果，如图 4.33 所示。

（3）调整编辑窗口。出现图像编辑窗口，在左下角状态栏“画布显示比例”中输入 33.33%，在工具箱屏幕切换选项中选择中间按钮，将屏幕界面切换到带有菜单的全屏模式，选择“抓手”工具将画布拖至中央。

（4）打开标尺。选择【视图】|【标尺】(Ctrl+R)。

（5）设定参考线。从画布边缘内缩 40 毫米处建立参考线，选择“移动”工具，从标尺线拉参考线至内缩 40 毫米位置，如图 4.34 所示。

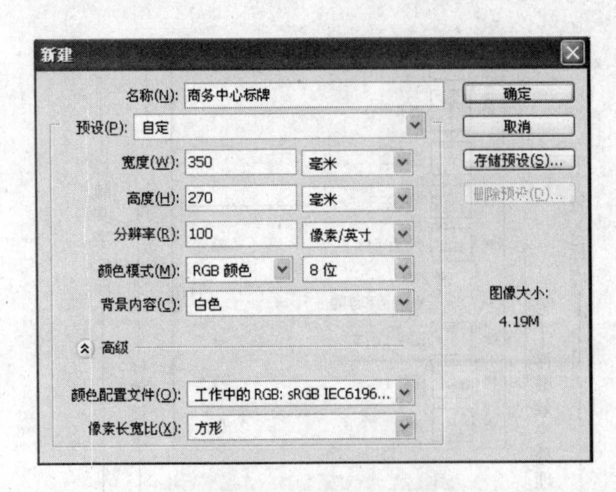

图 4.33　新建文档参数

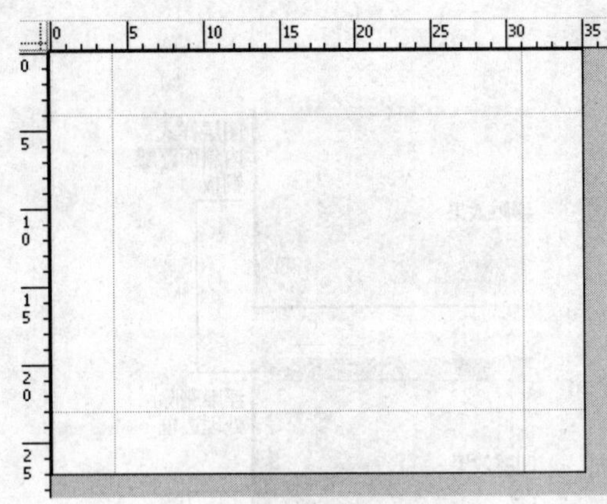

图 4.34　设定参考线

(6) 打开图层调板。选择【窗口】|【图层】，置放【图层调板】在画布的右边。

(7) 存储标志文件。选择【文件】|【存储】(Ctrl+S)，【格式】选择 Photoshop (*.PSD;*.PDD)，单击【保存】按钮。

4.2.2　铜板浮雕效果处理

范例 21 选定材质为铜板，设计技术要求应能够表现铜板材质的属性。

(1) 新建图层 1。在【图层调板】上选择“背景”，在调板下边选择【创建新图层】按钮，新建“图层 1”，如图 4.35 所示。

(2) 构建选区。在【工具箱】中选择“矩形选框”工具，沿参考线构建标牌选区，如图 4.36 所示。

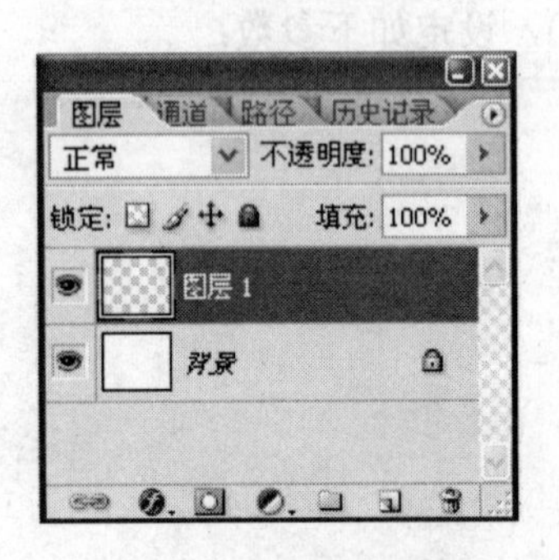

图 4.35　新建图层 1

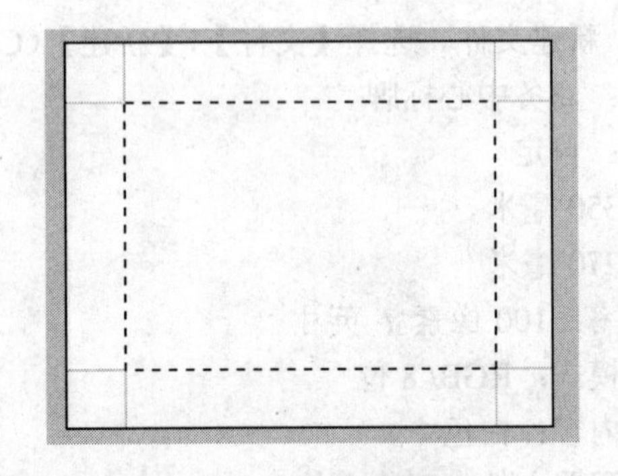

图 4.36　建立选区

(3) 渐变填充。操作方法如下：

● 在【工具箱】中选择“渐变”工具，选择【选项栏】|【渐变颜色编辑】|【铜色】，然后选择“线性渐变样式”，在选区内从上至下作垂直渐变，如图 4.37 所示。

● 在【图层调板】上设置填充密度为 40%，如图 4.38 所示。

(4) 设定浮雕效果。操作方法如下：

● 在【图层调板】上选择“图层 1”。

● 选择【图层】|【图层样式】|【斜面和浮雕】，样式选择“内斜面”，方法选择“平滑”，

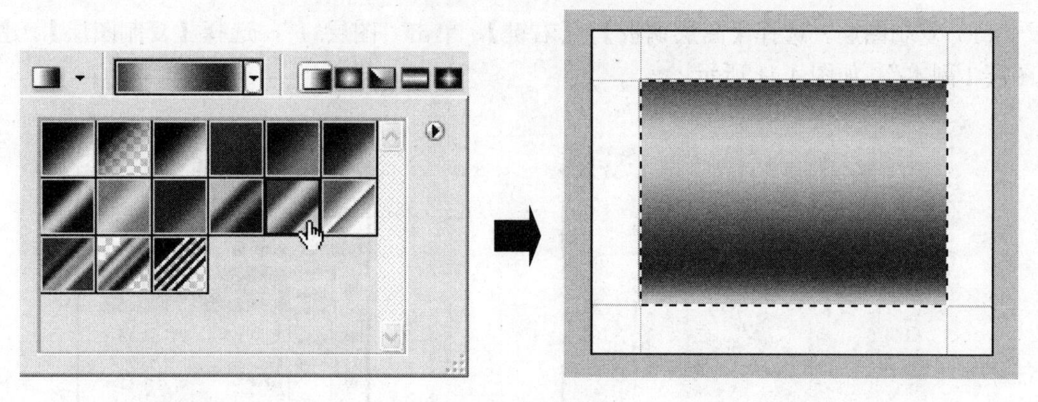

图 4.37 渐变填充

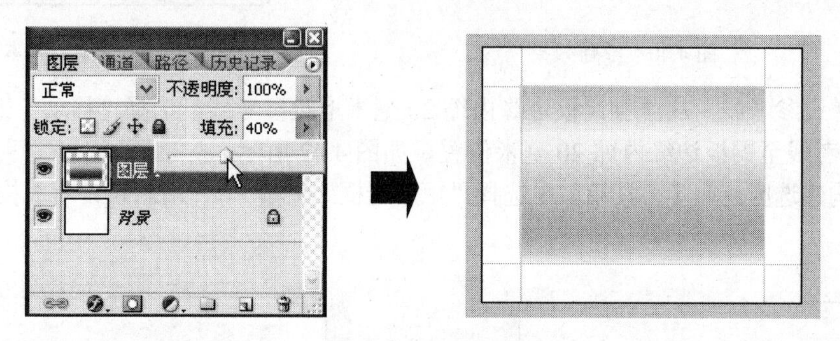

图 4.38 填充设定

方向选择“上”，深度设定为 261，大小设定为 1 像素，其他使用默认值，如图 4.39 和图 4.40 所示。

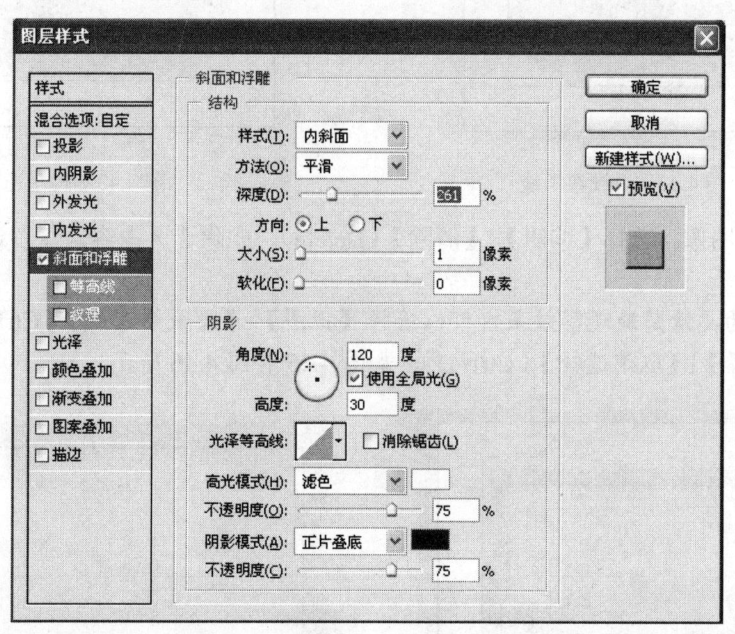

图 4.39 浮雕设定

4.2.3 凹槽雕刻效果处理

凹槽雕刻效果处理，是对斜面浮雕的铜板进行色彩编辑。

（1）复制图层。选择【图层调板】|【右键】，单击“图层 1”，选择【复制图层】，建立“图层 1 副本”，如图 4.41 所示。

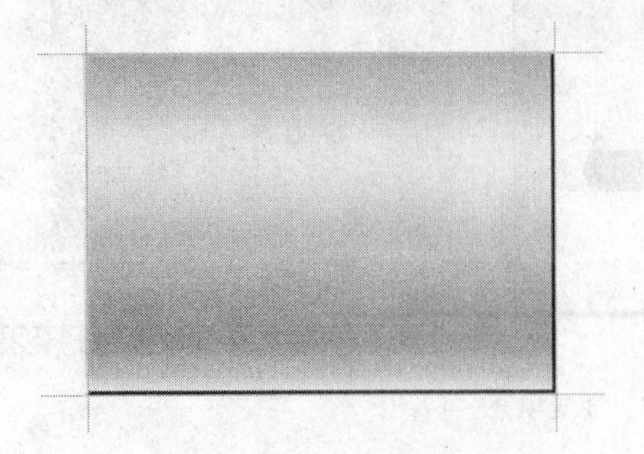

图 4.40 浮雕效果

图 4.41 图层 1 副本

（2）增设参考线。从浮雕铜板边缘内缩 20 毫米增设参考线，选择“移动”工具，从标尺线拉参考线至铜板边缘内缩 20 毫米位置，如图 4.42 所示。

（3）构建选区。在【工具箱】中选择“矩形选框”工具，沿新设参考线构建选区，如图 4.43 所示。

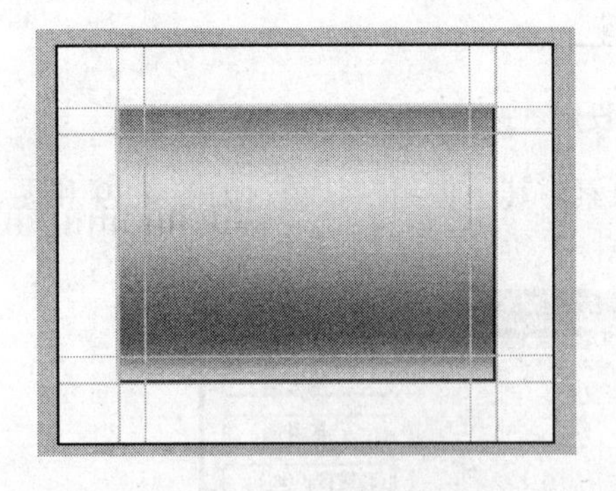

图 4.42 增设参考线

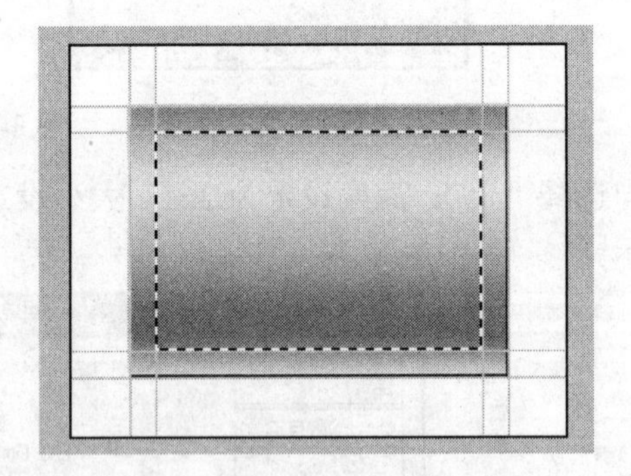

图 4.43 构建选区

（4）删除图像。选择【编辑】|【清除】(Delete)，删除选区内容，保留选区，如图 4.44 所示。

【提示】为更清楚地观察效果，可以选择【视图】|【隐藏参考线】(Ctrl+;)，选择【选择】|【取消选择】(Ctrl+D)，如图 4.45 和图 4.46 所示。

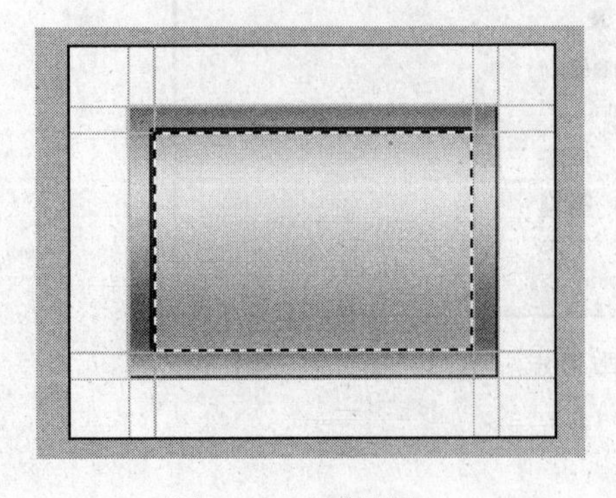

图 4.45 凹雕效果

图 4.46 观察凹雕效果

（5）建立“图层 1 副本 2”　选择【图层调板】|【右键】，单击“图层 1”，选择【复制图层】，建立“图层 1 副本 2”，如图 4.47 所示。

图 4.47　图层 1 副本 2

（6）反向删除图像。选择【选择】|【反向】（Shift+Ctrl+I），选择【编辑】|【清除】（Delete），删除选区内容，如图 4.48 所示。

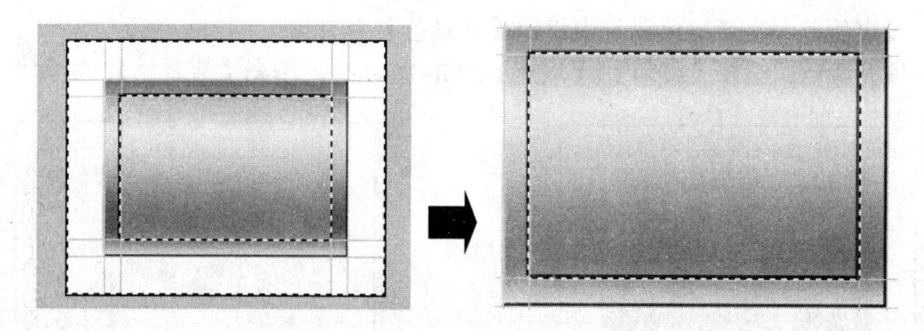

图 4.48　反向删除

（7）效果调整。在【图层调板】上设置填充密度为 33%，选择【视图】|【隐藏参考线】（Ctrl+;），选择【选择】|【取消选择】（Ctrl+D），如图 4.49 所示。

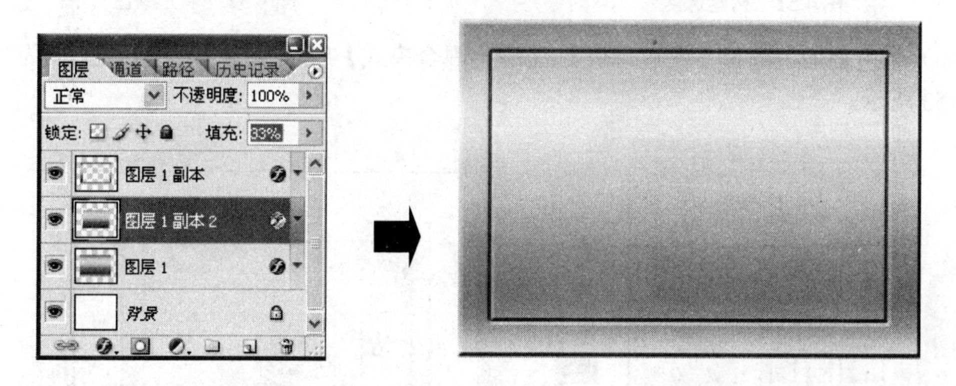

图 4.49　效果调整

4.2.4　铜牌镀金效果处理

使用图层颜色混合可以将处理后的铜牌叠加黄色，变成金色标牌。

（1）新建图层 2。在【图层调板】上选择“图层 1 副本”，在调板下边选择【创建新图层】按钮，新建“图层 2”，如图 4.50 所示。

图 4.50　图层 2

（2）显示参考线。选择【视图】|【显示】|【参考线】(Ctrl+;)。

（3）构建选区。在【工具箱】中选择“矩形选框”工具 ⬚，沿标牌外边参考线构建选区，如图 4.51 所示。

（4）设定颜色。在【拾色器】中设定【前景色】为 R248，G211，B93。

（5）填充颜色。选择【编辑】|【填充】(Alt+Delete)，填充【前景色】，如图 4.52 所示。

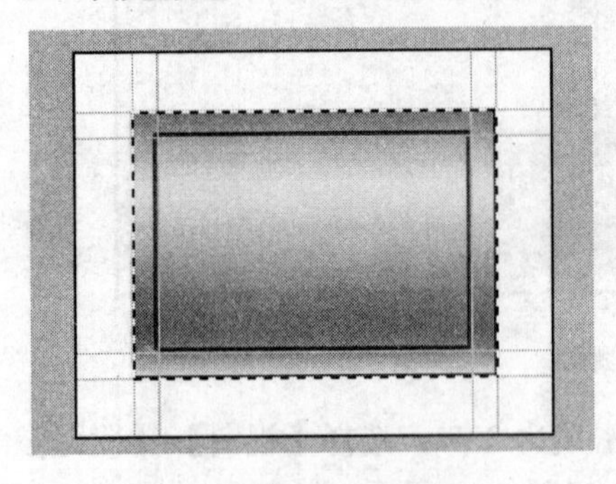

图 4.51　构建选区

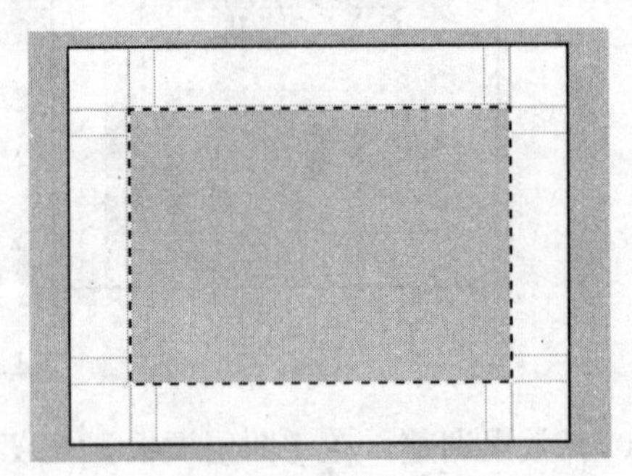

图 4.52　填充颜色

（6）颜色叠加。选择【图层调板】|【颜色混合模式】|【叠加】，设定不透明度为 32%，如图 4.53 所示。

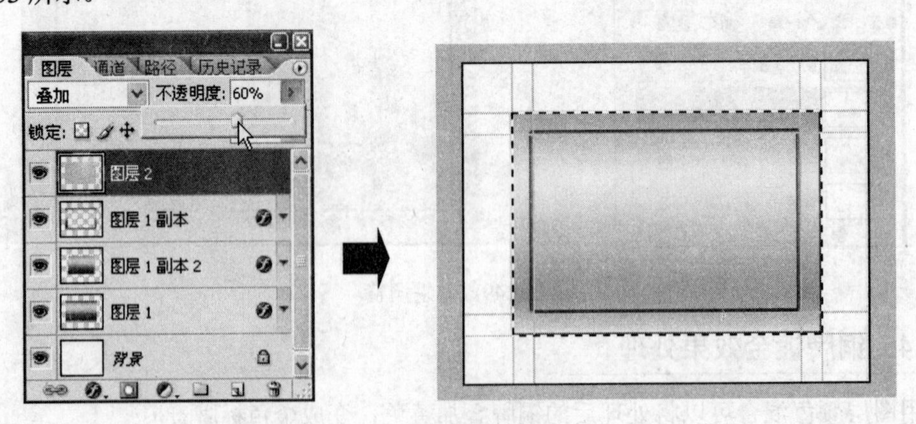

图 4.53　颜色叠加

4.2.5　标牌内容布置

标牌内容一般有：公司标识、标牌名称、公司名称。根据需要可以标注电话号码等。

（1）置入标识。操作方法如下：

● 选择【文件】|【打开】（Ctrl+O），从磁盘中选择文件夹打开“红天鹅公司标识”TIFF 图像，选择【图层调板】隐藏背景，选择“图层2副本”，如图4.54所示。

● 使用“矩形选框”工具选择标识，选择【编辑】|【合并拷贝】（Shift+Ctrl+C），拷贝图像，关闭“红天鹅公司标识”TIFF图像，如图4.55所示。

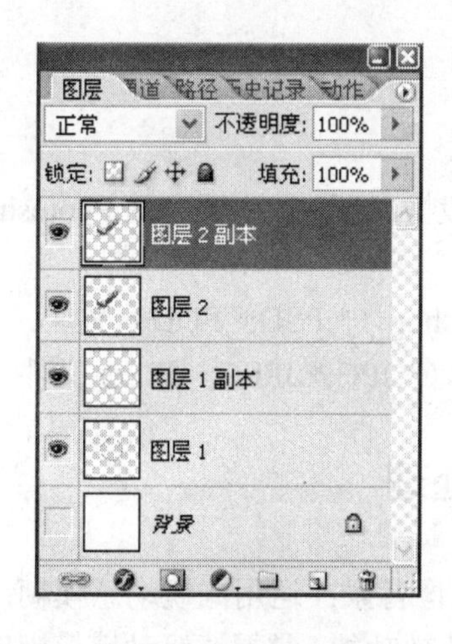

图4.54　隐藏背景

图4.55　拷贝图像

● 在【图层调板】上选择“图层 2”，选择【编辑】|【粘贴】（Ctrl+V），【图层调板】上出现“图层3”，将标识贴入画布，如图4.56所示。

● 选择【编辑】|【自由变换】（Ctrl+T），按压Shift键缩小标识，调整到标牌左侧合适的位置，如图4.57所示。

图4.56　图层3

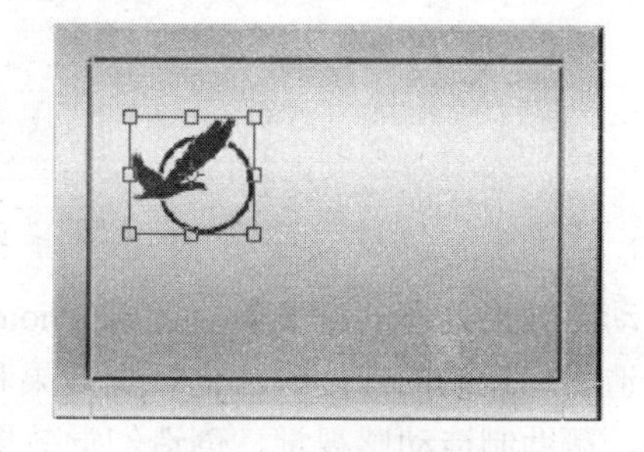

图4.57　调整图像位置

（2）输入文字。操作方法如下：

● 在【工具箱】中选择“横排文字”工具T，选择【选项栏】|【字符调板】，【字体】设置为汉仪大黑，【文字颜色】设置为黑色。

● 在标识的右边输入“商务中心”，【字号】设置为106点。

● 在水平线下边输入“北京红天鹅物业管理有限公司”，【字号】设置为40点。

● 文字输入结果，如图4.58所示。

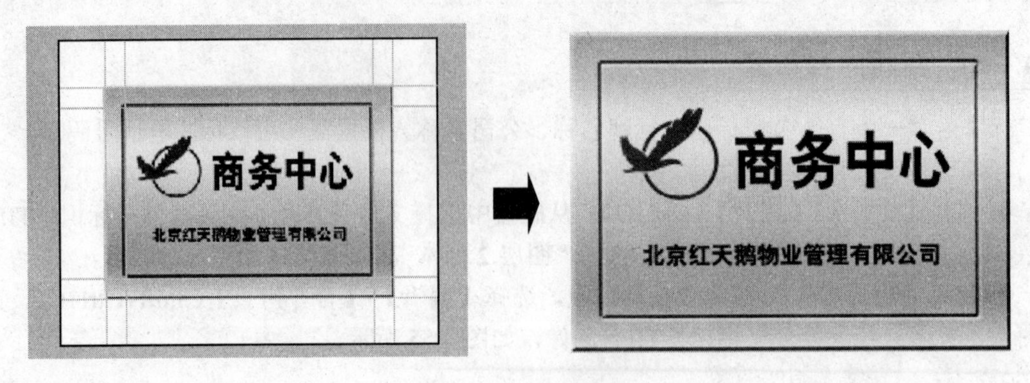

图 4.58 输入标牌文字

4.2.6 存储文件

根据创意设计目的，选择要存储的图像文件格式，一般情况下，首先要存储 Photoshop 格式含编辑图层的正本文件。

（1）选择【文件】|【存储】（Ctrl+S），保存为 Photoshop（*.PSD;*.PDD）文件。

（2）选择【文件】|【存储】（Ctrl+S），保存为 JPEG（*.JPG;*.JPEG;*.JPE）文件。

4.3 范例 22：“喷气式”动感效果处理

“喷气式”动感效果处理，运用仿制图章工具扩展图像背景；运用滤镜动感模糊，设计飞机喷气气流的动感效果，表现了 Photoshop 强大的滤镜特效功能。掌握滤镜动感模糊的运用方法，图像效果处理就能够获得创造性的艺术水平，如图 4.59、图 4.60 和图 4.61 所示。

图 4.59 “喷气式”效果图

▲【动感效果处理的意义】 运用 Photoshop 滤镜动感模糊功能，能够表现色彩的变化奇效，塑造物体运动的速度、方向视觉效果和光线变化的质感。动感效果处理可以变化图像色彩形态，帮助制造动感视觉，创造幻觉效果等。

4.3.1 图像编辑准备

“喷气式”图像的编辑准备主要是选择并打开图像，复制图像，命名图像文档名称，确定图像编辑颜色模式和存储文件。

（1）启动 Photoshop CS2。

（2）打开图像。选择【文件】|【打开】（Ctrl+O），从范例 22 文件夹中打开“f15-19.jpg”图片，如图 4.62 所示。

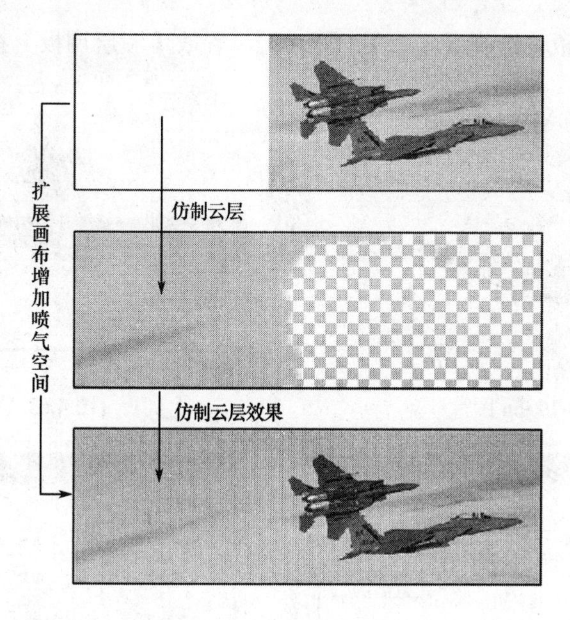

图 4.60　扩展图像背景

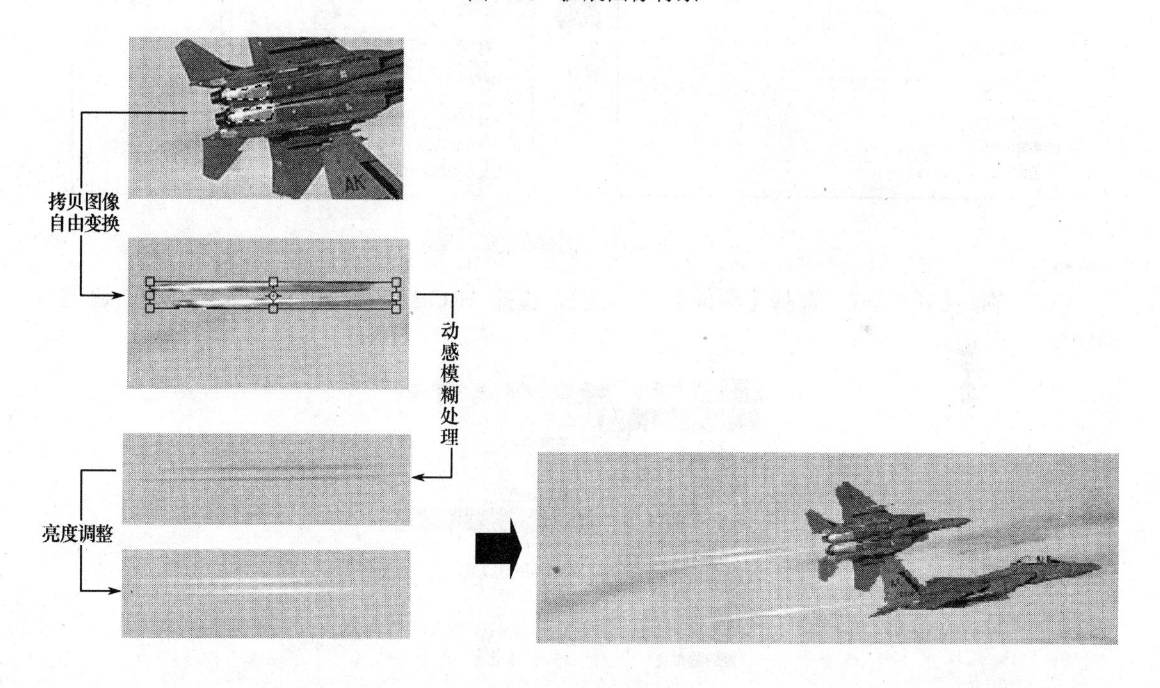

图 4.61　喷气处理

（3）复制图像。打开图像后，选择【图像】|【复制图像】，出现“复制图像”对话框，输入“喷气式”，单击【确定】按钮，然后关闭“f15-19.jpg”图片，如图 4.63 所示。

（4）改变分辨率。选择【图像】|【图像大小】，勾选“缩放样式”、“约束比例”、“重定图像像素”，保持像素大小不变，将分辨率“90 像素/英寸”改为“72 像素/英寸”，如图 4.64 所示。

（5）调整编辑窗口。出现图像编辑窗口，在工具箱屏幕切换选项中选择中间按钮，将屏幕界面切换到带有菜单的全屏模式，选择“抓手”工具将画布拖至中央。

（6）打开图层调板。选择【窗口】|【图层】，置放【图层调板】在画布的右边。

图 4.62　f15-19.jpg 图片

复制图像
复制：f15-19.jpg
为(A)：喷气式
仅复制合并的图层(M)
确定
取消

图 4.63　复制图像

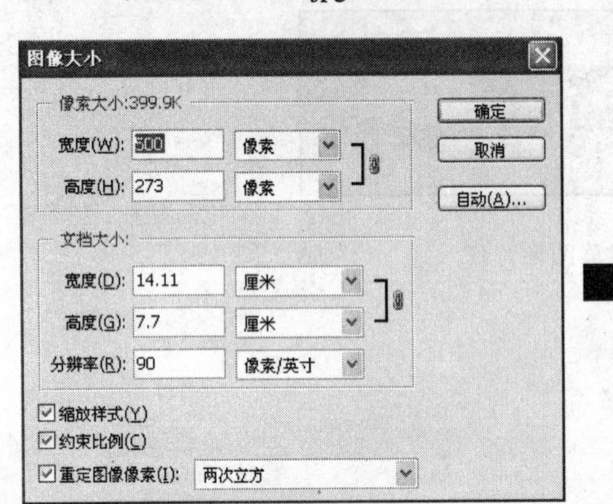

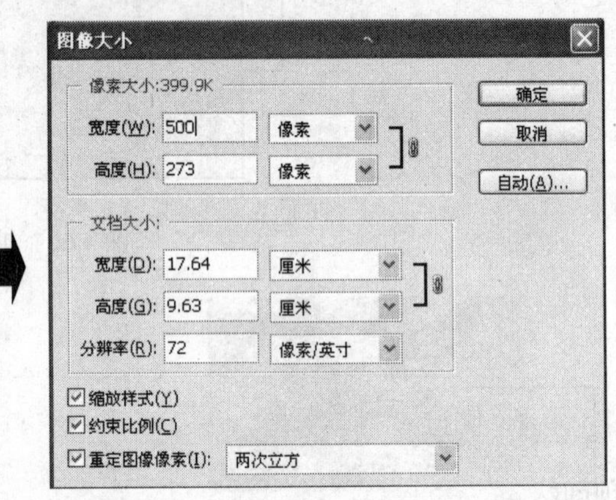

图 4.64　图像信息

（7）确定颜色模式。选择【图像】|【模式】，选择“RGB 颜色”模式，选择“8 位/通道”，如图 4.65 所示。

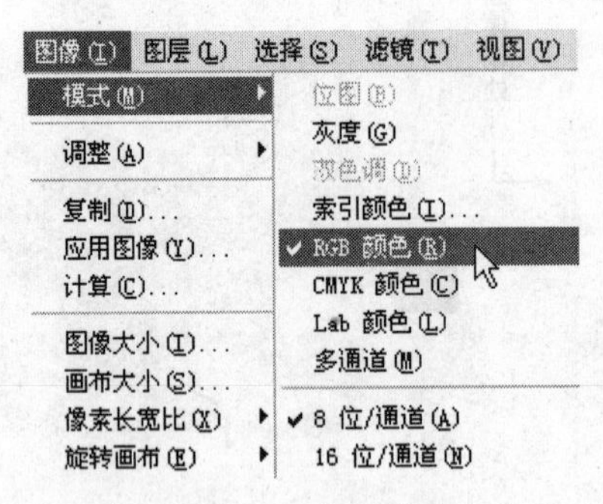

图 4.65　选择图像模式

（8）存储标志文件。选择【文件】|【存储】(Ctrl+S)，【格式】选择 Photoshop（*.PSD;*.PDD），单击【保存】按钮。

4.3.2　扩展云层空间

“喷气式”主要是塑造飞机尾后的喷气效果的，“f15-19.jpg”图片飞机后边的图像信息不够，需要扩展画布，增添图像信息。

（1）设定背景色。选择【工具箱】|【背景色】，背景色设定为白色。

（2）扩展画布。选择【图像】|【画布大小】，出现“画布大小”对话框，将当前画布宽度 17.64 厘米改写为 30.13 厘米，在定位格中选择横数第六格，单击【确定】按钮，如图 4.66 和图 4.67 所示。

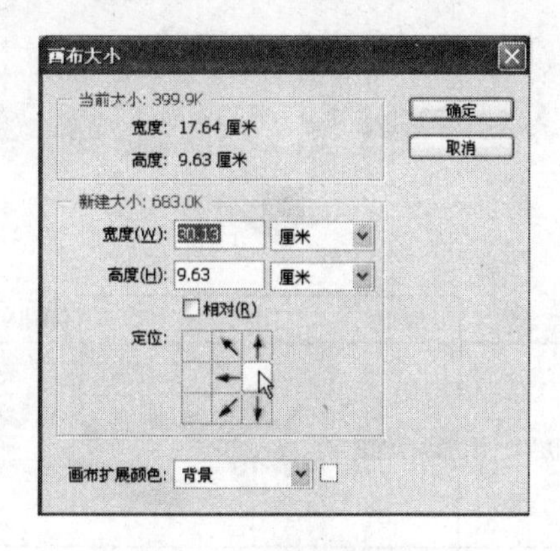

图 4.66　画布大小设定

图 4.67　扩展画布

（3）新建图层。选择【图层调板】|【创建新图层】按钮，新建“图层 1”，如图 4.68 所示。

（4）仿制云层。操作方法如下：

● 在【工具箱】中选择“仿制图章”工具，在【选项栏】中设定柔角笔画为 100 像素，模式为正常，不透明度为 100%，流量为 100%，用于所有图层，如图 4.69 所示。

图 4.68　图层 1

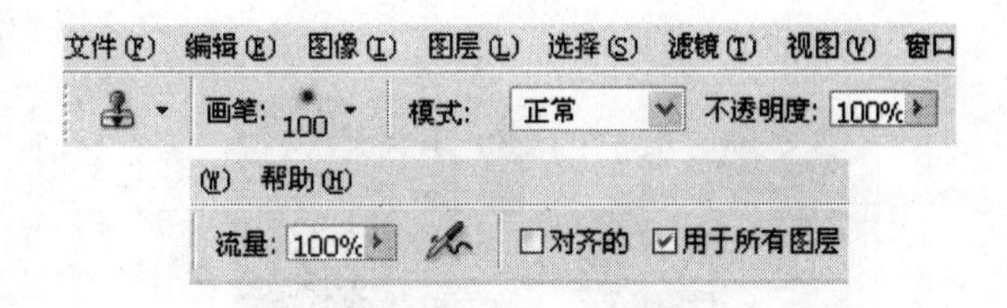

图 4.69　笔画选项

● 使用仿制图章工具，将光标中心对准要仿制的采样位置，左手先按压 Alt 键，右手单击鼠标左键，松开按压和单击，移动光标在需要仿制的范围进行涂抹复制，如图 4.70 所示。

【提示】仿制过程可先大块涂抹然后再细致补修，补修中可用顿号[、]键随时调整笔画大小，选定新的仿制采样位置进行复制。

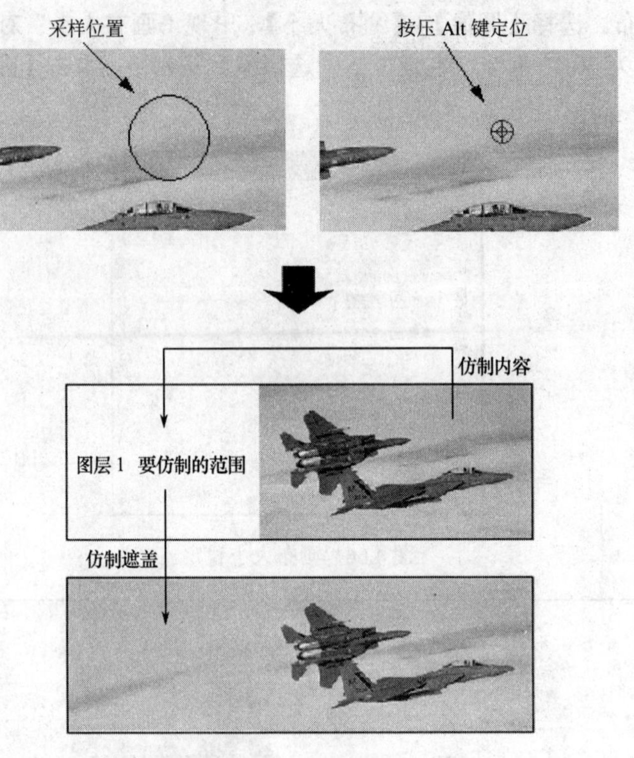

图 4.70　仿制图像

4.3.3　飞机喷气效果处理

使用剪贴工具剪贴可以制造喷气的色彩图像，进行自由变换，再进行滤镜动感模糊处理，最后调整喷气效果的亮度，调整图像位置。

（1）剪贴图像。操作方法如下：

● 在【工具箱】中选择“多边形套索”工具，在飞机底部选择白色部位，建立选区，如图 4.71 所示。

● 在【图层调板】上选择“背景”，选择【编辑】|【拷贝】（Ctrl+C），拷贝选区内容，如图 4.72 所示。

● 在【图层调板】上选择“图层 1”，选择【编辑】|【粘贴】（Ctrl+V），【图层调板】上出现“图层 2”，如图 4.73 所示。

图 4.71　构建选区

图 4.72　选择拷贝图层

（2）变换图像。选择【编辑】|【自由变换】（Ctrl+T），将图像向左后方拉长，如图 4.74 所示。

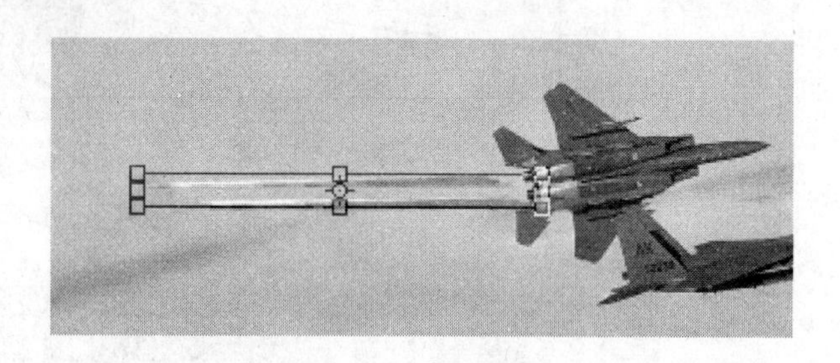

图 4.73　图层 2　　　图 4.74　调整图像

（3）创建动感模糊。选择【滤镜】|【模糊】|【动感模糊】，设定角度为 0 度，距离为 180 像素，如图 4.75 所示。

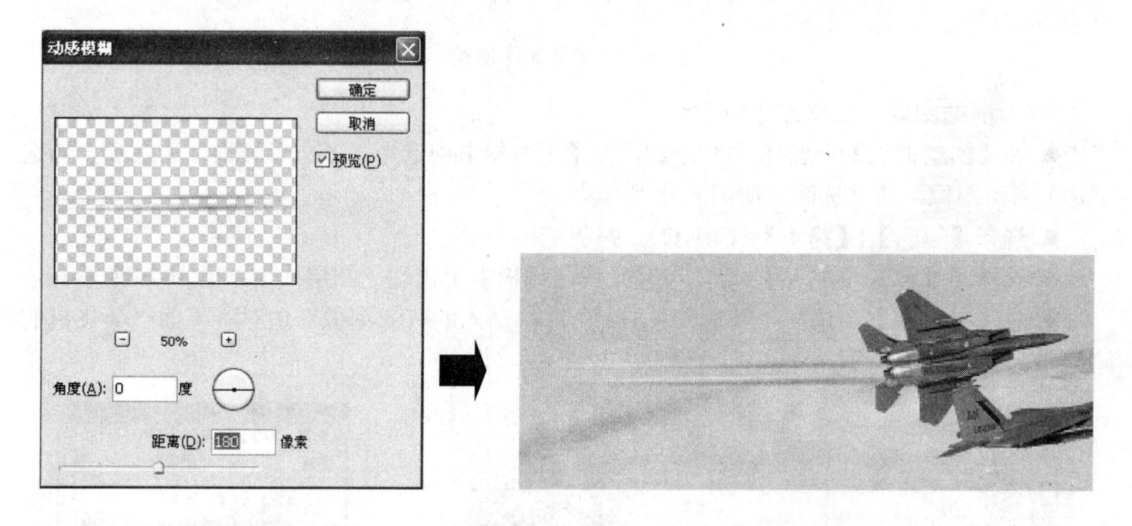

图 4.75　设定动感模糊

（4）调整色彩。选择【图像】|【调整】|【亮度/对比度】，设定亮度为+100，如图 4.76 所示。

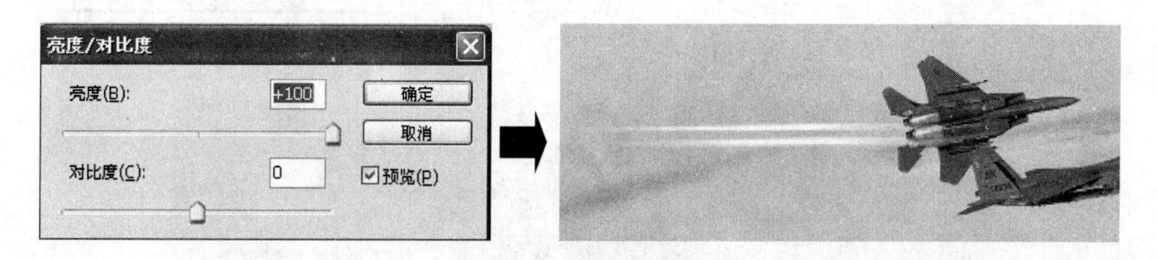

图 4.76　调整图像亮度

（5）调整图像位置。选择【编辑】|【自由变换】（Ctrl+T），将图像压扁与右边两喷气口等宽，指针挂角旋转图像对齐机尾喷气口，与飞行方向平行，如图 4.77 所示。

图 4.77　调整图像位置

（6）剪贴图像。操作方法如下：

● 在【图层调板】上选择“图层 2”，在【工具箱】中选择“多边形套索”工具，勾选下边的气流图像，建立选区，如图 4.78 所示。

● 选择【编辑】|【拷贝】（Ctrl+C），拷贝选区内容。

● 选择【编辑】|【粘贴】（Ctrl+V），【图层调板】上出现“图层 3”，如图 4.79 所示。

● 在【工具箱】中选择“移动”工具，将贴入的气流图像右边对齐下面一架飞机的喷气口，如图 4.80 所示。

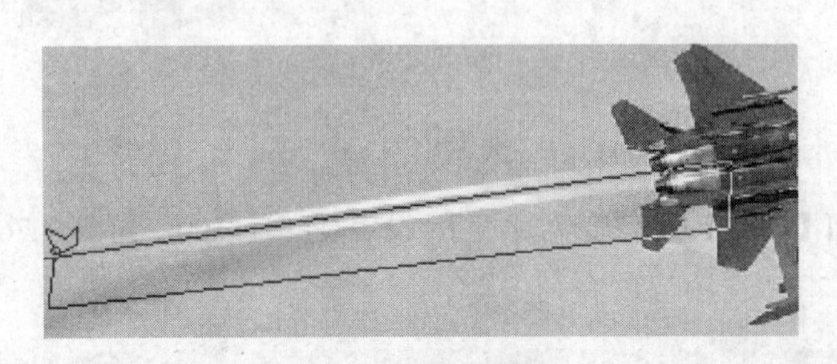

图 4.78　选择图像

图 4.79　图层 3

图 4.80　调整气流图位置

4.3.4　存储文件

根据创意设计目的，选择要存储的图像文件格式，一般情况下，首先要存储 Photoshop 格式含编辑图层的正本文件。

（1）选择【文件】|【存储】（Ctrl+S），保存为 Photoshop（*.PSD;*.PDD）文件。

（2）选择【文件】|【存储】（Ctrl+S），保存为 JPEG（*.JPG;*.JPEG;*.JPE）文件。

4.4　范例 23："过去"油画效果混合处理

"过去"油画的效果混合处理，运用 Photoshop CS2 样式（样式库）、图层样式（斜面浮雕）、颜色混合、动作和滤镜五项效果模式功能，将一张普通照片经过效果处理，变成了非常有收藏价值的油画作品。掌握上述图像效果处理方法，能够帮助您完成艺术创作所需要的技术要求，如图 4.81 至图 4.84 所示。

图 4.81　"过去"油画效果图

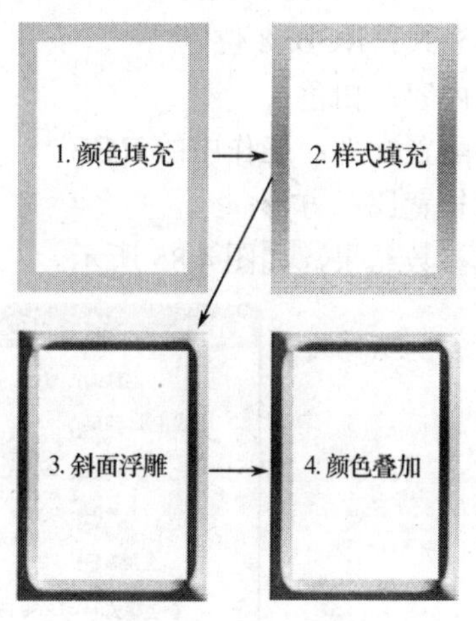

图 4.82　设计镜框

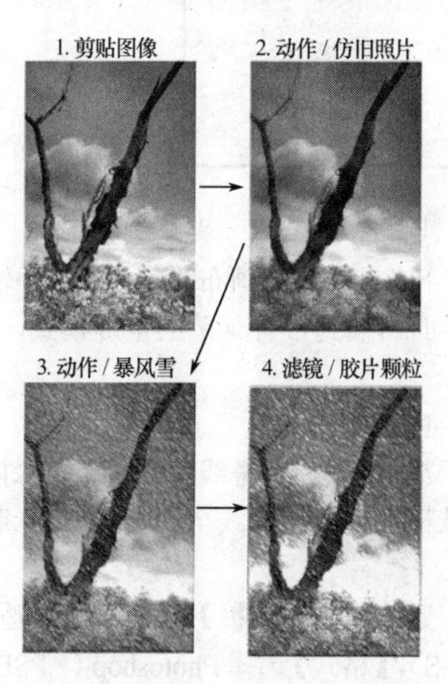

图 4.83　照片效果处理

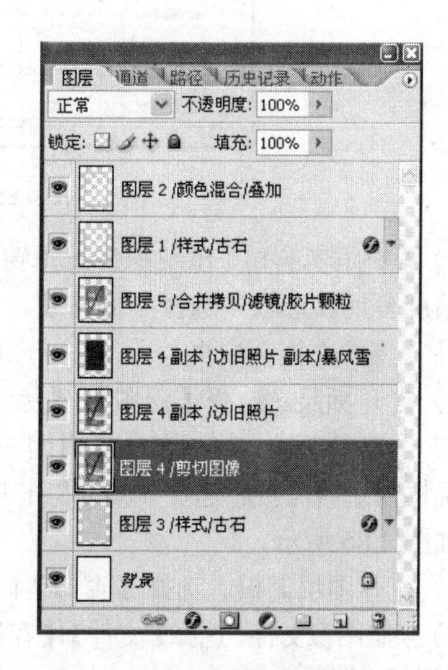

图 4.84　图层编辑

▲【效果混合处理的意义】 效果混合处理是对 Photoshop“效果模式功能”综合运用的方法，能够完成较为复杂的色彩效果处理，达到理想的图像色彩变化要求。

4.4.1 图像编辑准备

对于“过去”油画的设计，其图像编辑准备主要是新建图像文件，命名新建图像文档名称，设定编辑参考线，存储文件。

（1）启动 Photoshop CS2。

（2）新建文件。选择【文件】|【新建】（Ctrl+N），设定如下参数：

名称：过去

预设：自定

宽：290 毫米

高：380 毫米

分辨率：72 像素 / 英寸

颜色模式：RGB/ 8 位

背景内容：白色

颜色配置文件：工作中的 RGB

像素长宽比：方形

设定参数结果，如图 4.85 所示。

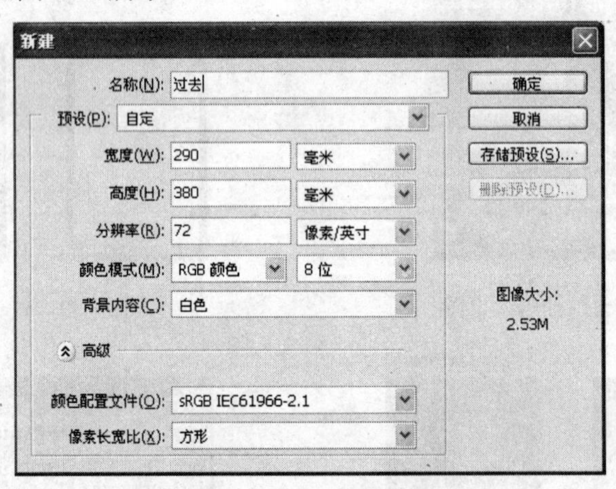

图 4.85 新建文档参数

（3）调整编辑窗口。出现图像编辑窗口，在左下角状态栏“画布显示比例”中输入 50%，在工具箱屏幕切换选项中选择中间按钮，将屏幕界面切换到带有菜单的全屏模式，选择“抓手”工具将画布拖至中央。

（4）打开标尺。选择【视图】|【标尺】（Ctrl+R）。

（5）设定参考线。从画布边缘内缩 30 毫米建立画框外边参考线，从画布边缘内缩 55 毫米建立画框内边参考线，选择“移动”工具，从标尺线拉参考线至内缩 30 毫米和 55 毫米位置，如图 4.86 所示。

（6）打开图层调板。选择【窗口】|【图层】，置放【图层调板】在画布的右边。

（7）存储图像文件。选择【文件】|【存储】（Ctrl+S），【格式】选择 Photoshop（*.PSD;*.PDD），单击【保存】按钮。

4.4.2　设计画框

画框设计主要工作是：（1）填充画框颜色；（2）设定样式效果；（3）斜面浮雕；（4）叠加颜色；（5）画框衬底。

（1）新建图层 1。在【图层调板】上选择“背景”，在调板下边选择【创建新图层】按钮，新建“图层 1”，如图 4.87 所示。

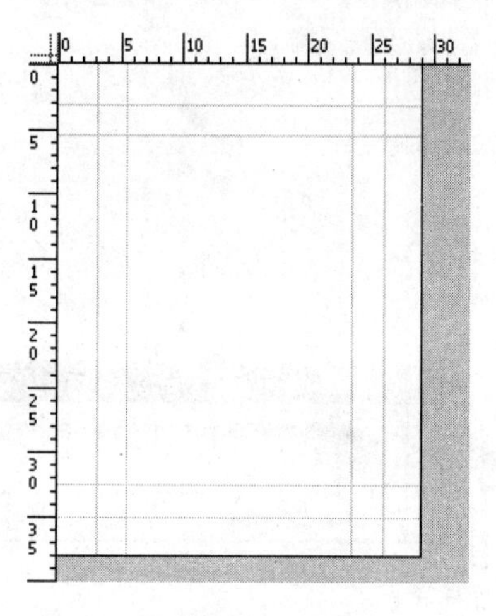

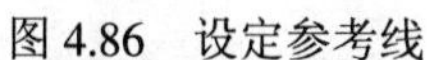

图 4.86　设定参考线

图 4.87　图层 1

（2）构建选区。在【工具箱】中选择“矩形选框”工具，选择【选项栏】|【从选区中减去】按钮，沿画框外边和内边参考线构建选区，如图 4.88 所示。

（3）设定画框颜色。在【拾色器】中设定【前景色】为 R243，G195，B3。

（4）填充颜色。选择【编辑】|【填充】（Alt+Delete），填充【前景色】，如图 4.89 所示。

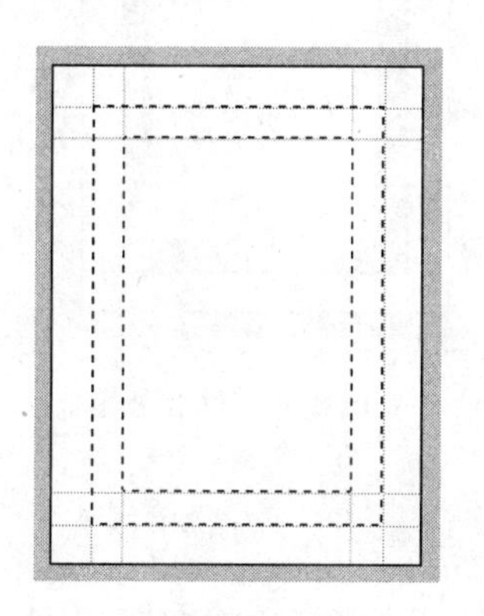

图 4.88　建立选区

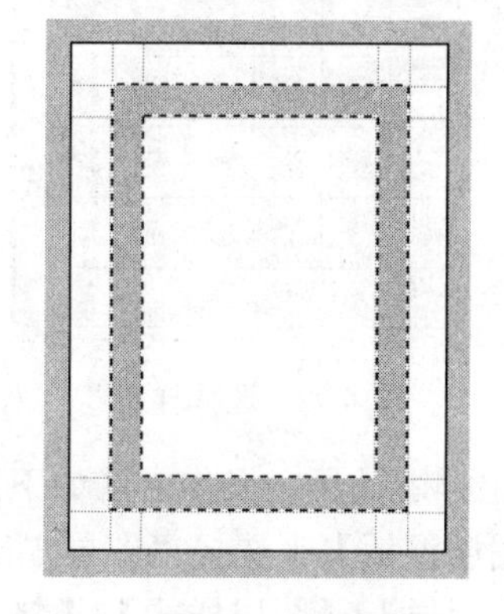

图 4.89　填充颜色

（5）样式填充。操作方法如下：

- 选择【窗口】|【样式】，在【样式调板】右上角单击“下拉菜单”，先选择复位样式，如图 4.90 所示。
- 复位样式后，在【样式调板】右上角单击“下拉菜单”，选择“纹理”并追加至【样式调板】，如图 4.91 所示。

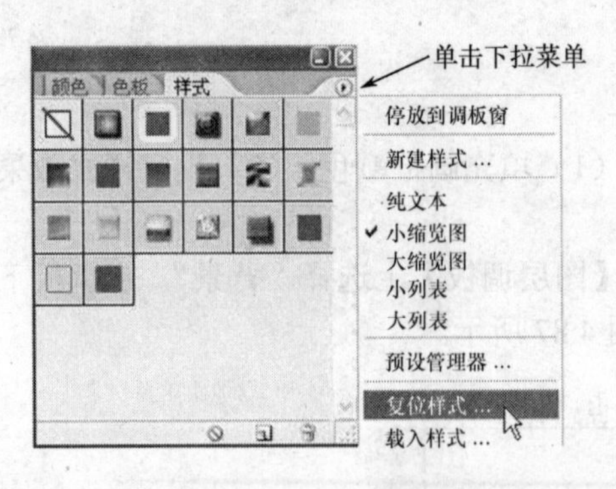

图 4.90 复位样式

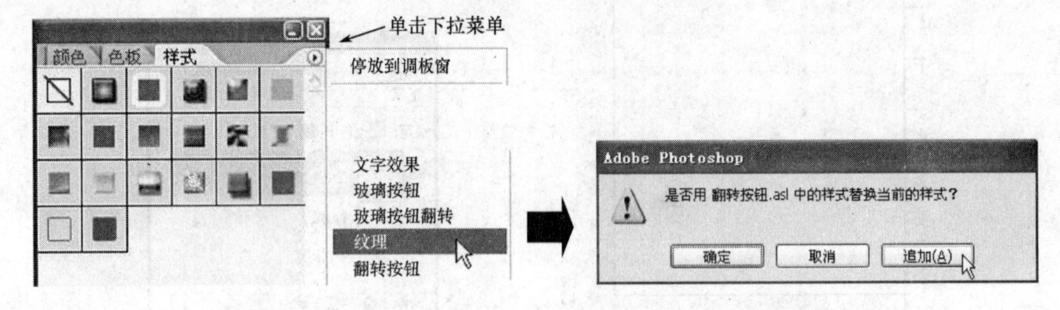

图 4.91 追加样式

● 在【样式调板】上选择【古石】按钮，如图 4.92 和图 4.93 所示。

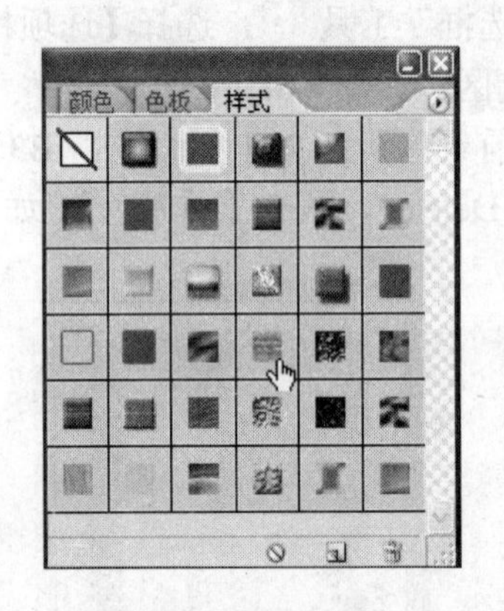

图 4.92 选择样式

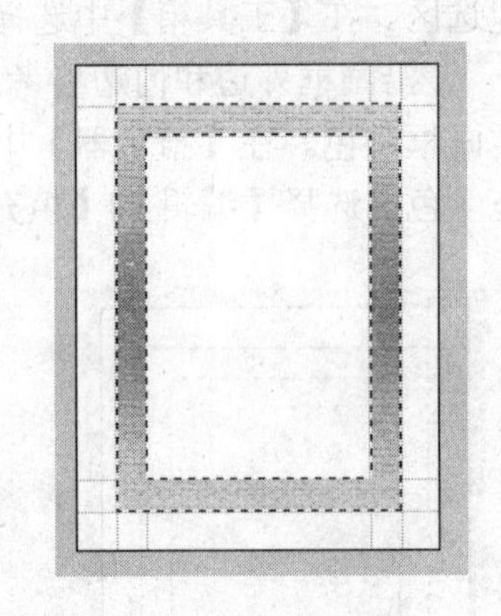

图 4.93 样式效果

（6）设定浮雕效果。操作方法如下：

● 在【图层调板】上选择“图层 1”。

● 选择【图层】|【图层样式】|【斜面和浮雕】，样式选择“内斜面”，方法选择“平滑”，方向选择“上”，深度设定为 461，大小设定为 70 像素，角度为 30，高度为 30，其他使用默认值，如图 4.94 和图 4.95 所示。

● 保留选区。

（7）新建图层 2。在【图层调板】上选择“图层 1”，在调板下边选择【创建新图层】按钮，新建“图层 2”，如图 4.96 所示。

（8）填充颜色。选择【编辑】|【填充】（Alt+Delete），填充【前景色】（与画框填充颜色一致），如图 4.97 所示。

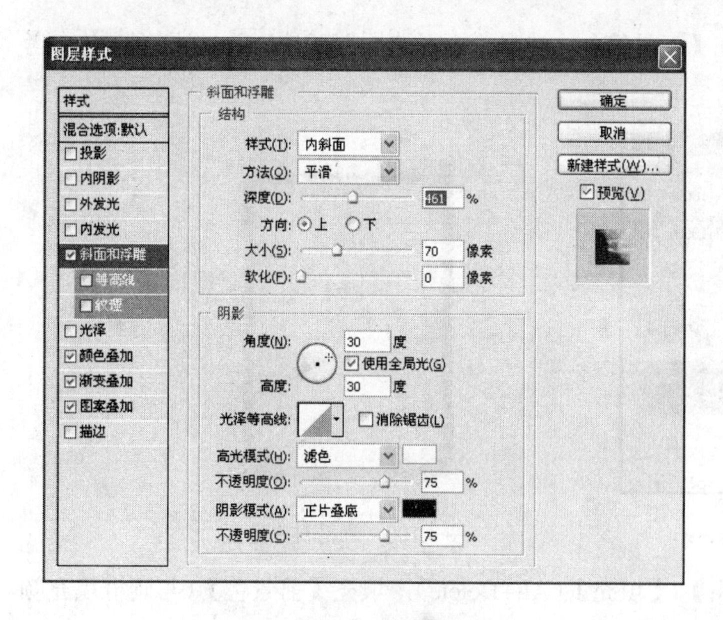

图 4.94　浮雕设定

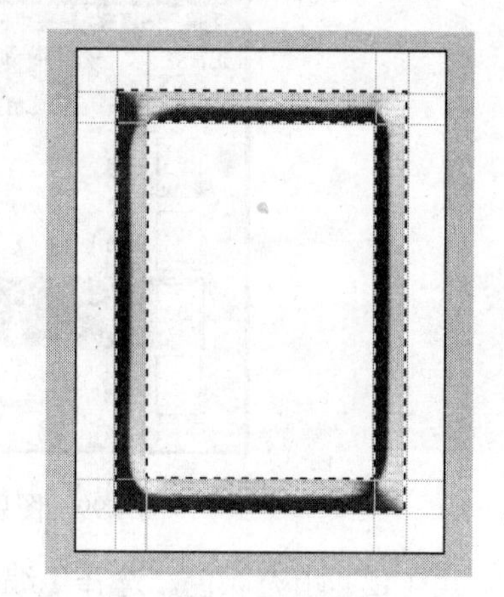

图 4.95　浮雕效果

图 4.96　图层 2

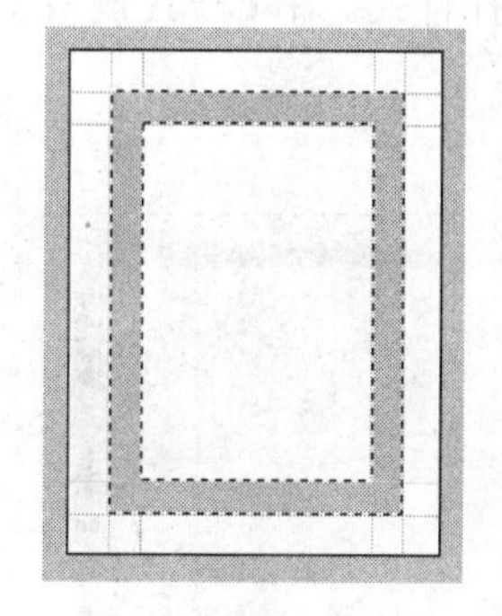

图 4.97　填充前景色

（9）颜色叠加。选择【图层调板】|【颜色混合模式】|【叠加】，设定填充密度为 35%，如图 4.98 所示。

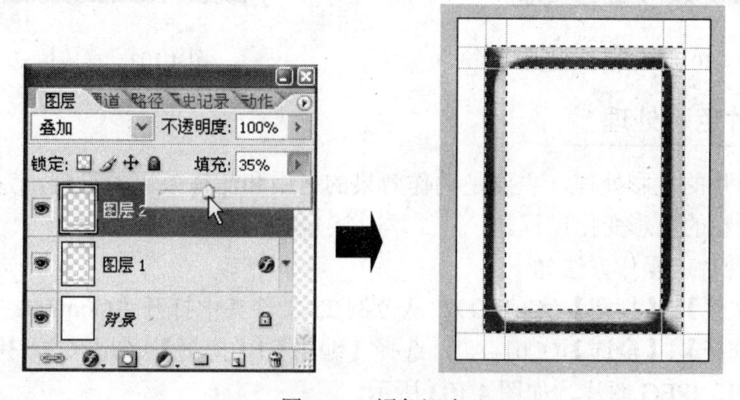

图 4.98　颜色混合

（10）新建图层 3。在【图层调板】上选择“背景”，在调板下边选择【创建新图层】按钮，新建“图层 3”，如图 4.99 所示。

（11）构建画框衬底选区。在【工具箱】中选择“矩形选框”工具 [ ]，沿画框外边参考线构建选区，如图 4.100 所示。

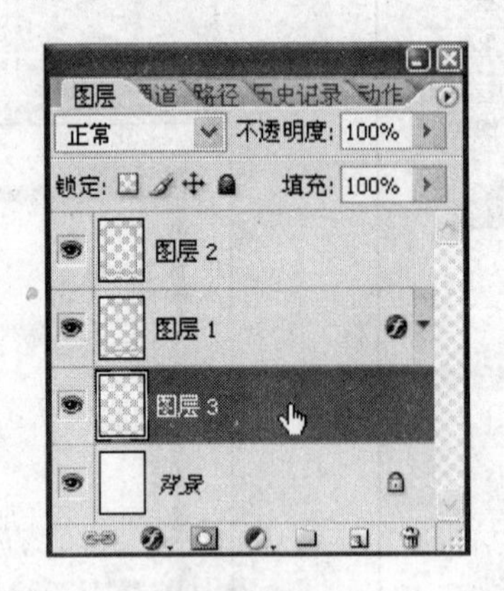

图 4.99　图层 3

图 4.100　画框衬底选区

（12）填充颜色。选择【编辑】|【填充】（Alt+Delete），填充【前景色】（与画框填充颜色一致），如图 4.101 所示。

（13）选择样式。在【样式调板】上选择【古石】按钮，与画框填充样式一致，如图 4.102 所示。

图 4.101　填充衬底选区

图 4.102　样式填充

4.4.3　照片色彩处理

“过去”照片的色彩处理，主要是动作效果的运用和滤镜效果的设定，完成照片仿旧、暴风雪、胶片颗粒的色彩变化过程。

（1）剪贴照片。操作方法如下：

● 选择【文件】|【打开】（Ctrl+O），从范例 23 文件夹中打开“Goqu0019”JPEG 图片。

● 选择【选择】|【全选】（Ctrl+A），选择【编辑】|【拷贝】（Ctrl+C），拷贝选区内容，关闭“Goqu0019”JPEG 图片，如图 4.103 所示。

● 在【图层调板】上选择“图层 3”，选择【编辑】|【粘贴】（Ctrl+V），【图层调板】上出现“图层 4”，如图 4.104 所示。

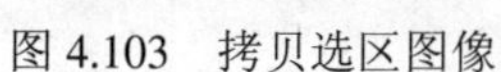

图 4.103　拷贝选区图像

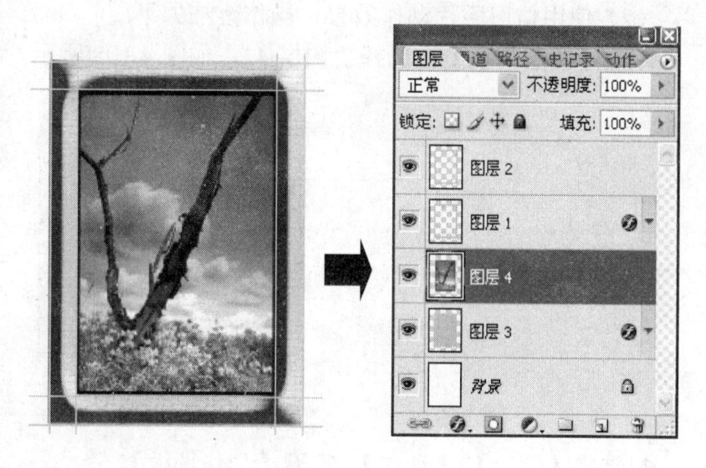

图 4.104　图层 4

● 从画框内边向里内缩 5 毫米，建立画框衬边参考线，选择“移动”工具，从标尺线拉参考线至衬边位置，如图 4.105 所示。

● 在【工具箱】中选择“矩形选框”工具，沿新设参考线构建选区，如图 4.106 所示。

图 4.105　增设参考线

图 4.106　建立选区

● 选择【选择】|【反向】(Shift+Ctrl+I)，选择【编辑】|【清除】(Delete)，删除选区内容，选择【视图】|【隐藏参考线】(Ctrl+;)，选择【选择】|【取消选择】(Ctrl+D)，如图 4.107 所示。

图 4.107　反向删除

（2）使用仿旧照片动作效果。操作方法如下：

● 在【图层调板】上选择“图层 4”，如图 4.108 所示。

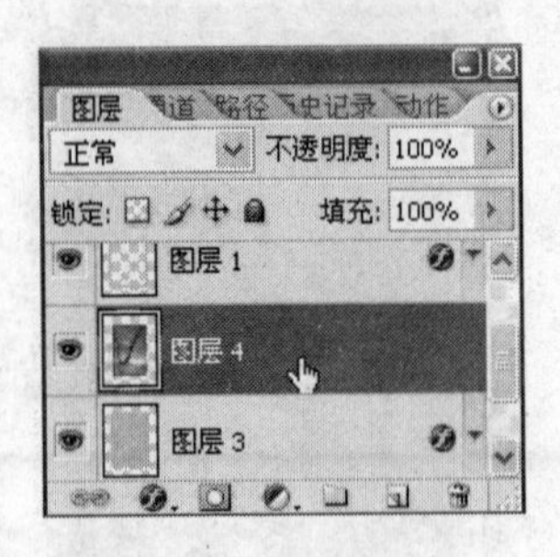

图 4.108　选择图层

● 选择【窗口】|【动作】，打开【动作调板】。

● 在【动作调板】右上角单击“下拉菜单”，选择“复位动作”。

● 在【动作调板】右上角单击“下拉菜单”，选择“图像效果”。

● 选择【动作调板】|【图像效果】|【仿旧照片】，在【动作调板】下边单击【播放】按钮▶，【图层调板】上出现“图层 4 副本”，如图 4.109 和图 4.110 所示。

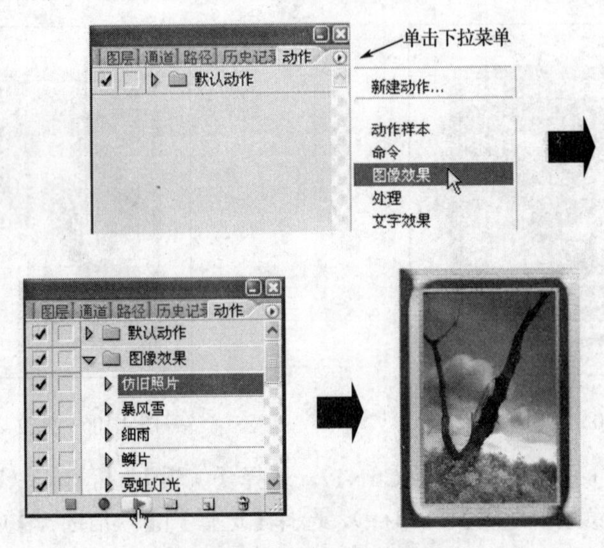

图 4.109　仿旧照片动作效果

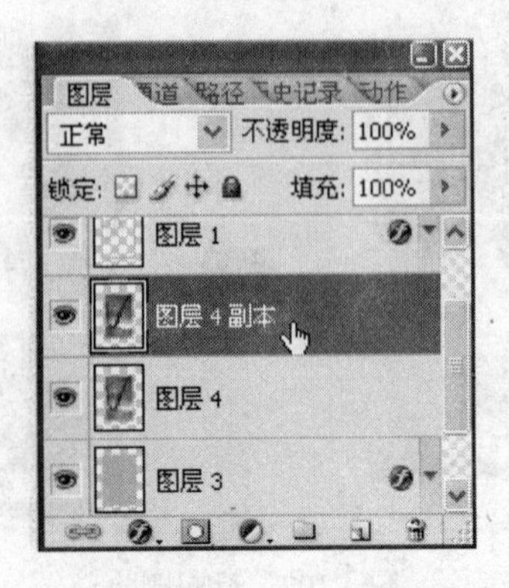

图 4.110　图层 4 副本

（3）使用暴风雪动作效果。操作方法如下：

● 在【图层调板】上选择“图层4副本”。

● 选择【动作调板】|【图像效果】|【暴风雪】，在【动作调板】下边单击【播放】按钮▶，在【图层调板】上出现“图层4副本2”，如图4.111所示。

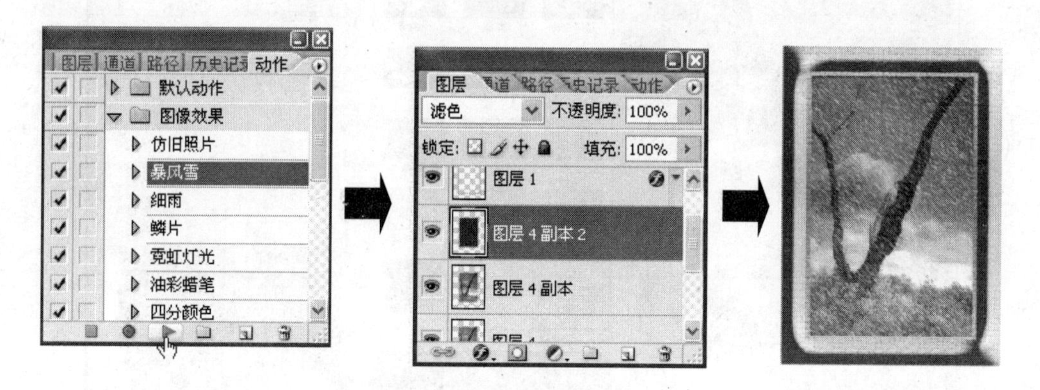

图4.111　暴风雪效果

（4）使用滤镜效果。操作方法如下：

● 在【图层调板】上选择“图层4副本2”，在【工具箱】中选择“矩形选框”工具，沿照片边缘构建选区，选择【编辑】|【合并拷贝】（Shiftt+Ctrl+C），拷贝选区内容，如图4.112所示。

● 选择【编辑】|【粘贴】（Ctrl+V），【图层调板】上出现“图层5”，如图4.113所示。

图4.112　选取图像

图4.113　图层5

● 选择【滤镜】|【艺术效果】|【胶片颗粒】，设定“颗粒”为4，高光区域为0，强度为10，如图4.114所示。

4.4.4　存储文件

根据创意设计目的，选择要存储的图像文件格式，一般情况下，首先要存储Photoshop格式含编辑图层的正本文件。

（1）选择【文件】|【存储】（Ctrl+S），保存Photoshop（*.PSD;*.PDD）文件。

（2）选择【文件】|【存储】（Ctrl+S），保存JPEG（*.JPG;*.JPEG;*.JPE）文件。

图 4.114　滤镜效果

4.5　范例 24："黄山云水"虚幻效果处理

"黄山云水"虚幻效果处理，运用的是"Photoshop 仿制混合"技术，使用仿制图章工具、自由变换工具、图层颜色混合，制造山水倒影，将"云山图像"变成了风景迷人的"山水图像"，表现了 Photoshop 图像处理的神奇功能，如图 4.115、图 4.116 和图 4.117 所示。

图 4.115 "黄山云水"作业对照

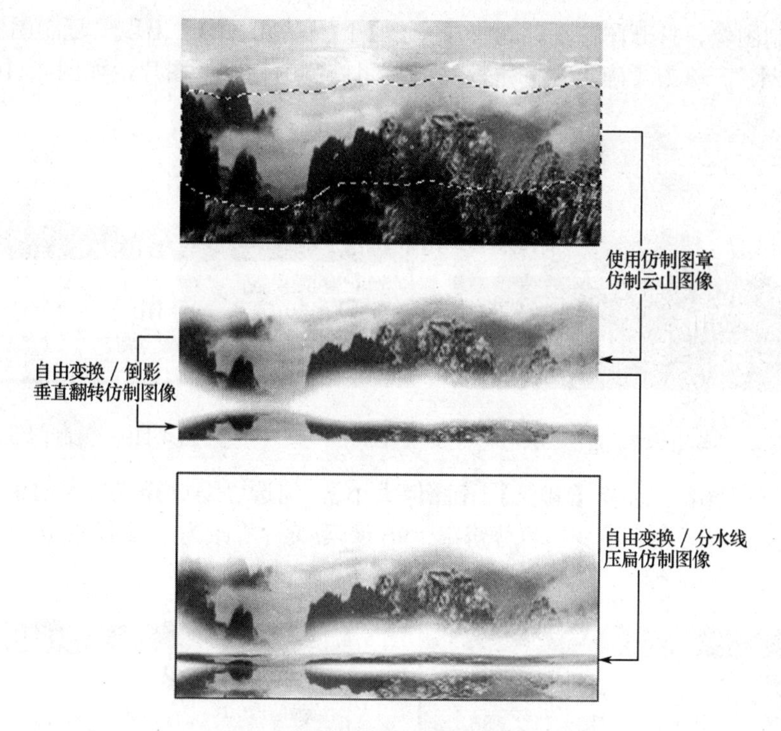

图 4.116　仿制效果处理

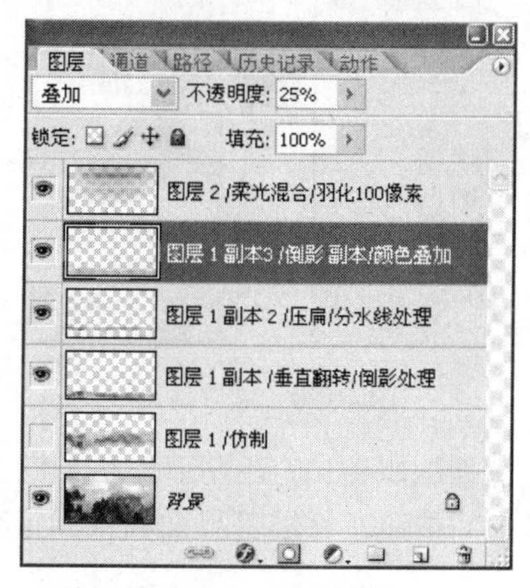

图 4.117　图层编辑

▲【图像仿制混合处理的意义】　图像仿制混合效果处理技术主要用于改变图像色彩内容，可以达到图像再生的目的。可以按照视觉变化效果要求（如，制造幻觉等），替换局部色彩，增添新的图像内容。

4.5.1　图像编辑准备

“黄山云水”图像的编辑准备主要是选择并打开图像，复制图像，命名图像文档名称，调整分辨率，确定图像编辑颜色模式和存储文件。

（1）启动 Photoshop CS2。

（2）打开图像。选择【文件】|【打开】(Ctrl+O)，从范例 24 文件夹中打开“黄山云水.jpg”图片，如图 4.118 所示。

（3）复制图像。打开图像后，选择【图像】|【复制图像】，出现“复制图像”对话框，输入“黄山云水”，单击【确定】按钮，然后关闭“黄山云水”图片，如图 4.119 所示。

图 4.118 “黄山云水.jpg”图片

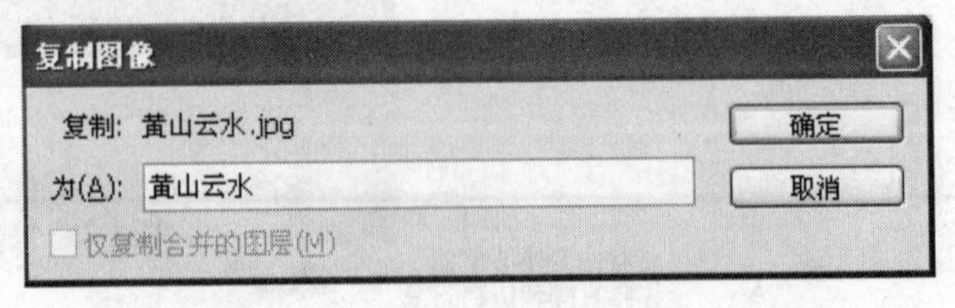

图 4.119 复制图像

（4）改变分辨率。选择【图像】|【图像大小】，勾选“缩放样式”、“约束比例”、“重定图像像素”，保持像素大小不变，将分辨率“96 像素/英寸”改为“72 像素/英寸”，如图 4.120 所示。

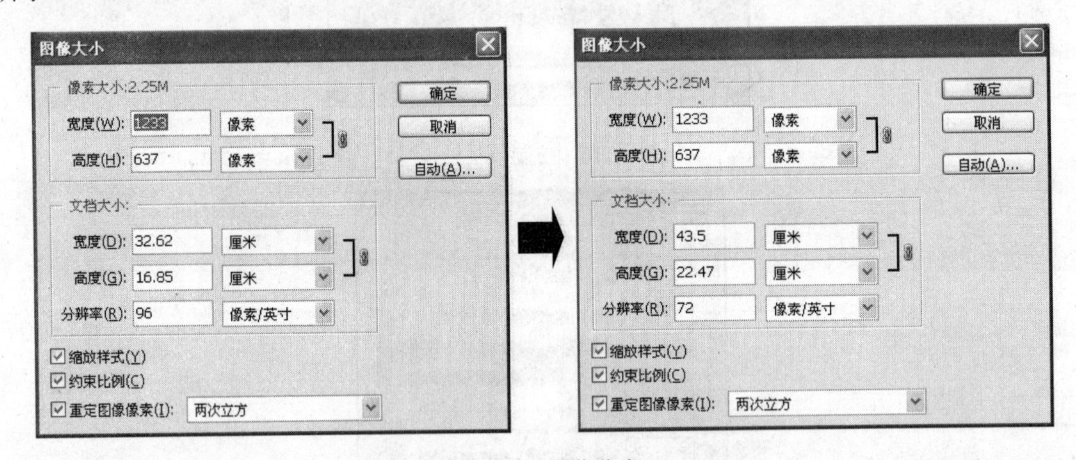

图 4.120 图像信息

（5）调整编辑窗口。出现图像编辑窗口，在左下角状态栏“画布显示比例”中输入 50%，在工具箱屏幕切换选项中选择中间按钮，将屏幕界面切换到带有菜单的全屏模式，选择“抓手”工具将画布拖至中央。

（6）打开图层调板。选择【窗口】|【图层】，置放【图层调板】在画布的右边。

（7）确定颜色模式。选择【图像】|【模式】，选择“RGB 颜色”模式，选择“8 位/通道”，如图 4.121 所示。

（8）存储图像文件。选择【文件】|【存储】（Ctrl+S），【格式】选择 Photoshop（*.PSD;*.PDD），单击【保存】按钮。

4.5.2 仿制混合效果处理

仿制混合效果处理的任务是：使用“仿制图章”工具仿制云和山，再使用[自由变换]图形工具变换调整倒影、倒影分水线。

（1）仿制“云山”。操作方法如下：

- 选择【图层调板】|【创建新图层】按钮，新建“图层 1”，如图 4.122 所示。

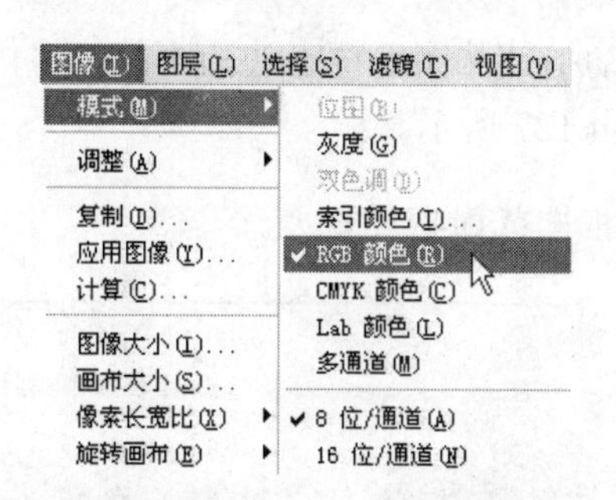

图 4.121　选择图像模式

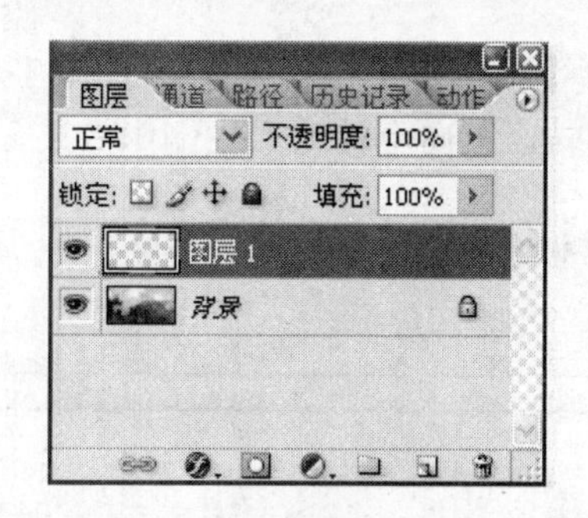

图 4.122　新建图层 1

● 在【工具箱】中选择“仿制图章”工具，在【选项栏】中设定模式为“正常”，不透明度为 100，流量为 100，对所有图层取样，单击右键设置“画笔”为柔角 300 像素，如图 4.123 所示。

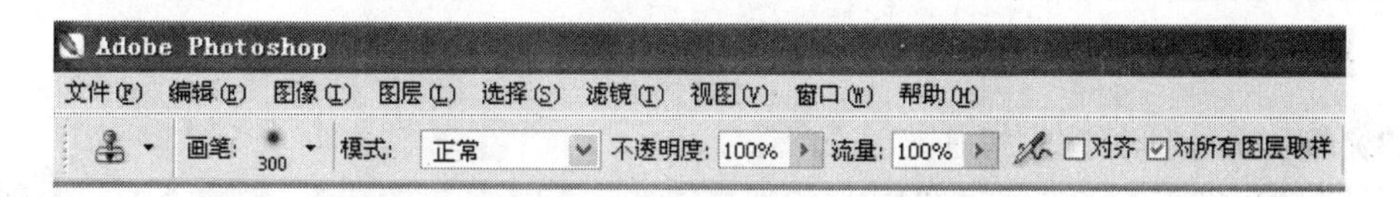

图 4.123　仿制图章设定

● 将光标中心对准仿制采样定位点（Alt+左键），移动光标在需要仿制的起点向右涂抹进行原位仿制（仿制过程一次完成），将山形云彩仿制出来，如图 4.124 所示。

● 图层 1 出现仿制山形后，在【图层调板】上隐藏“背景”，检查仿制效果，如图 4.125 所示。

图 4.124　仿制“云山

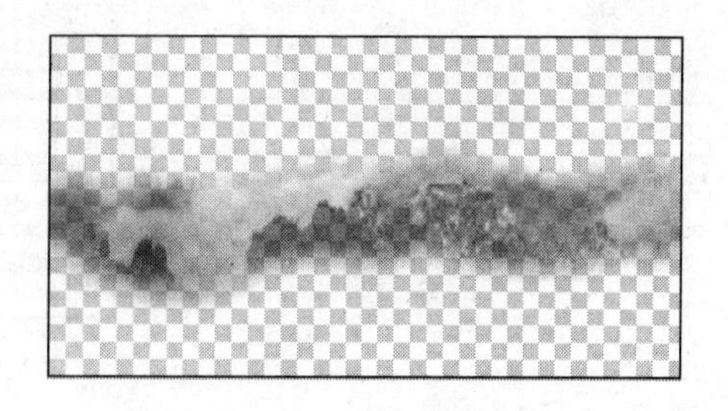

图 4.125　仿制效果

（2）倒影处理。操作方法如下：

● 在【图层调板】上选择“图层 1”，选择【右键】|【复制图层】，创建“图层 1 副本”，如图 4.126 所示。

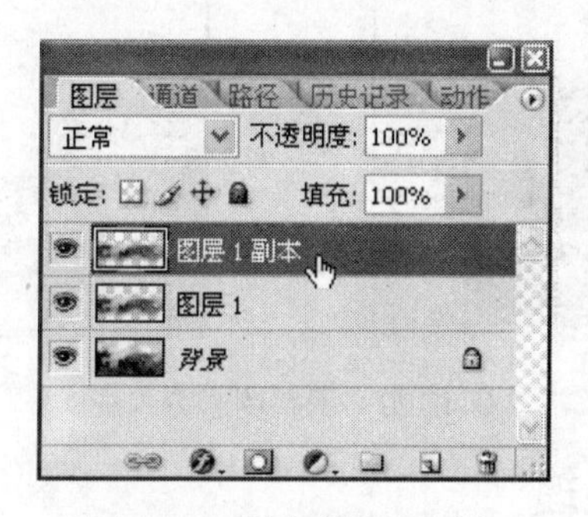

图 4.126　选择图层 1 副本

● 选择【编辑】|【自由变换】(Ctrl+T)，移动指针从图形框上边向下拉，将仿制“云山”图像垂直翻转，再向上移动形成倒影效果，如图 4.127 所示。

【提示】仿制图章柔角像素较大，图形选框框选范围也比较大。

图 4.127 调整倒影

(3) 倒影分水线处理。操作方法如下：

● 在【图层调板】上选择“图层 1”，选择【右键】|【复制图层】，创建“图层 1 副本 2”，将“图层 1 副本 2”移动到“图层 1 副本”的上面。

● 选择“图层 1 副本 2”，隐藏“图层 1”，如图 4.128 所示。

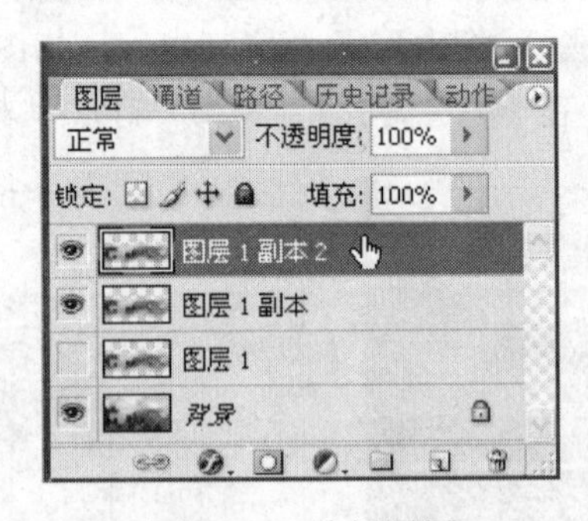

图 4.128 选择图层

● 选择【编辑】|【自由变换】(Ctrl+T)，将仿制“云山”图像压扁移动到倒影的衔接部位，如图 4.129 所示。

图 4.129 调整倒影分水线

4.5.3 图层颜色混合处理

图层颜色混合处理的任务是：水面颜色处理和彩云效果设定。

（1）水面颜色叠加。操作方法如下：

● 在【图层调板】上选择“图层 1 副本”，选择【右键】|【复制图层】，创建“图层 1 副本 3”，将“图层 1 副本 3”移动到“图层 1 副本 2”的上面，如图 4.130 所示。

● 选择【工具箱】|【前景色】，前景色设置为 R3，G210，B223。

● 选择【编辑】|【填充】，勾选“保留透明区”，填充【前景色】，如图 4.131 所示。

图 4.130　复制图层

图 4.131　颜色填充

● 选择【图层调板】|【颜色混合模式】|【叠加】，如图 4.132 所示。

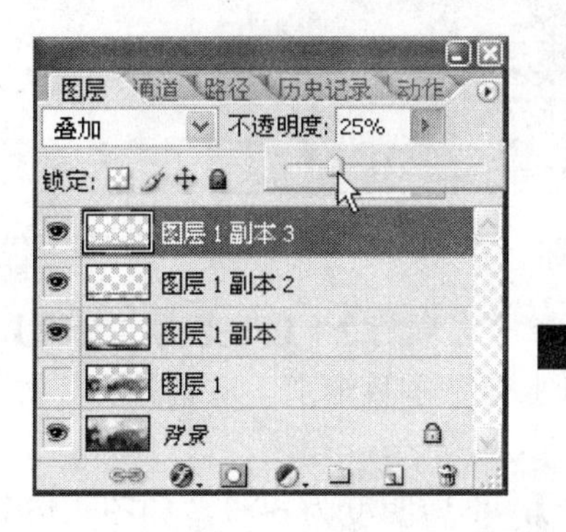

图 4.132　颜色混合

（2）彩云效果处理。操作方法如下：

● 在【图层调板】上选择“图层 1 副本 3”，单击【创建新图层】按钮，新建“图层 2”，如图 4.133 所示。

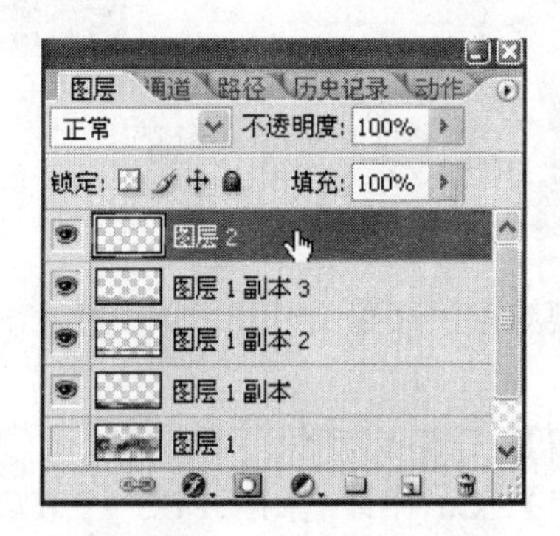

图 4.133　新建图层 2

● 在【工具箱】上选择“椭圆选框”工具◯，在天空云从部位建立一个椭圆形选区，选择【选择】|【羽化】(Ctrl+Alt+D)，设置羽化半径为 100 像素，如图 4.134 所示。

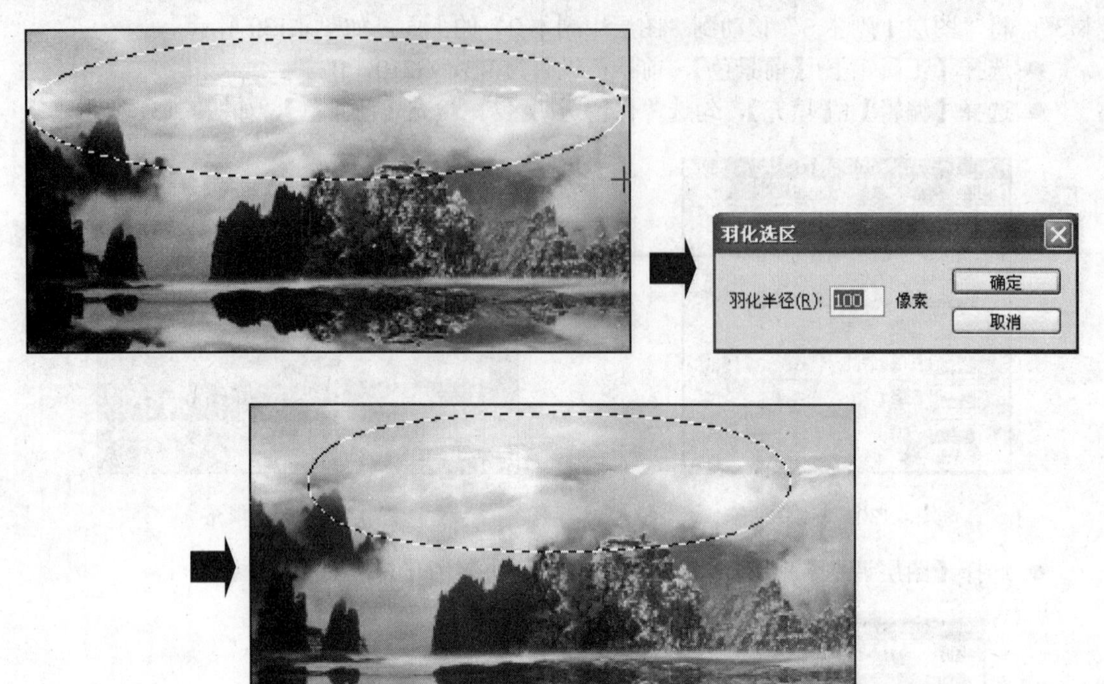

图 4.134 羽化选区

● 在【工具箱】中选择“渐变”工具，选择【选项栏】|【渐变颜色编辑】|【色谱颜色】，然后选择“线性渐变”工具，在选区内从上至下垂直渐变，取消选择，如图 4.135 所示。

● 选择【图层调板】|【颜色混合模式】|【柔光】，不透明度为 60%，如图 4.136 所示。

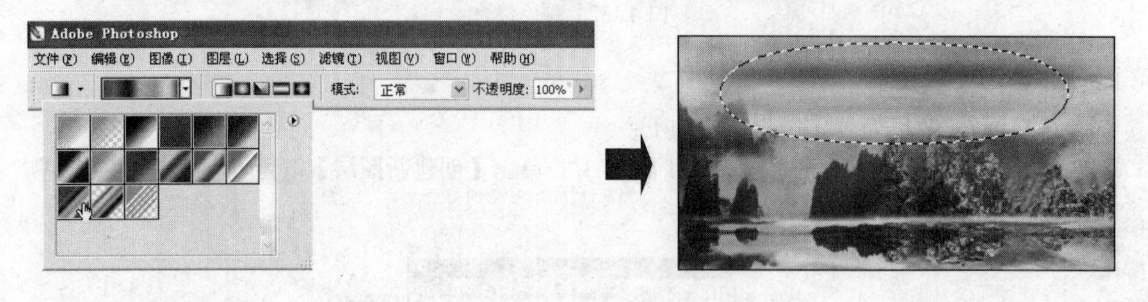

图 4.135 颜色渐变

4.5.4 存储文件

根据创意设计目的，选择要存储的图像文件格式，一般情况下，首先要存储 Photoshop 格式含编辑图层的正本文件。

（1）选择【文件】|【存储】(Ctrl+S)，保存 Photoshop（*.PSD;*.PDD）文件。

（2）选择【文件】|【存储】(Ctrl+S)，保存 JPEG（*.JPG;*.JPEG;*.JPE）文件。

图 4.136　颜色混合设定

4.6　范例 25："野菊花"图层渗透处理

"野菊花"图层渗透处理，运用"Photoshop 图层工作原理"，在不同层面上的同步位置上使用删除渗透法、擦涂渗透法，表现渗透的图层图像内容，巧妙地完成了图像合成效果，体现了 Photoshop CS2 图像处理的神奇功能，如图 4.137 至图 4.140 所示。

图 4.137 "野菊花"效果图

图 4.138　删除法渗透

▲【图层渗透处理的意义】 Photoshop 不同层面上的同位工作变化，垂直投影在一个画面上，表现为图层合像。按照这一工作原理，能够处理多个层面上的图像色彩变化，这是 Photoshop CS2 处理图像的神秘武器。运用它可以完成较为复杂的图像处理工作。

4.6.1　图像编辑准备

"野菊花"图像的编辑准备主要是选择并打开图像，复制图像，命名图像文档名称，确定图像编辑颜色模式，存储图像文件。

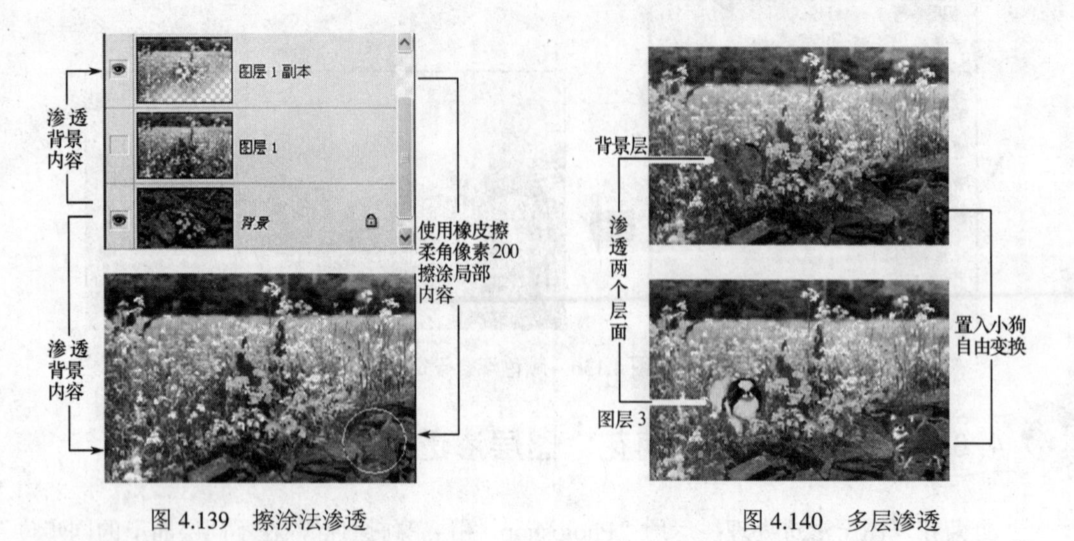

图 4.139　擦涂法渗透　　　　图 4.140　多层渗透

（1）启动 Photoshop CS2。

（2）打开图像。选择【文件】|【打开】(Ctrl+O)，从范例 25 文件夹中打开“jhs008”JPEG 图片，如图 4.141 所示。

（3）查看图像。选择【图像】|【图像大小】，查看图像信息，如图 4.142 所示。

图 4.141　jhs008.jpg 图片

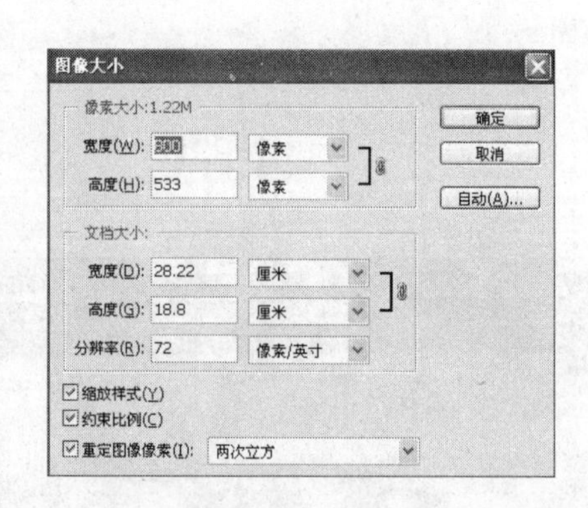

图 4.142　图像信息

（4）复制图像。查看图像信息后，选择【图像】|【复制图像】，出现“复制图像对”话框，输入“野菊花”，单击【确定】按钮，然后关闭“jhs008.jpg”图片，如图 4.143 所示。

（5）调整编辑窗口。出现图像编辑窗口，在左下角状态栏“画布显示比例”中输入 50%，在工具箱屏幕切换选项中选择中间按钮，将屏幕界面切换到带有菜单的全屏模式，选择“抓手”工具将画布拖至中央。

（6）打开图层调板。选择【窗口】|【图层】，置放【图层调板】在画布的右边。

（7）确定颜色模式。选择【图像】|【模式】，选择“RGB 颜色”模式，选择“8 位/通道”，如图 4.144 所示。

（8）存储图像文件。选择【文件】|【存储】(Ctrl+S)，【格式】选择 Photoshop（*.PSD;*.PDD），单击【保存】按钮。

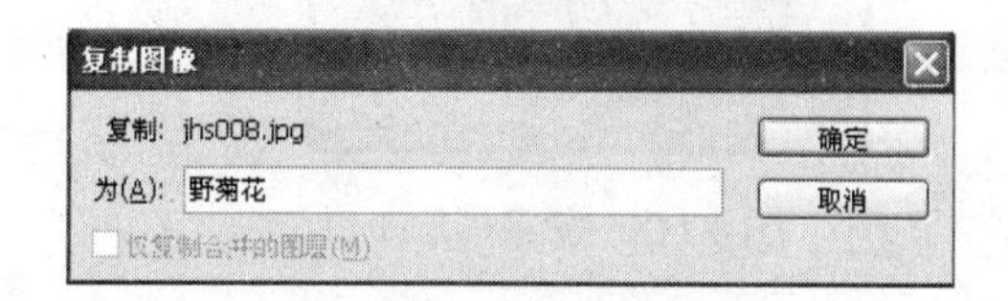

图 4.143　复制图像

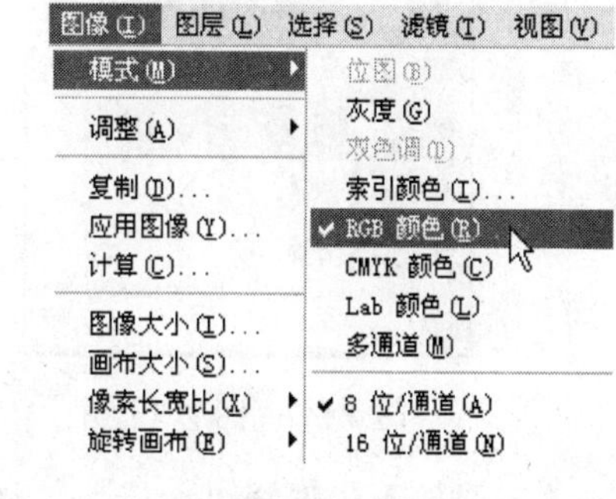

图 4.144　选择图像模式

4.6.2　删除法渗透处理

选取背景层上的黄菊花建立选区，使用该选区删除图层 1 副本上的图像内容，在图层 1 副本上渗透出背景层上的黄菊花。

（1）置入图像。操作方法如下：

● 选择【文件】|【打开】(Ctrl+O)，从范例 25 文件夹中打开“jhs009”JPEG 图片。

● 选择【选择】|【全选】(Ctrl+A)，选择【编辑】|【拷贝】(Ctrl+C)，拷贝选区内容，关闭“jhs009.jpg”图片，如图 4.145 所示。

● 选择【编辑】|【粘贴】(Ctrl+V)，【图层调板】上出现“图层 1”，如图 4.146 所示。

图 4.145　拷贝选区图像

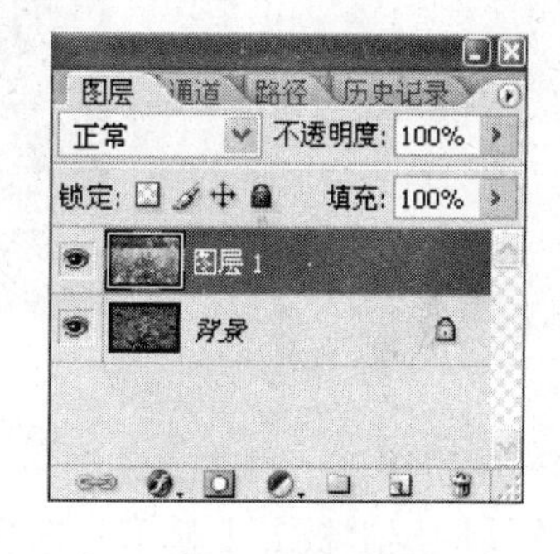

图 4.146　图层 1

● 选择“移动”工具 ，调整图像，充满画布。

● 选择【图层调板】|【右键】，单击“图层 1”，选择【复制图层】，建立“图层 1 副本”，如图 4.147 所示。

【提示】在下面的图层渗透过程中不可能一次完成，可以在图层 1 副本上工作，图层 1 作为图像备份，随时可以复制使用。

（2）建立渗透选区。操作方法如下：

● 在【图层调板】上隐藏“图层 1”、“图层 1 副本”，选择“背景”，如图 4.148 所示。

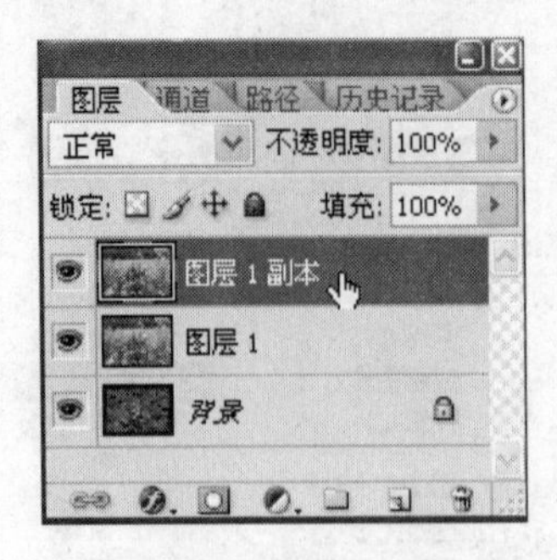

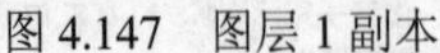

图 4.147　图层 1 副本　　　　图 4.148　隐藏图层 1

● 在【工具箱】中选择“魔棒”工具，选择【选项栏】|【添加到选区】按钮，容差设置为 30 像素，选择消除锯齿、连续，在画布上点选黄色的菊花，如图 4.149 所示。

● 选择【选择】|【选取相似】，如图 4.150 所示。

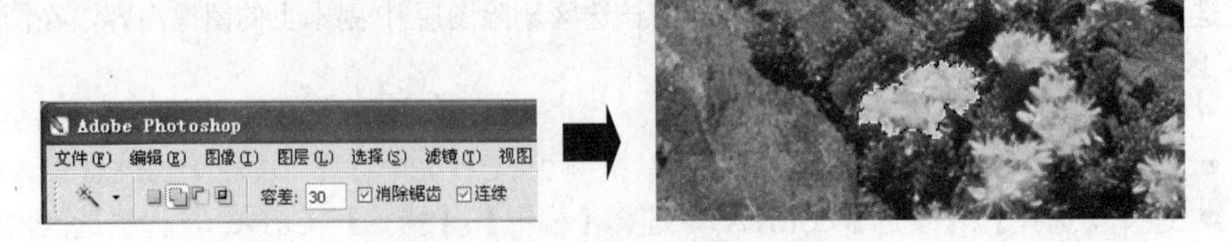

图 4.149　选择黄菊花

图 4.150　选取相似

（3）图层渗透。操作方法如下：

● 在【图层调板】上显示并选择“图层 1 副本”，在“图层 1 副本”上呈现“背景上的黄菊花选区”，如图 4.151 所示。

● 选择【编辑】|【清除】(Delete)，删除选区内容，如图 4.152 所示。

图 4.151　菊花选区

图 4.152　删除图像

4.6.3　擦除法渗透处理

使用“橡皮擦”擦涂图层 1 副本上的图像内容，在擦涂的位置上渗透出背景层的图像内容。

（1）选择图层。在【图层调板】上选择“图层 1 副本”，如图 4.153 所示。

（2）设定“橡皮擦”参数 在【工具箱】中选择“橡皮擦”工具，选择【选项栏】设定画笔为柔角像素 200，模式选择“画笔”，不透明度设定为 100%，流量设定为 100%，如图 4.154 所示。

图 4.153　选择图层

图 4.154　选项设定

（3）擦涂渗透。使用“橡皮擦”工具，点按 Caps Lock 键切换为圆形光标，在画布的右下方擦涂（可以点涂擦除）花草，此时渗透出背景层上的石头图像，如图 4.155 所示。

图 4.155　擦涂图像

4.6.4　多层渗透处理

多层渗透处理，是在工作层的下面渗透两个或者多个层面上的图像内容。

（1）置入图像。操作方法如下：

● 选择【文件】|【打开】(Ctrl+O)，从范例 25“野菊花”文件夹中打开“jhs010”JPEG 图片。

● 选择【选择】|【全选】(Ctrl+A)，选择【编辑】|【拷贝】(Ctrl+C)，拷贝选区内容，关闭“jhs010.jpg”图片，如图 4.156 所示。

● 在【图层调板】上选择“图层 1 副本”，选择【编辑】|【粘贴】(Ctrl+V)，【图层调板】上出现“图层 2”，如图 4.157 所示。

图 4.156 拷贝图像

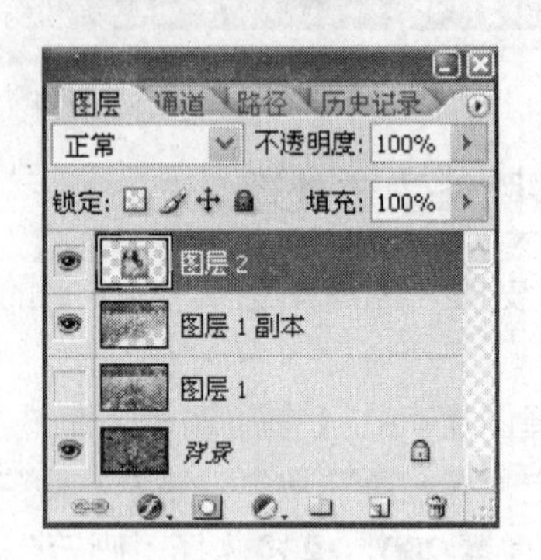

图 4.157 图层 2

（2）调整图像位置。操作方法如下：

● 选择【编辑】|【变换】|【水平翻转】，选择【编辑】|【自由变换】(Ctrl+T)，左手按压 Shift 键移动拖移手柄 ↘挂角等比例缩小图像，调整到黄菊花花丛的左边，如图 4.158 所示。

图 4.158 调整图像位置

● 选择【图层调板】，将“图层 1 副本”调整到“图层 2”的上边，设定不透明度为 40%，如图 4.159 所示。

图 4.159 图层设定

（3）删除图像。操作方法如下：

● 在【工具箱】中选择“套索”工具，选择【选项栏】|【添加到选区】按钮，将小狗的上半身和前面的一条腿选上，如图 4.160 所示。

图 4.160　建立选区

● 选择【图层调板】，恢复“图层 1 副本”不透明度为 100%，如图 4.161 所示。

图 4.161　恢复不透明度

● 选择【编辑】|【清除】（Delete），删除选区内容，如图 4.162 所示。

● 选择【图层调板】，选择“图层 2”，使用“套索”工具选择小狗腿前紫色图像内容建立选区，选择【编辑】|【清除】（Delete），删除选区内容，如图 4.163 和图 4.164 所示。

（4）置入新图像。操作方法如下：

● 选择【文件】|【打开】（Ctrl+O），从范例 25 文件夹中打开“jhs011”JPEG 图片。

图 4.162　删除图像

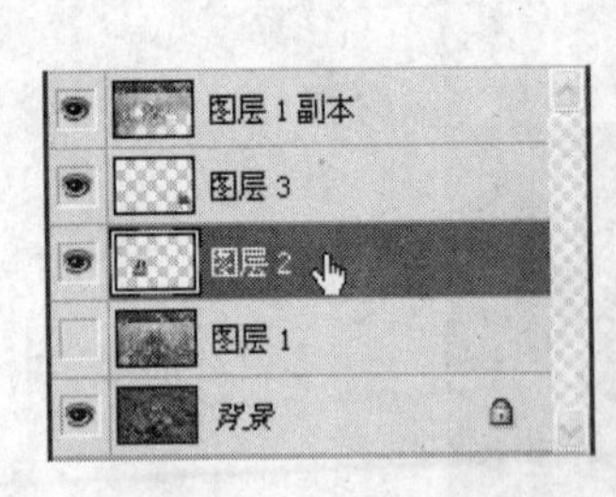

图 4.163　选择图层 2

图 4.164　删除选取图像

● 选择"魔棒"工具，选择【选项栏】|【添加到选区】按钮，容差设置为 100 像素，选择消除锯齿、连续，点选绿色背景建立选区，选择【选择】|【反向】(Shift+Ctrl+I)，如图 4.165 所示。

● 选择【选择】|【羽化】(Ctrl+Alt+D)，设置羽化半径为 5 像素。

● 选择【编辑】|【拷贝】(Ctrl+C)，拷贝选区内容，关闭"jhs011" JPEG 图片。

● 在【图层调板】上选择"图层 1 副本"，选择【编辑】|【粘贴】(Ctrl+V)，【图层调板】上出现"图层 3"，如图 4.166 所示。

图 4.165　反选图像

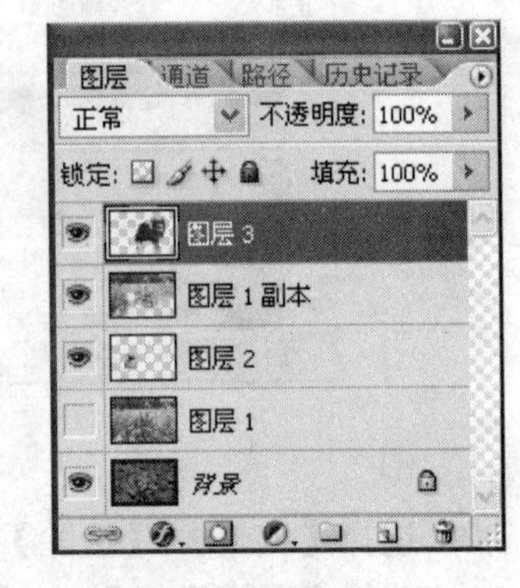

图 4.166　图层 3

● 选择【编辑】|【变换】|【水平翻转】，选择【编辑】|【自由变换】(Ctrl+T)，左手按压 Shift 键，移动拖移手柄挂角等比例缩小图像，调整到互补的右下角，如图 4.167 所示。

● 选择【图层调板】，将"图层 1 副本"，调整到"图层 3"的上边，如图 4.168 所示。

图 4.167　调整图像位置

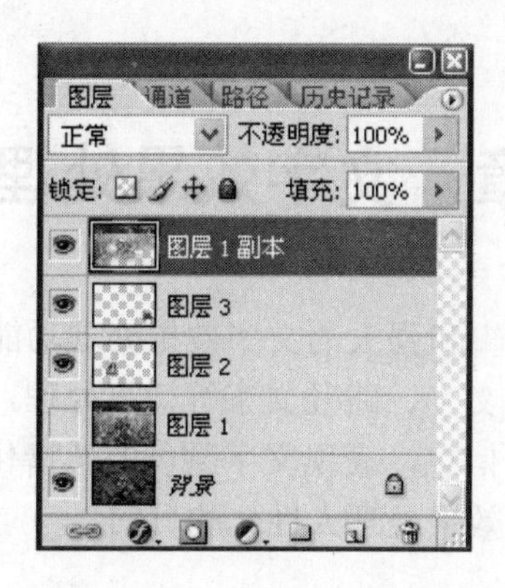

图 4.168　调整图层

● 选择【图像】|【调整】|【亮度/对比度】，设定亮度为+40，对比度为+20，如图 4.169 所示。

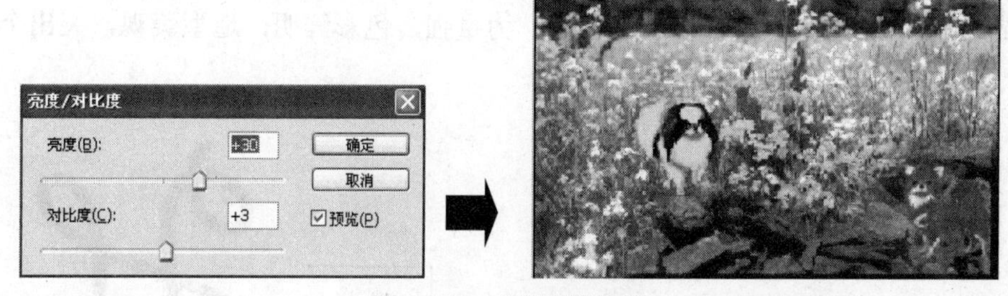

图 4.169　调整图像色彩

4.6.5　存储文件

根据创意设计目的，选择要存储的图像文件格式，一般情况下，首先要存储 Photoshop 格式含编辑图层的正本文件。

（1）选择【文件】|【存储】(Ctrl+S)，保存 Photoshop （*.PSD;*.PDD）文件。

（2）选择【文件】|【存储】(Ctrl+S)，保存 JPEG （*.JPG;*.JPEG;*.JPE）文件。

第 5 章　文字效果处理方法

Photoshop CS2 具有文字编辑和强大的文字效果处理功能，能够完成较为复杂的文字变形、立体文字、文字叠色、阴影文字、路径文字等效果处理，满足图文设计的需要，进行字符造型造意，强化文字视觉语言信息，表现文字颜色的感情化、字形语言化、文字造型的力量、字符造型悬念等，达到文字效果处理人性化的目的。

5.1 范例 26："华城标识"字符造型设计

"华城标识"字符造型设计，主题是表现"华"字的拼音字头"H"形象符号的语言表达能力，运用 Photoshop CS2 文字处理功能，将矢量文字与栅格化文字混编，生成立感造型，表现了"华城顾问咨询有限公司标识"气势大，力量强，色彩鲜明，造型美观，突出个性的创意思想，如图 5.1 至图 5.5 所示。

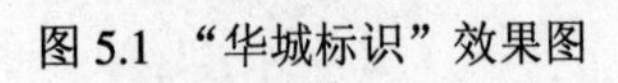

图 5.1 "华城标识"效果图

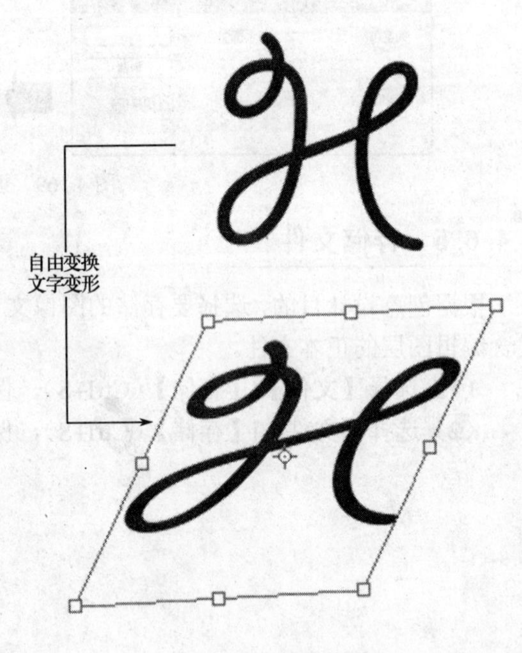

图 5.2 "H"变形

▲【字符造型处理的意义】 Photoshop 字符造型可以用来完成标识设计、广告文字效果处理、封面设计等特殊需要的平面设计工作，主要目的是强化文字语言的视觉效果。

5.1.1 图像编辑准备

"华城标识"字符造型设计的图像编辑准备主要是新建图像文件，命名新建图像文档名称，存储文件。

（1）启动 Photoshop CS2。

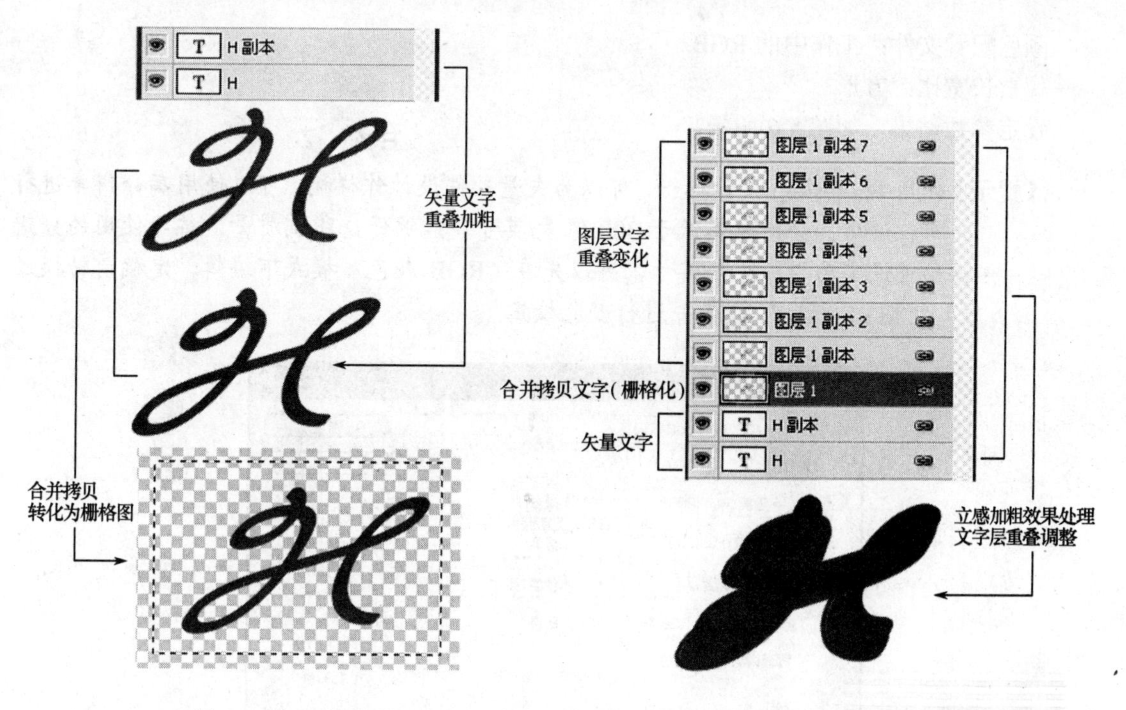

图 5.3 “H”加粗　　　　图 5.4 “H”立感加粗

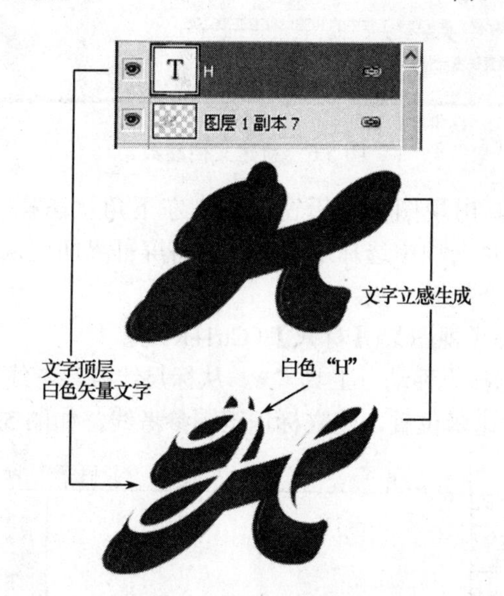

图 5.5 “H”立感效果

（2）新建文件。选择【文件】|【新建】(Ctrl+N)，设定如下参数：

名称：华城标识

预设：自定

宽：800 像素

高：600 像素

分辨率：72 像素 / 英寸

颜色模式：RGB/ 8 位

背景内容：白色

颜色配置文件：工作中的 RGB

像素长宽比：方形

设定参数结果，如图 5.6 所示。

【提示】使用 Photoshop 设计标识，可以为矢量软件设计作样稿；可以使用高分辨率进行标识设计，分辨率不低于 300 像素/英寸，能够保证印刷质量。练习使用的分辨率可设定为 72 像素/英寸，可以先在“RGB 颜色”模式下编辑，定稿前转换成“CMYK 颜色”模式并进行颜色校正。

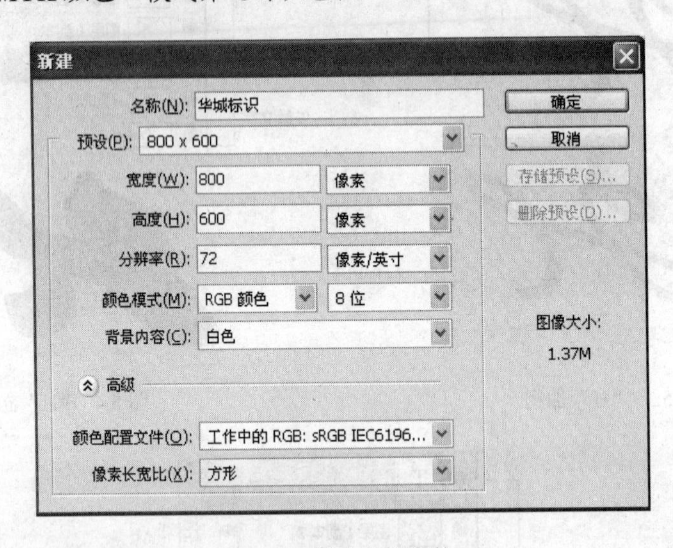

图 5.6 新建文档参数

（3）调整编辑窗口。出现图像编辑窗口，在左下角状态栏“画布显示比例”中输入 66.67%，在工具箱屏幕切换选项中选择中间按钮，将屏幕界面切换到带有菜单的全屏模式，选择“抓手”工具将画布拖至中央。

（4）打开标尺。选择【视图】|【标尺】(Ctrl+R)。

（5）设定参考线。选择“移动”工具，从标尺线拉参考线至纵坐标 60 毫米、130 毫米和横坐标 50 毫米、180 毫米位置，建立标识范围参考线，如图 5.7 所示。

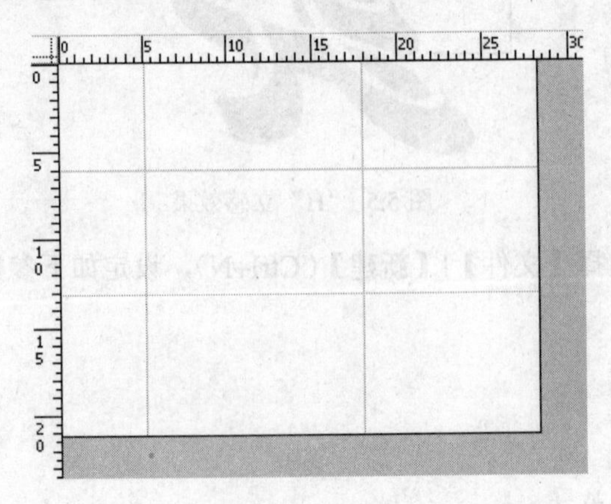

图 5.7 设定参考线

（6）打开图层调板。选择【窗口】|【图层】，置放【图层调板】在画布的右边。

（7）存储图像文件。选择【文件】|【存储】（Ctrl+S），【格式】选择 Photoshop（*.PSD;*.PDD），单击【保存】按钮。

5.1.2　文字变形处理

文字变形的主要任务是运用【自由变换】工具调整“华”字的拼音字头“H”字符的角度，表现“H”倾向力，表现文字的动感。

（1）输入文字。在【工具箱】中选择“横排文字”工具T，选择【选项栏】|【字符调板】，【文字颜色】设置为蓝色 R9，G35，B195，【字体】设置为 Gddyup std，【字号】设置为 280 点，在设定的参考线控制范围内输入：H，如图 5.8 和图 5.9 所示。

图 5.8　字符设定

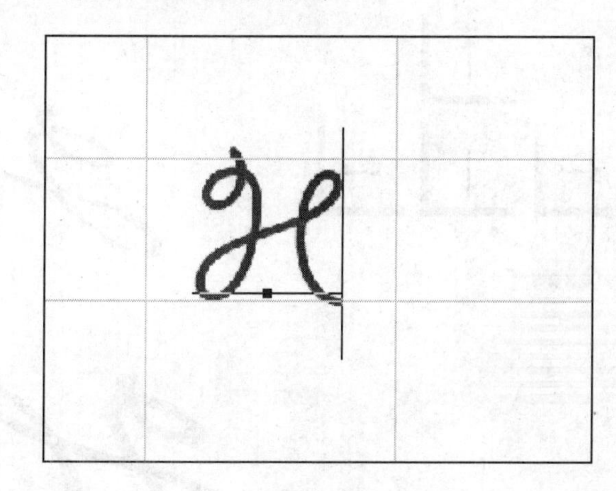

图 5.9　输入文字

（2）调整字形。选择【编辑】|【自由变换】（Ctrl+T），左手按压 Ctrl 键移动指针倾斜图像角度，将“H”字符向右上方倾斜，如图 5.10 所示。

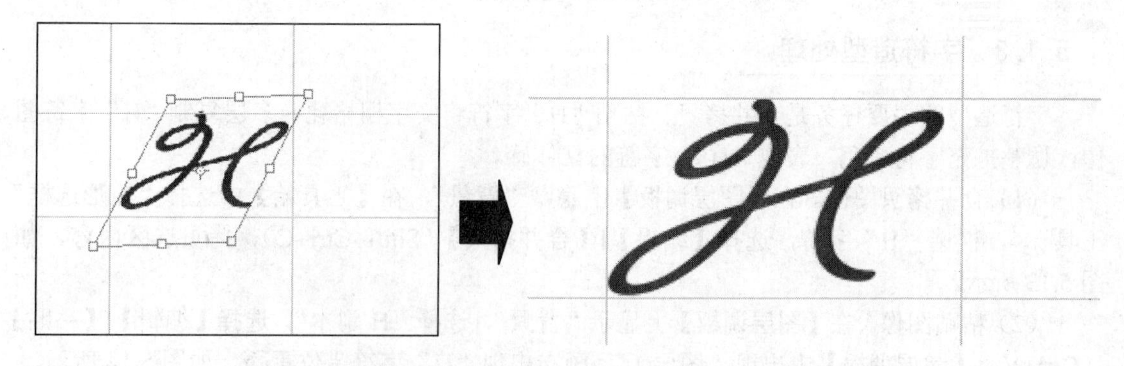

图 5.10　文字变形

（3）复制文字。选择【图层调板】|【右键】，点击 H 文字层，选择【复制图层】，建立“H 副本”，如图 5.11 所示。

（4）文字加粗。在【图层调板】上选择“H 副本”，在【工具箱】中选择“移动”工具，然后在键盘上选择方向键向下移动三次，向左移动三次，如图 5.12 所示。

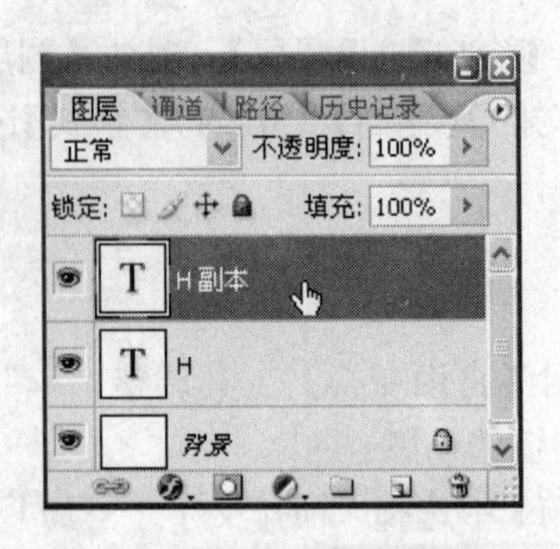

图 5.11 复制文字

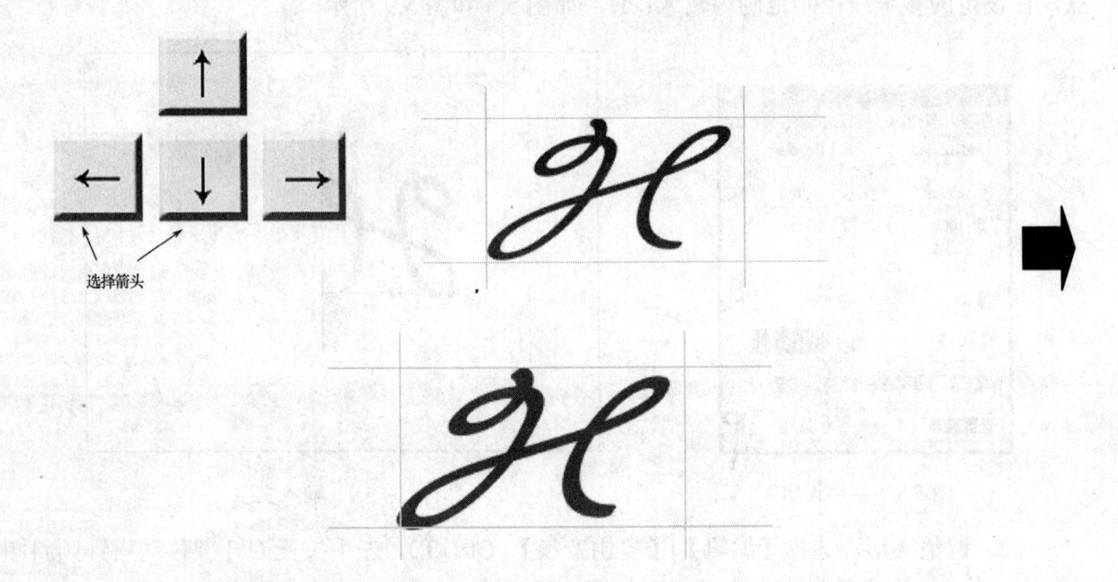

图 5.12 文字加粗

5.1.3 字符造型处理

字符造型的主要任务是合并拷贝、粘贴“H”字符将文字栅格化，多层复制“H”字符图像，调整扩充字符颜色，表现“H” 字符的立体感。

（1）合并拷贝图像。在【图层调板】上隐藏“背景”，在【工具箱】中选择“矩形选框”工具 ，框选“H”字符，选择【编辑】|【合并拷贝】(Shift+Ctrl+C)，拷贝选区内容，如图 5.13 所示。

（2）粘贴图像。在【图层调板】上显示“背景”，选择“H 副本”，选择【编辑】|【粘贴】(Ctrl+V)，【图层调板】上出现“图层 1”，画布出现“H”字符错位重叠，如图 5.14 所示。

（3）复制调整字符。操作方法如下：

● 在【图层调板】上选择“图层 1”，使用“移动”工具 ，左手按压 Alt 键，拖移复制“H”字符并向左下方调整，覆盖字符间的空白处，在【图层调板】上会出现“图层 1 副本”，如图 5.15 所示。

图 5.13　合并拷贝

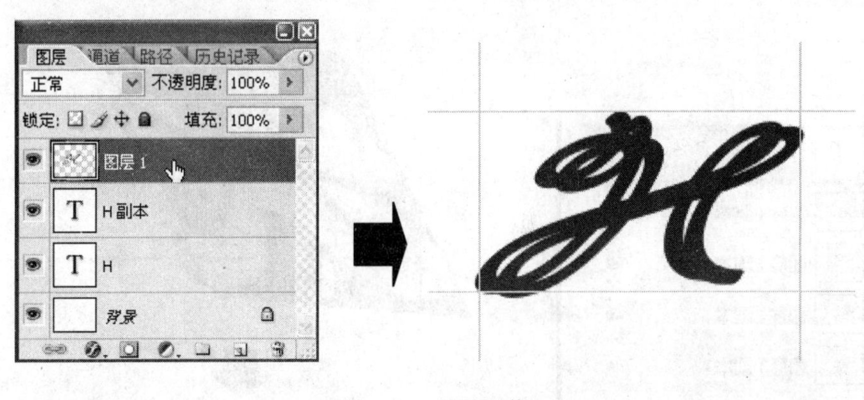

图 5.14　粘贴图像

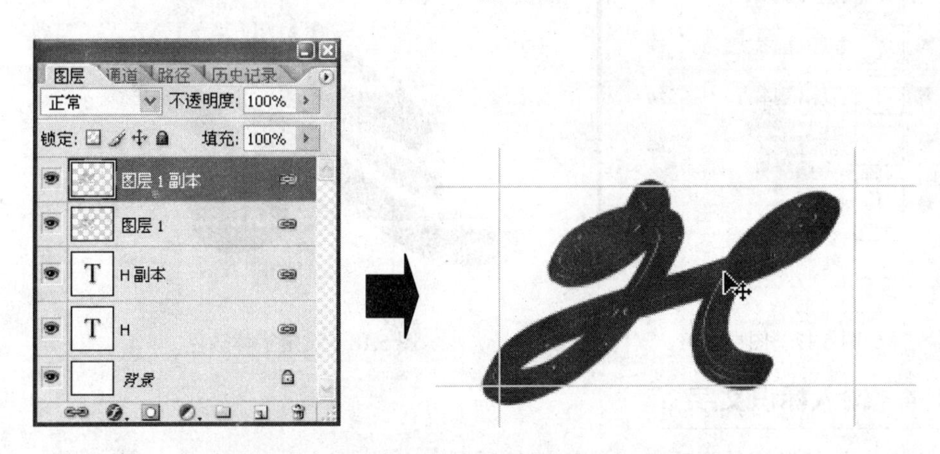

图 5.15　复制字符图像

● 连续拖移复制字符 6 次，并调整扩充“H”字符的厚度，在【图层调板】上会出现“图层 1 副本 2”至“图层 1 副本 7”，如图 5.16 所示。

（4）字符立感生成。操作方法如下：

● 在【图层调板】上将 H 层调整到图层 1 副本 7 的上边，如图 5.17 所示。

● 在【工具箱】使用“文字”工具T选取“H”字符，将字体颜色改编为白色，如图 5.18 所示。

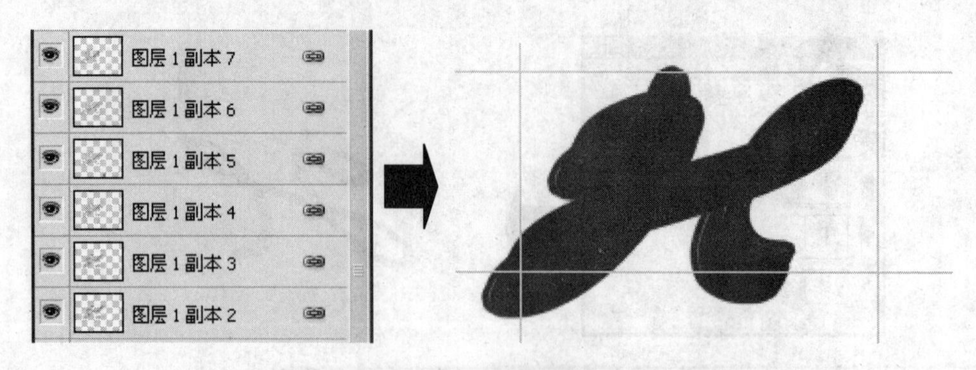

图 5.16 扩充字符厚度

图 5.17 图层调整

图 5.18 设定字体颜色

5.1.4 输入标识文字

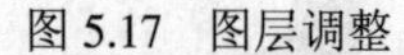

标识文字是对标识的说明，标明标识的所属。

（1）设定文字颜色。在【工具箱】中选择“横排文字”工具T，选择【选项栏】|【字符调板】,【文字颜色】设置为蓝色（R9，G35，B195）。

（2）输入中文名称。在标识下面输入“华城顾问咨询有限公司”,【字体】设置为汉仪综艺简,【字号】设置为 53 点。

（3）输入英文名称。在中文名称下面输入“Huacheng Adviser Consult Limit Company”,【字体】设置为匹配的汉仪综艺简,【字号】设置为 22 点。

● 输入文字结果，如图 5.19 所示。

图 5.19　标识文字

5.1.5　存储文件

根据创意设计目的，选择要存储的图像文件格式，一般情况下，首先要存储 Photoshop 格式含编辑图层的正文文件。

● 选择【文件】|【存储】(Ctrl+S)，【格式】选择 Photoshop（*.PSD;*.PDD），单击【保存】按钮。

5.2　范例 27："攀岩墙"文字浮雕效果处理

"攀岩墙"浮雕文字效果处理，介绍的是体育公司在室内"儿童攀岩墙"效果图设计过程，运用 Photoshop CS2 图层样式投影、斜面浮雕功能，在两个层面上设定文字立感效果，表现文字在木质墙壁上的镶嵌视觉效果，如图 5.20 至图 5.23 所示。

图 5.20　攀岩墙效果图

图 5.21　单层浮雕效果

▲【浮雕文字效果处理的意义】 使用 Photoshop 图层样式斜面浮雕效果，可以与其他样式混合，制造文字的特需效果，比较适合用于广告文字效果处理和效果图制作等。

5.2.1　图像编辑准备

"攀岩墙"图像编辑准备主要是选择并打开图像，复制图像，命名图像文档名称，确定图像编辑颜色模式和存储文件。

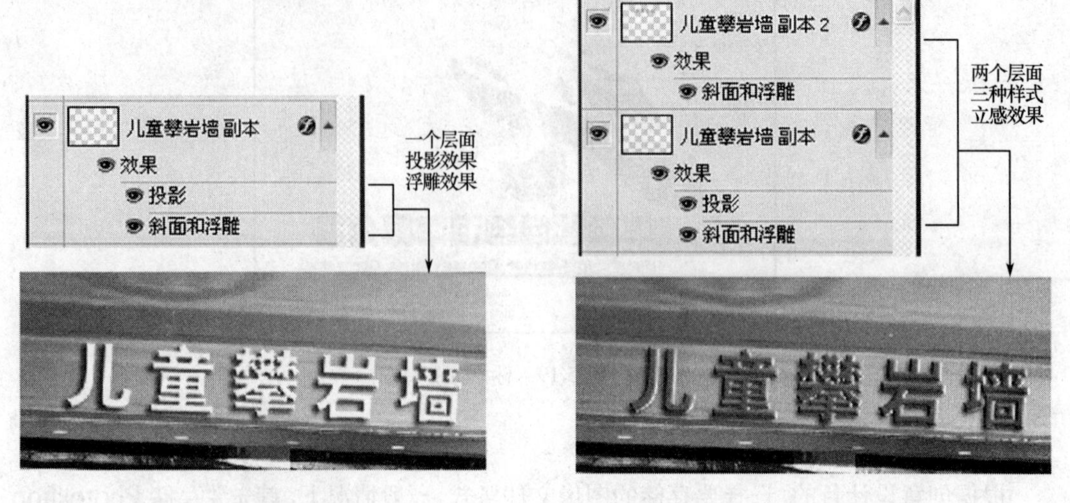

图 5.22　两种样式效果　　　　图 5.23　样式混合效果

（1）启动 Photoshop CS2。

（2）打开图像。选择【文件】|【打开】（Ctrl+O），从范例 27 文件夹中打开“儿童攀岩-3”JPEG 图片，如图 5.24 所示。

（3）查看图像。选择【图像】|【图像大小】，查看图像信息，如图 5.25 所示。

图 5.24　儿童攀岩-3.jpg 图片　　　　图 5.25　图像信息

（4）复制图像。查看图像信息后，选择【图像】|【复制图像】，出现“复制图像”对话框，输入“攀岩”，单击【确定】按钮，然后关闭“儿童攀岩-3”图片，如图 5.26 所示。

图 5.26　复制图像

（5）调整编辑窗口。出现图像编辑窗口，在左下角状态栏“画布显示比例”中输入66.67%，在工具箱屏幕切换选项中选择中间按钮，将屏幕界面切换到带有菜单的全屏模式，选择“抓手”工具将画布拖至中央。

（6）打开图层调板。选择【窗口】|【图层】，置放【图层调板】在画布的右边。

（7）确定颜色模式。选择【图像】|【模式】，选择“RGB 颜色”模式，选择“8 位/通道”，如图 5.27 所示。

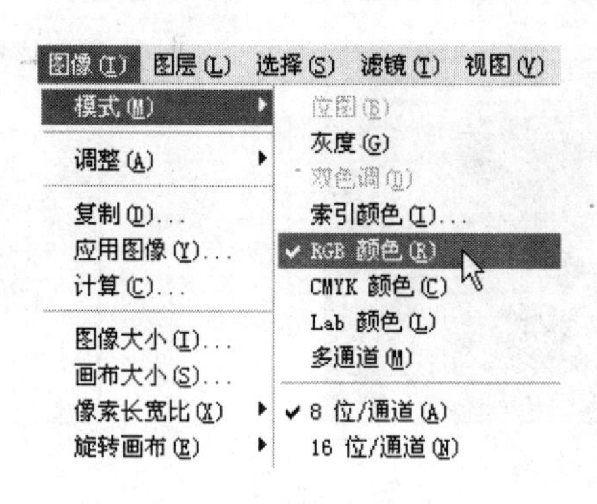

图 5.27 选择图像模式

（8）存储图像文件。选择【文件】|【存储】(Ctrl+S)，【格式】选择 Photoshop（*.PSD;*.PDD），单击【保存】按钮。

5.2.2 底图色彩处理

底图色彩处理的任务是扩展原始地图的高度，去掉底图上的文字，提高岩壁上边的木质墙面。

（1）扩展画布。选择【图像】|【画布大小】，出现“画布大小”对话框，将当前画布高度 17.04 厘米改写为 20 厘米，在定位格中选择横数第八格，单击【确定】按钮，如图 5.28、图 5.29 所示。

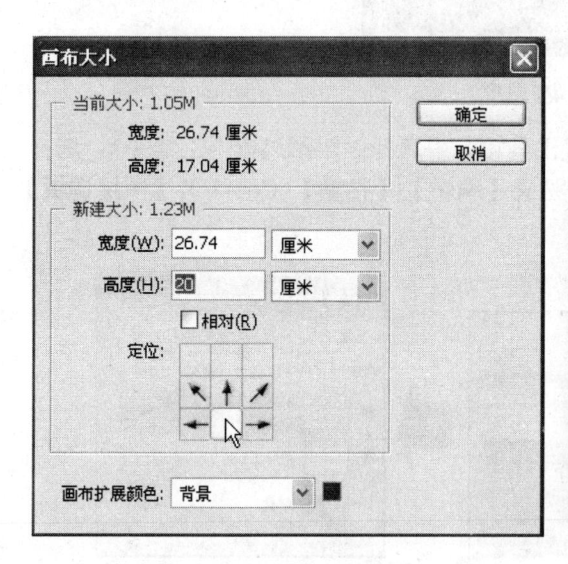

图 5.28 画布大小设定

图 5.29 扩展画布

（2）墙面处理。操作方法如下：

● 在【图层调板】上选择“背景”，在【工具箱】中选择“多边形套索”工具，沿英文文字底边至画布两边到空白区的边缘构建选区，选择【编辑】|【拷贝】（Ctrl+C），拷贝选区内容，如图 5.30 所示。

● 选择【编辑】|【粘贴】（Ctrl+V），【图层调板】上出现“图层 1”，如图 5.31 所示。

图 5.30　选取图像

图 5.31　图层 1

● 选择【编辑】|【自由变换】（Ctrl+T），移动鼠标指针从图形框的上边向上提取至画布上边约 20 毫米位置，如图 5.32 所示。

图 5.32　调整图形

● 在【图层调板】上选择“图层 1”，在【工具箱】中选择“矩形选框”工具，选择两个圆柱体，选择【编辑】|【拷贝】（Ctrl+C），选择【编辑】|【粘贴】（Ctrl+V），【图层调板】上出现“图层 2”，如图 5.33 所示。

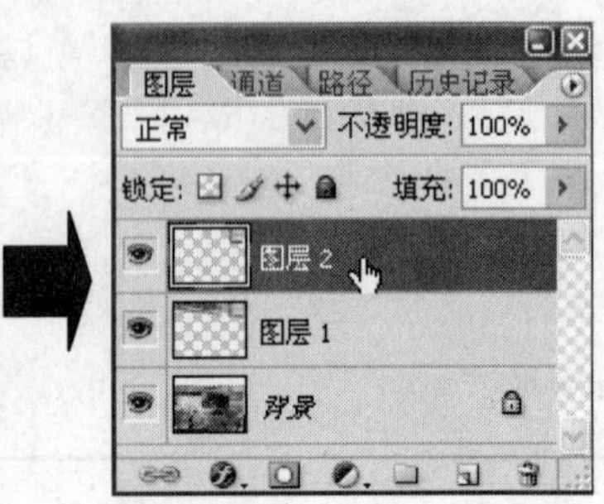

图 5.33　建立图层 2

● 在【工具箱】中选择“移动”工具 ，将贴入的“圆柱”向左平行移动，与图层 1 的“圆柱”左边对齐，如图 5.34 所示。

图 5.34　调整图像位置

● 选择【编辑】|【自由变换】(Ctrl+T)，左手按压 Ctrl 键，移动鼠标指针从图形框的左边向左上方倾斜提取，将圆柱伸平，再调整底边与灯光镶边平行，如图 5.35 所示。

图 5.35　自由变换调整图像

● 选择【选择】|【全选】(Ctrl+A)，选择【编辑】|【合并拷贝】(Ctrl+Shift+C)，拷贝选区内容，选择【编辑】|【粘贴】(Ctrl+V)，【图层调板】上出现“图层 3”，如图 5.36 所示。

图 5.36　图层 3

● 选择【编辑】|【自由变换】(Ctrl+T)，移动鼠标指针从图形框的右边向右拉，调整“圆柱”右边对齐画布边缘，如图 5.37 所示。

5.2.3　文字浮雕效果处理

文字浮雕效果处理的主要任务是使用图层样式设定“儿童攀岩墙”文字投影、浮雕混合效果，表现文字在木质墙壁上的镶嵌视觉效果。

图 5.37 图像边缘对齐

（1）输入文字。在【工具箱】中选择“横排文字”工具T，选择【选项栏】|【字符调板】，【文字颜色】设置为绿色（R5，G195，B5），【字体】设置为汉仪大黑，【字号】设置为 50 点，【字距】设置为 300，在攀岩墙上边输入：儿童攀岩墙，如图 5.38 图 5.39 所示。

图 5.38 字符设定

图 5.39 输入文字

（2）复制文字。选择【图层调板】|【右键】，单击“儿童攀岩墙”文字层，选择【复制图层】，建立“儿童攀岩墙副本”，如图 5.40 所示。

（3）调整文字位置。选择【编辑】|【自由变换】（Ctrl+T），左手按压 Ctrl 键，移动指针调整文字与墙沿平行，如图 5.41 所示。

图 5.40 复制文字层

图 5.41 调整文字位置

（4）文字投影设定。选择【图层】|【图层样式】|【投影】，【混合模式】设定为正片叠

底，【不透明度】设定为 75%，【角度】设定为 30 度，【距离】设定为 5 像素，【大小】设定为 5 像素，勾选【图层挖空投影】，如图 5.42、图 5.43 所示。

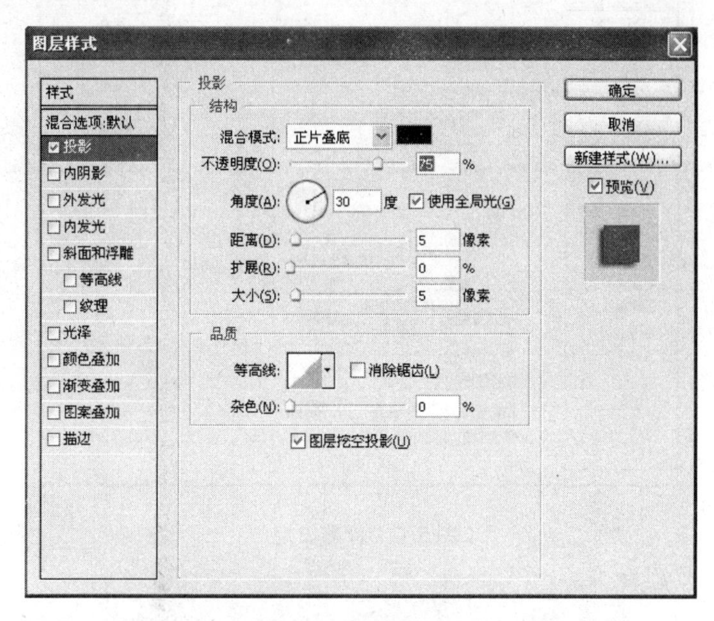

图 5.42　文字投影设定

图 5.43　文字投影效果

（5）文字浮雕设定。选择【图层】|【图层样式】|【斜面和浮雕】，样式选择“内斜面”，方法选择“平滑”，方向选择“上”，深度设定为 271，大小设定为 1 像素，其他使用默认值，如图 5.44、图 5.45 所示。

（6）改变字体颜色。在【图层调板】上选择“儿童攀岩墙副本”。在【工具箱】中选择“文字”工具T，选取“儿童攀岩墙”文字，将字体颜色改为白色，如图 5.46 所示。

（7）图层样式效果混合。操作方法如下：

● 选择【图层调板】|【右键】，单击“儿童攀岩墙”文字层，选择【复制图层】，建立“儿童攀岩墙副本 2”，将“儿童攀岩墙副本 2”调整到“儿童攀岩墙副本”的上边，如图 5.47、图 5.48 所示。

● 选择【图层】|【图层样式】|【斜面和浮雕】，样式选择“内斜面”，方法选择“平滑”，方向选择“上”，深度设定为 100，大小设定为 1 像素，其他使用默认值，如图 5.49、图 5.50 所示。

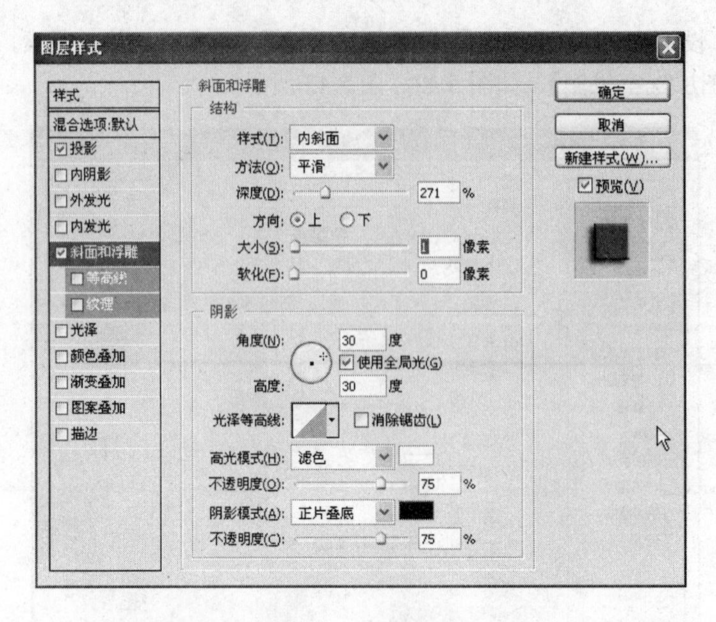

图 5.44　浮雕设定

图 5.45　浮雕效果

图 5.46　改变字体颜色

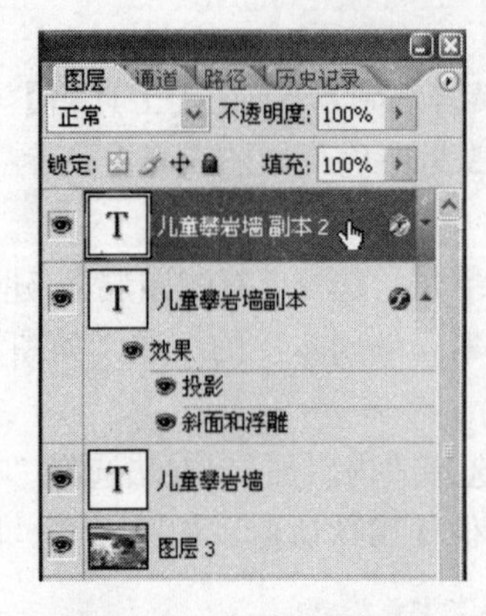

图 5.47　儿童攀岩墙副本 2

图 5.48　副本 2 图像显示

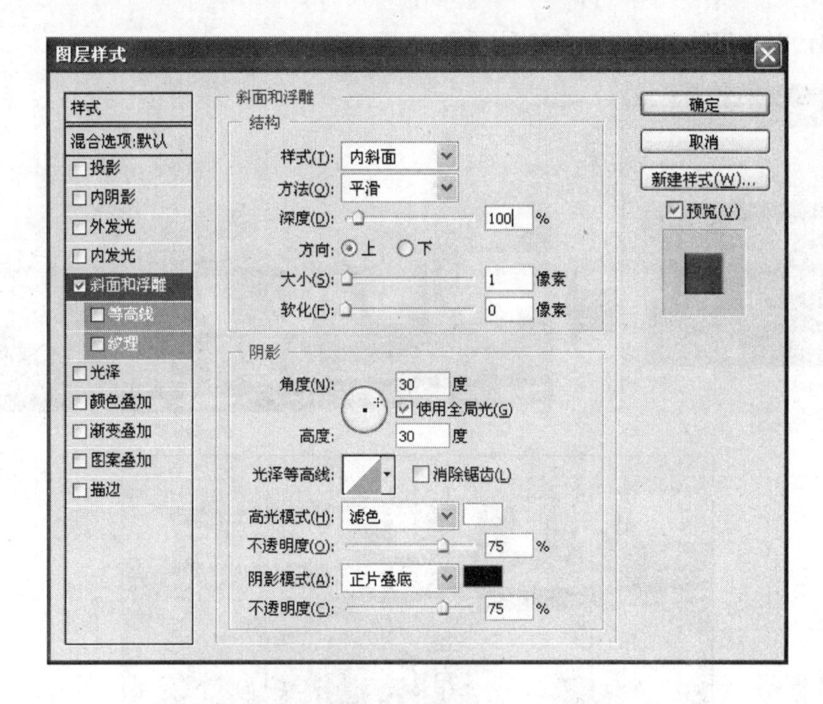

图 5.49　浮雕设定

图 5.50　浮雕效果

● 选择【图层调板】，按压 Shift 键，选择“儿童攀岩墙”、“儿童攀岩墙副本”、“儿童攀岩墙副本 2”三个文字层，选择【编辑】|【自由变换】（Ctrl+T），左手按压 Shift 键移动鼠标指针挂角将文字放大，如图 5.51 所示。

● 在【图层调板】上选择“图层 3”，在【工具箱】中选择“多边形套索”工具，勾选“儿童攀岩墙”及右边的图像内容，建立选区，选择【图像】|【调整】|【亮度/对比度】，设

定亮度为+25，对比度为 0，如图 5.52 所示。

图 5.51　放大文字

图 5.52　调整图像色彩

5.2.4　存储文件

根据创意设计目的，选择要存储的图像文件格式，一般情况下，首先要存储 Photoshop 格式含编辑图层的正本文件。

● 选择【文件】|【存储】(Ctrl+S)，【格式】选择 Photoshop（*.PSD;*.PDD），单击【保存】按钮。

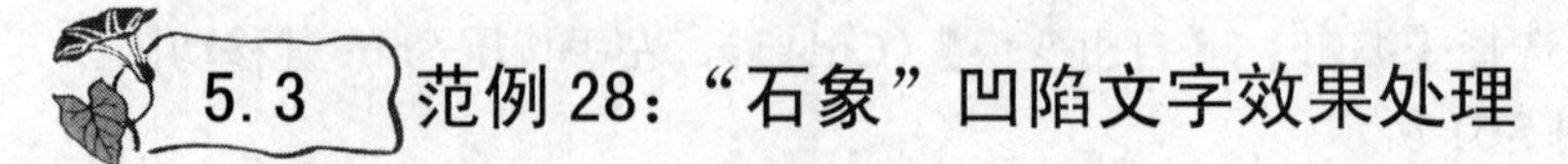

5.3　范例 28："石象"凹陷文字效果处理

"石象"凹陷文字效果处理，使用 Photoshop CS2 图层编辑方法设定浮雕图层，在浮雕图层上使用文字蒙版创建文字选区并删除选区内容，在石象身上制作文字凹陷雕刻效果。它技巧灵活，方法简单，表现了 Photoshop CS2 处理图像的奇妙功能，如图 5.53 至图 5.56 所示。

图 5.53 “石象”效果图

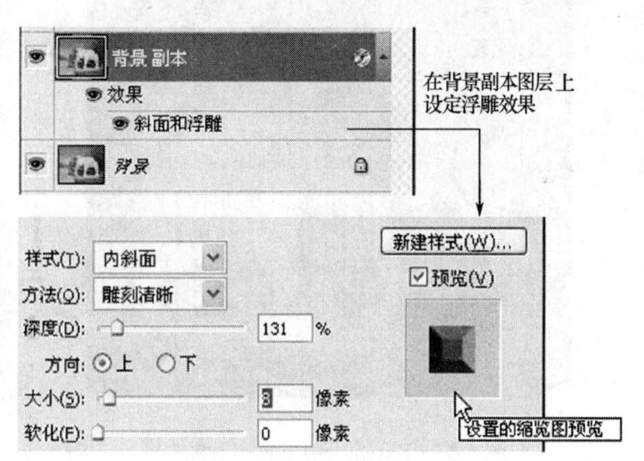

图 5.54　设定浮雕图层

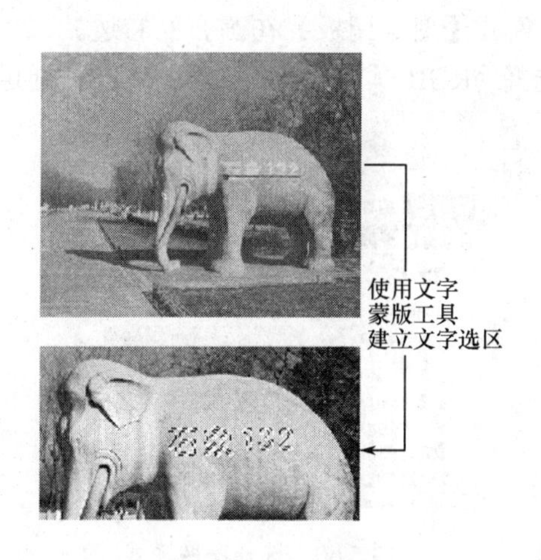

图 5.55　使用文字蒙版工具

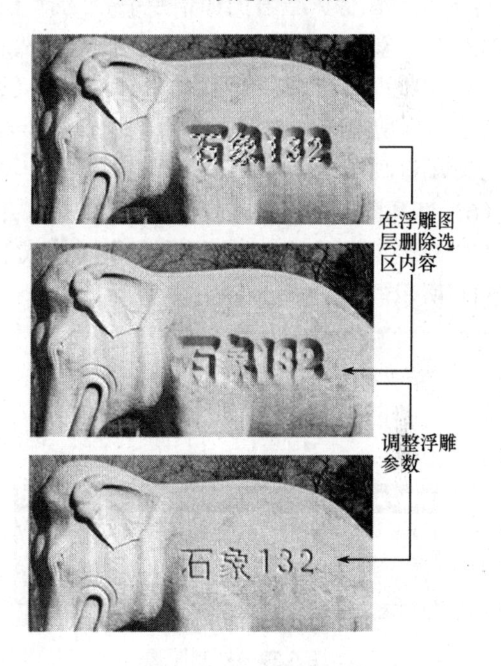

图 5.56　凹陷效果删除

▲【凹陷文字效果处理的意义】 使用 Photoshop 图层样式斜面浮雕效果，结合图层编辑、创建文字选区制作文字凹陷效果，可以用于广告文字效果处理和效果图制作等。

5.3.1　图像编辑准备

“石象”图像的编辑准备主要是选择并打开图像，复制图像，命名图像文档名称，确定图像编辑颜色模式和存储文件。

（1）启动 Photoshop CS2。

（2）打开图像。选择【文件】|【打开】(Ctrl+O)，从范例 28 文件夹中打开“Shixiang01” JPEG 图片，如图 5.57 所示。

（3）查看图像。选择【图像】|【图像大小】，查看图像信息，如图 5.58 所示。

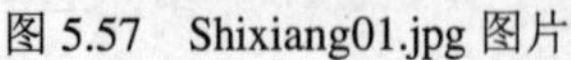

图 5.57 Shixiang01.jpg 图片

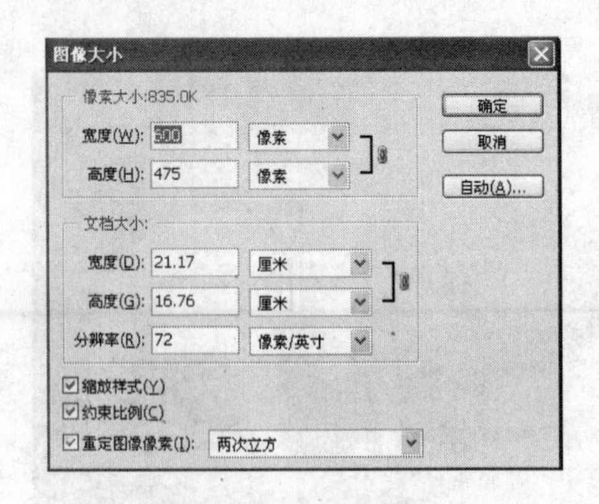

图 5.58 图像信息

（4）复制图像。查看图像信息后，选择【图像】|【复制图像】，出现“复制图像”对话框，输入“石象 132”，单击【确定】按钮，然后关闭“Shixiang01”图片，如图 5.59 所示。

（5）调整编辑窗口。出现图像编辑窗口，在左下角状态栏“画布显示比例”中输入 100%，在工具箱屏幕切换选项中选择中间按钮，将屏幕界面切换到带有菜单的全屏模式，选择“抓手”工具将画布拖至中央。

（6）打开图层调板。选择【窗口】|【图层】，置放【图层调板】在画布的右边。

（7）确定颜色模式。选择【图像】|【模式】，选择“RGB 颜色”模式，选择“8 位/通道”，如图 5.60 所示。

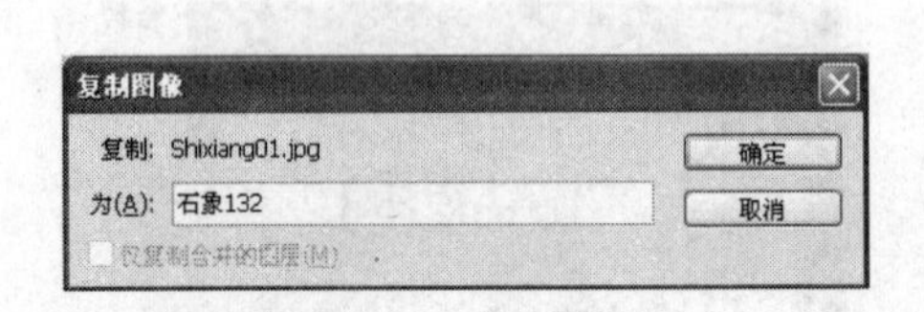

图 5.59 复制图像

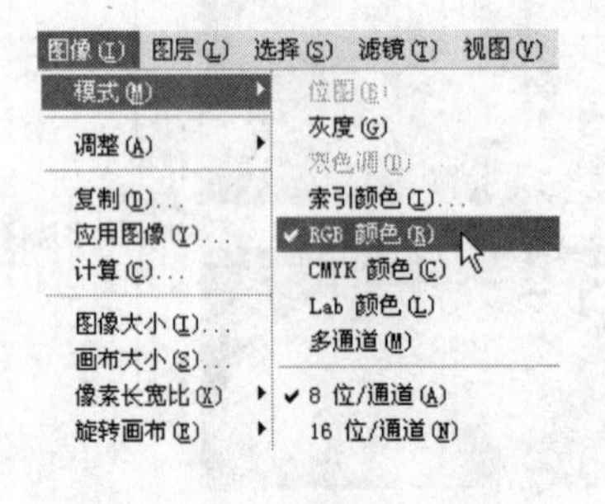

图 5.60 选择图像模式

（8）存储图像文件。选择【文件】|【存储】（Ctrl+S），【格式】选择 Photoshop（*.PSD;*.PDD），单击【保存】按钮。

5.3.2 文字凹陷效果处理

文字凹陷效果处理任务是：建立浮雕图层，建立文字选区，删除选区图像内容，凹陷效果调整。

（1）复制图层。选择【图层调板】|【右键】，单击“背景”，选择【复制图层】，建立“背景副本”，如图 5.61 所示。

（2）设定浮雕图层。操作方法如下：

- 选择【图层】|【图层样式】|【斜面和浮雕】，“样式”选择“内斜面”，“方法”选择“雕

刻清晰”，“方向”选择“上”，“深度”设定为 131，“大小”设定为 8 像素，其他使用默认值，在“设置的缩览图上”预览效果，如图 5.62、图 5.63 和图 5.64 所示。

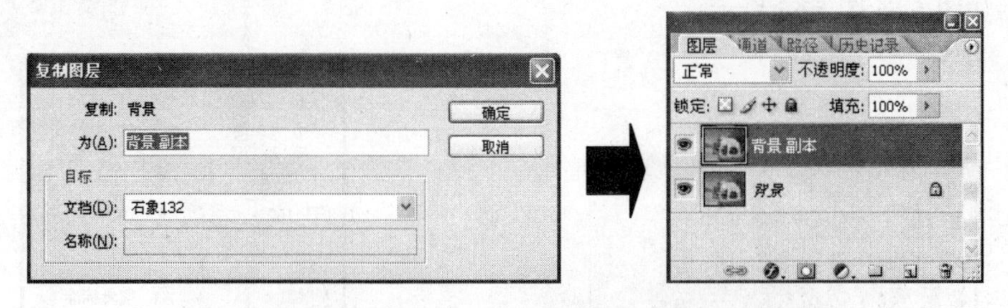

图 5.61　创建背景副本

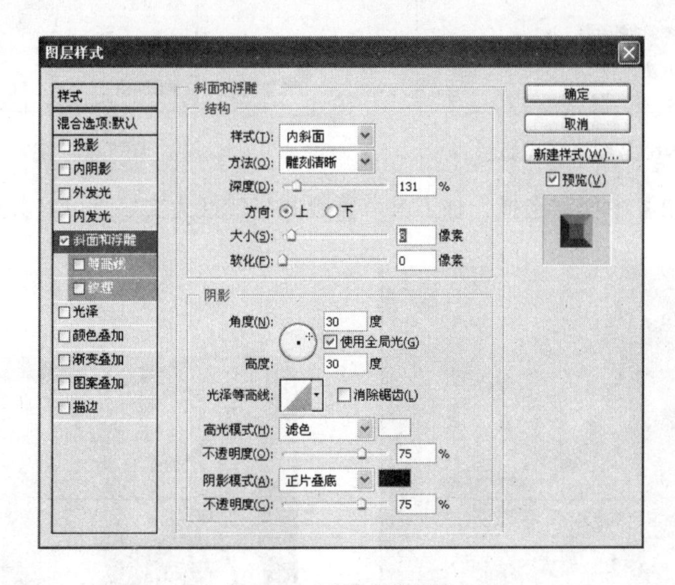

图 5.62　浮雕参数设定

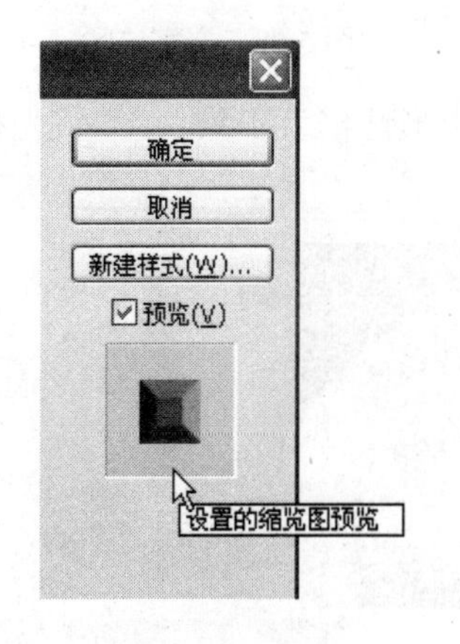

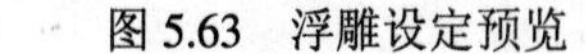

图 5.63　浮雕设定预览　　　　图 5.64　浮雕图层边缘效果显示

● 在【图层调板】上单击图层样式显示符号，会出现斜面和浮雕显示，如图 5.65 所示。

（3）建立文字选区 操作方法如下：

● 在【图层调板】上选择“背景副本”。

● 在【工具箱】中选择“横排文字”蒙版工具，选择【选项栏】|【字符调板】,【字体】设置为汉仪大黑,【字号】设置为 30 点,【字符比例间距】设置为 0，在石象身上边输入：石象 132，如图 5.66 图 5.67 所示。

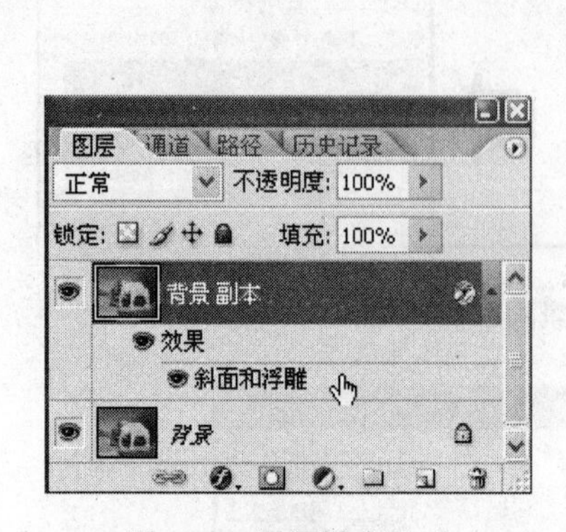

图 5.65　图层样式显示

图 5.66　字符设定

● 在【工具箱】中任意选择一种工具，蒙版文字转换为文字选区，如图 5.68 所示。

图 5.67　在蒙版上输入文字

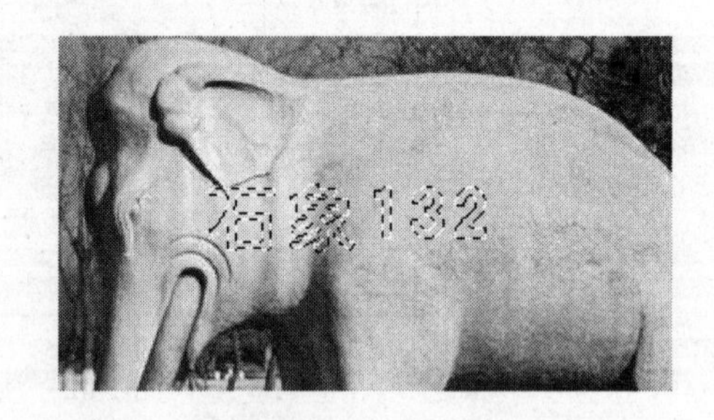

图 5.68　文字选区

（4）调整文字选区位置。在【工具箱】中选择“矩形选框”工具，将光标指针放在文字选区的里边，向右移动文字选区，如图 5.69 所示。

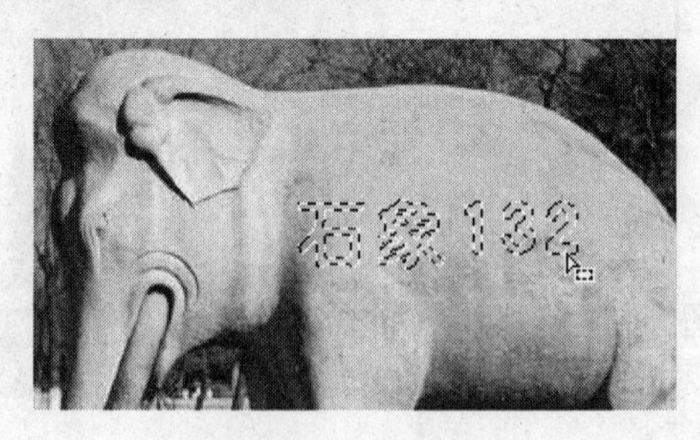

图 5.69　移动选区

（5）删除选区内容。选择【编辑】|【清除】(Delete)，删除选取内容，选择【选择】|【取消选择】(Ctrl+D)，如图 5.70 所示。

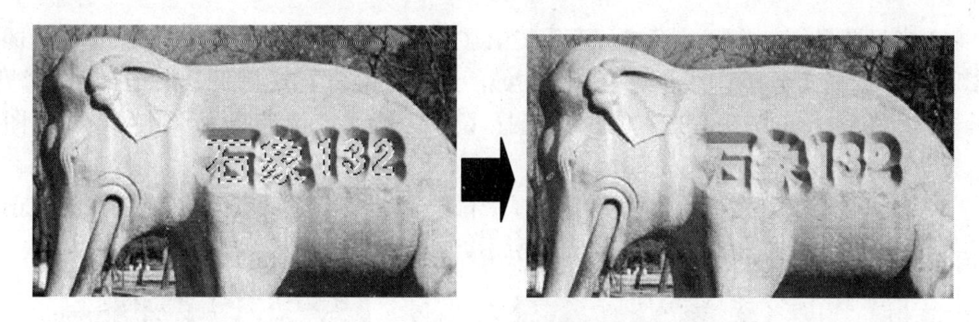

图 5.70　删除图像

（6）凹陷效果调整。在【图层调板】上选择“背景副本”，选择【图层】|【图层样式】|【斜面和浮雕】，“样式”选择“外斜面”，“方法”选择“平滑”，“方向”选择“上”，“深度”设定为 461，“大小”设定为 20 像素，其他使用默认值，如图 5.71、图 5.72 所示。

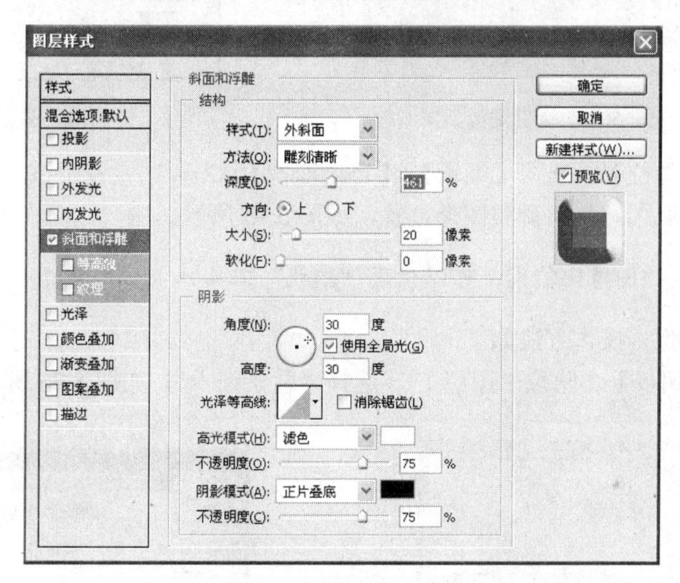

图 5.71　调整浮雕参数

图 5.72　凹陷浮雕效果

5.3.3　图像背景色彩处理

图像背景色彩处理任务是：为天空添加云彩。

（1）拷贝图像。选择【文件】|【打开】(Ctrl+O)，从范例 28 文件夹中打开 “Shixiang02” JPEG 图片，选择【选择】|【全选】(Ctrl+A)，选择【编辑】|【拷贝】(Ctrl+C)，拷贝选区内容，关闭“Shixiang02”JPEG 图片，选择【选择】|【取消选择】(Ctrl+D)，如图 5.73 所示。

（2）粘贴图像。在【图层调板】上选择“背景副本”，选择【编辑】|【粘贴】(Ctrl+V)，【图层调板】上出现“图层 1”，如图 5.74 所示。

图 5.73 拷贝图像

图 5.74 图层 1

（3）调整图像位置。选择【编辑】|【自由变换】(Ctrl+T)，左手按压 Shift 键等比例缩小，移动拖移手柄 ，挂角调整图像位置，如图 5.75 所示。

【提示】贴入的图像比较大，可以使用“缩放”工具 将画布缩小，便于观察调整。

（4）选取图像。操作方法如下：

● 在【图层调板】上隐藏“图层 1”，选择“背景副本”，如图 5.76 所示。

图 5.75 调整图像位置

图 5.76 图层设定

● 在【工具箱】中选择“魔棒”工具 ，选择【选项栏】|【添加到选区】按钮，容差设置为 40，点选天空蓝色的部分，如图 5.77 所示。

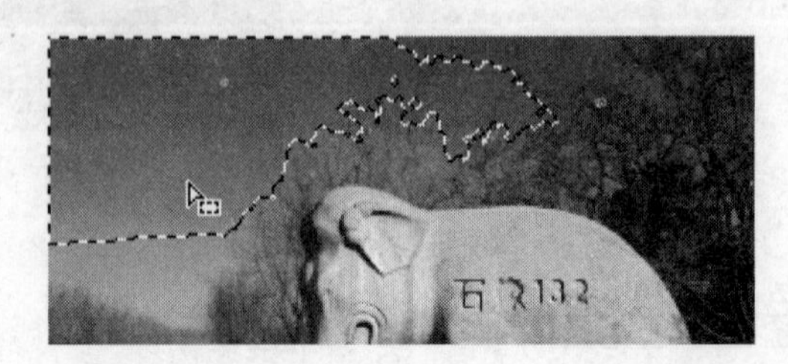

图 5.77 点选天空

- 选择【选择】|【选取相似】，将树叶缝隙的蓝天内容选上，如图 5.78 所示。
- 使用“魔棒”工具加选没选上的天空部分，如图 5.79 所示。

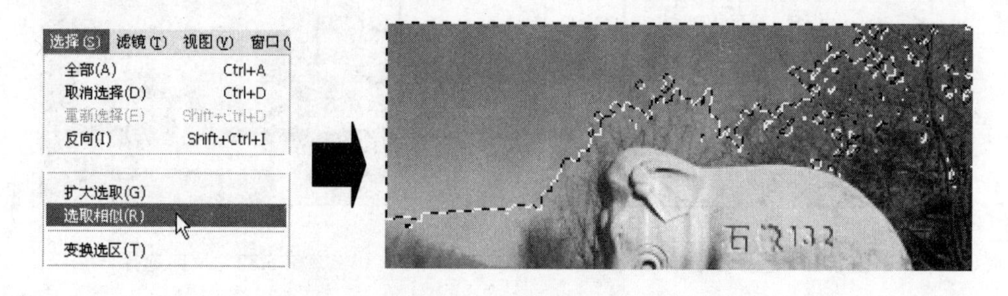

图 5.78　选取相似

图 5.79　加选天空色彩

（5）设定羽化。选择【选择】|【羽化】(Ctrl+Alt+D)，设置“羽化半径”为 100 像素，如图 5.80 所示。

图 5.80　羽化选区边缘

（6）反向删除图像。操作方法如下：

- 在【图层调板】上显示并选择“图层 1”，如图 5.81 所示。
- 选择【选择】|【反向】(Shift+Ctrl+I)，如图 5.82 所示。

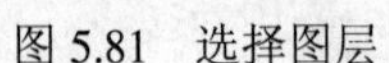
图 5.81 选择图层

图 5.82 反向选择

● 选择【编辑】|【清除】，将图层 1 选区内的图像内容删除，如图 5.83 所示。

（7）修饰图像。因为羽化选区边缘像素比较大，删除后的图像在石象身上和近处树丛中留有淡色痕迹，可以使用“橡皮擦”工具进行清除，操作方法如下：

● 在【工具箱】中选择“橡皮擦”工具，选择【选项栏】，设定“画笔”为“柔角像素 100”，“模式”选择“画笔”，“不透明度”设定为 50%，“流量”设定为 100%，如图 5.84 所示。

图 5.83 删除图像

图 5.84 工具选项设定

● 使用“橡皮擦”工具，擦除石象身上和近处树丛中的羽化痕迹，如图 5.85 所示。

图 5.85 清除羽化痕迹

5.3.4 存储文件

根据创意设计目的，选择要存储的图像文件格式，一般情况下，首先要存储 Photoshop 格

式含编辑图层的正本文件。

● 选择【文件】|【存储】(Ctrl+S)，【格式】选择 Photoshop（*.PSD;*.PDD），单击【保存】按钮。

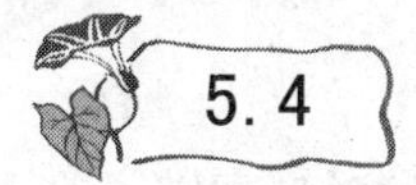

5.4　范例 29：“霞光”手写文字效果处理

“霞光”手写文字效果处理，使用 Photoshop CS2 画笔工具，结合图层编辑、图像色彩调整、滤镜径向模糊等图像处理功能，创造手写文字效果。其制作方法灵活多变，艺术效果生动，展示了 Photoshop CS2 图像处理的奥妙方法，如图 5.86 至图 5.89 所示。

图 5.86 “霞光”效果图

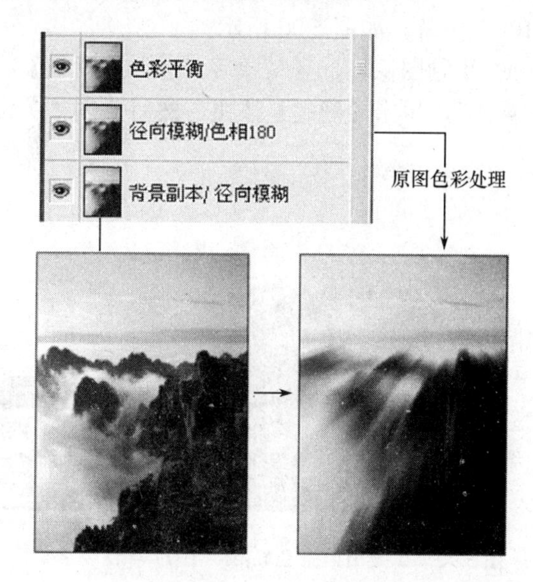

图 5.87　原图色彩处理

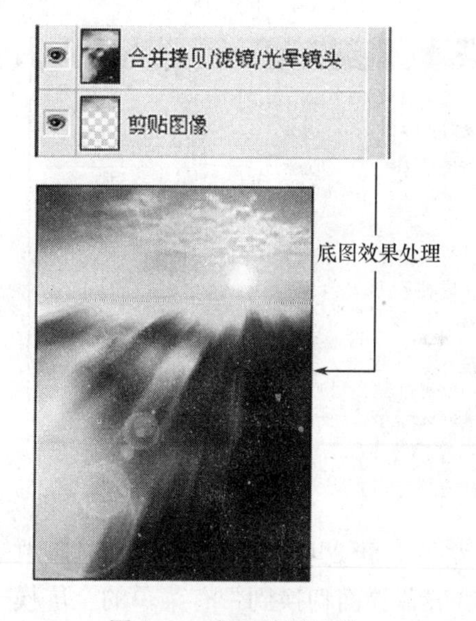

图 5.88　底图效果处理

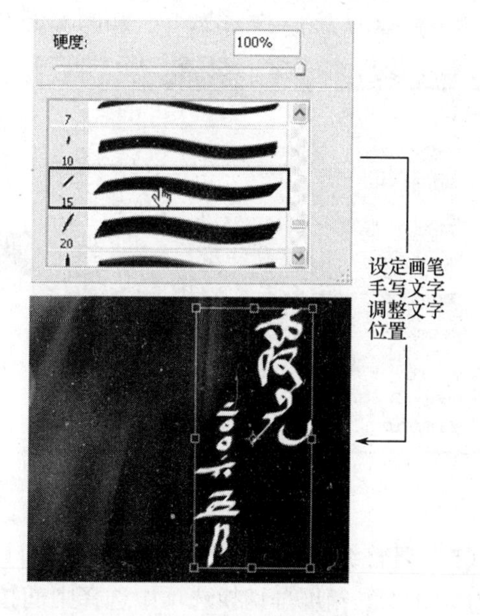

图 5.89　手写文字处理

▲【手写文字效果处理的意义】 Photoshop CS2 手写文字主要用于文字造型，强化文字符号视觉表达信息，可以表现为：广告创意、VI 设计、封面设计、卡片设计、包装设计及其他方面设计。

5.4.1　图像编辑准备

"霞光"图像编辑准备主要是选择并打开图像，复制图像，命名图像文档名称，确定图像编辑颜色模式和存储文件。

（1）启动 Photoshop CS2。

（2）打开图像。选择【文件】|【打开】（Ctrl+O），从范例 29 文件夹中打开"黄山风景 006"JPEG 图片，如图 5.90 所示。

（3）复制图像。打开图像后，选择【图像】|【复制图像】，出现"复制图像"对话框，输入"霞光"，单击【确定】按钮，然后关闭"黄山风景 006.jpg"图片，如图 5.91 所示。

图 5.90　"黄山风景 006.jpg"图片

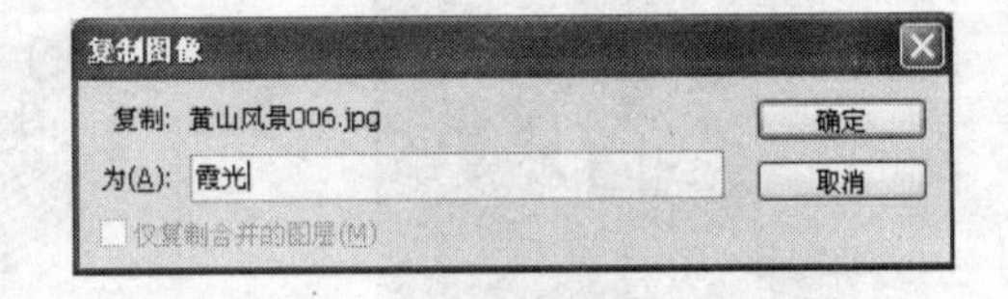

图 5.91　复制图像

（4）调整图像分辨率。选择【图像】|【图像大小】，保持像素大小不变，勾选"约束比例"，将分辨率改为 72 像素/英寸，如图 5.92 所示。

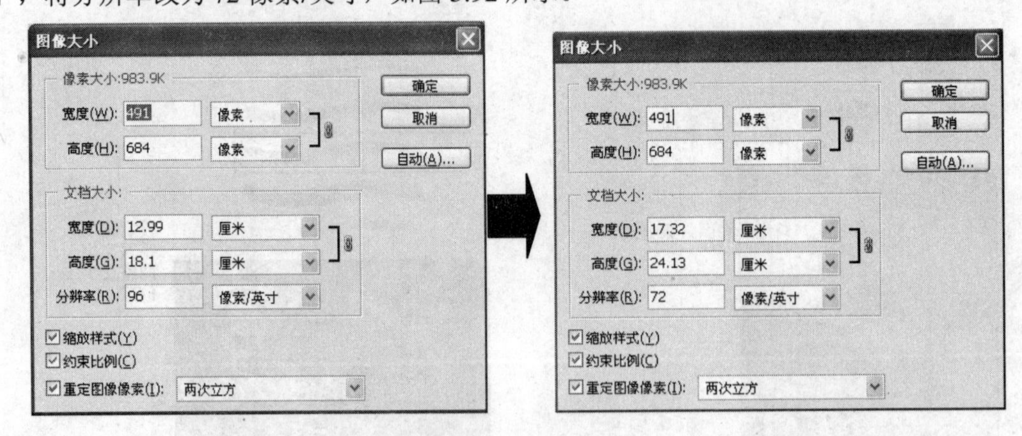

图 5.92　调整分辨率

（5）调整编辑窗口。出现图像编辑窗口，在左下角状态栏"画布显示比例"中输入 66.67%，在工具箱屏幕切换选项中选择中间按钮，将屏幕界面切换到带有菜单的全屏模式，选择"抓手"工具将画布拖至中央。

（6）打开图层调板。选择【窗口】|【图层】，置放【图层调板】在画布的右边。

（7）确定颜色模式。选择【图像】|【模式】，选择“RGB 颜色”模式，选择“8 位/通道”，如图 5.93 所示。

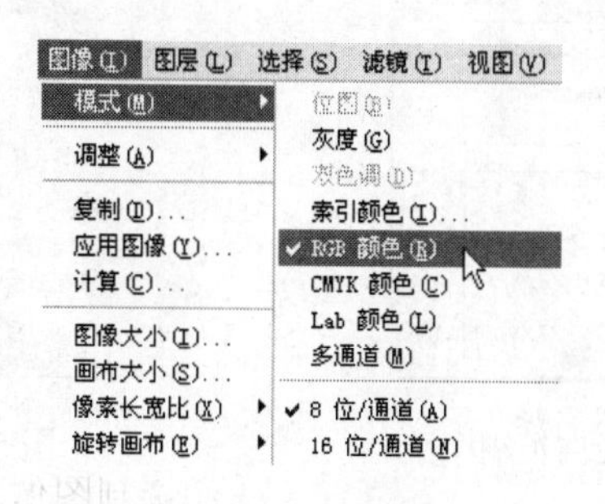

图 5.93　选择图像模式

（8）存储图像文件。选择【文件】|【存储】(Ctrl+S)，【格式】选择 Photoshop(*.PSD;*.PDD)，单击【保存】按钮。

5.4.2　背景效果处理

背景效果处理任务是：建立背景副本，进行图像色彩变化，创建虚幻效果。

（1）复制图层。选择【图层调板】|【右键】，点击“背景”，选择【复制图层】，建立“背景副本”，如图 5.94 所示。

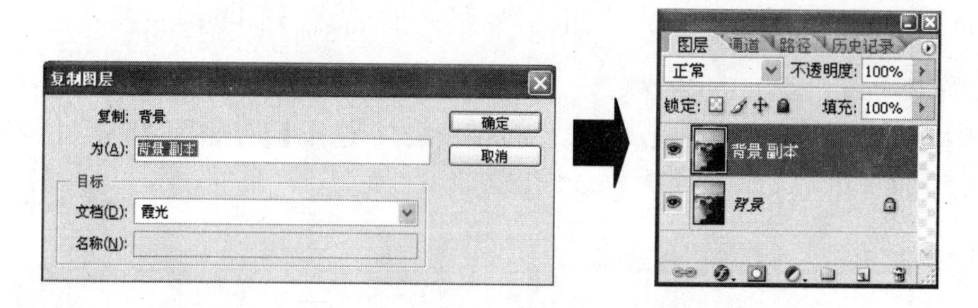

图 5.94　创建背景副本

（2）设定径向模糊。操作方法如下：

- 在【图层调板】上选择“背景副本”。
- 选择【滤镜】|【模糊】|【径向模糊】，“数量”设定为 50，“模糊方法”点选“缩放”，“品质”点选“好”，“中心模糊”选择在右上角（光标位置），如图 5.95、图 5.96 所示。

（3）色相调整。操作方法如下：

- 选择【图层调板】|【右键】，点击“背景副本”，选择【复制图层】，建立“背景副本 2”，如图 5.97 所示。
- 选择【图像】|【调整】|【色相/饱和度】，设定“色相”为+180，如图 5.98 所示。
- 色相调整效果，如图 5.99 所示。

【提示】复制新的图层，再进行色彩调整，便于检查调整前面的作业，也可以直接在背景上依次进行作业。

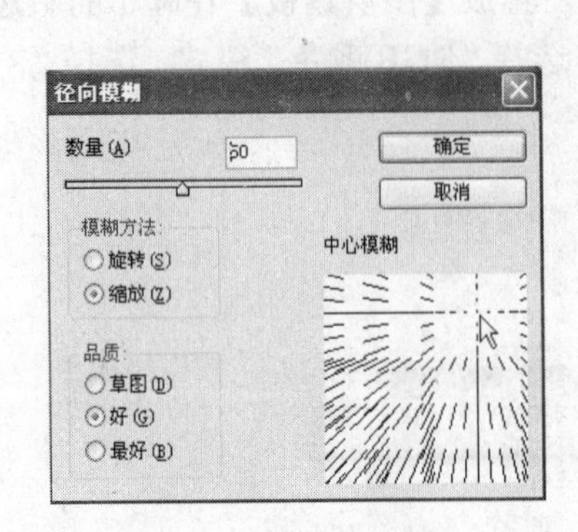

图 5.95　设定径向模糊

图 5.96　径向模糊效果

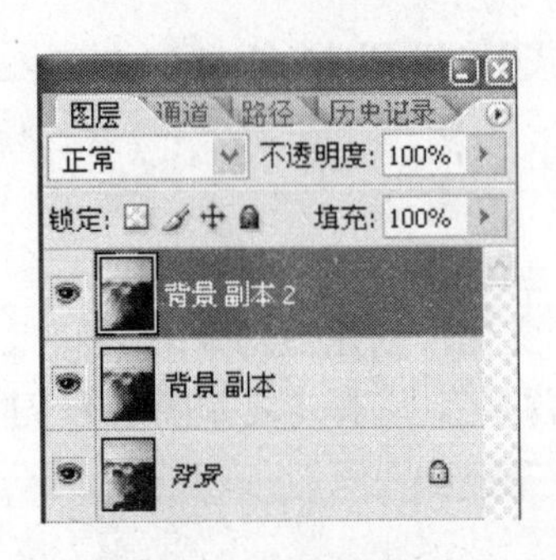

图 5.97　背景副本 2

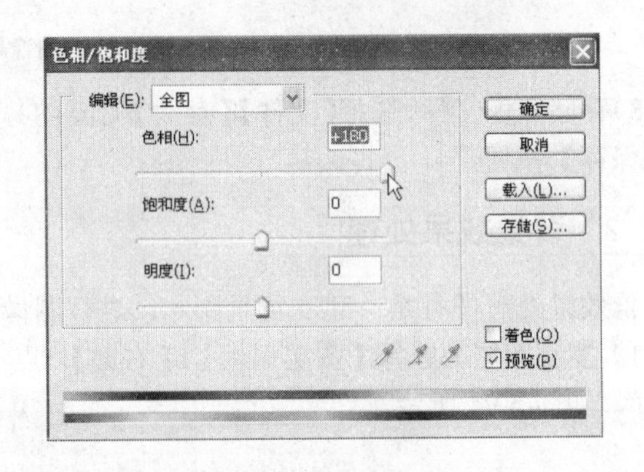

图 5.98　设定色相

（4）色彩平衡。操作方法如下：

● 选择【图层调板】|【右键】，点击“背景副本 2”，选择【复制图层】，建立“背景副本 3”，如图 5.100 所示。

图 5.99　色相调整效果

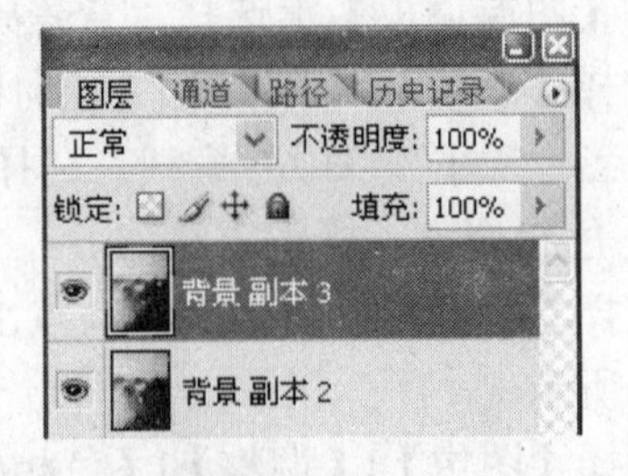

图 5.100　背景副本 3

● 选择【图像】|【调整】|【色彩平衡】，选择“中间调”、“保持亮度”，设定“红色”为 +25，如图 5.101 所示。

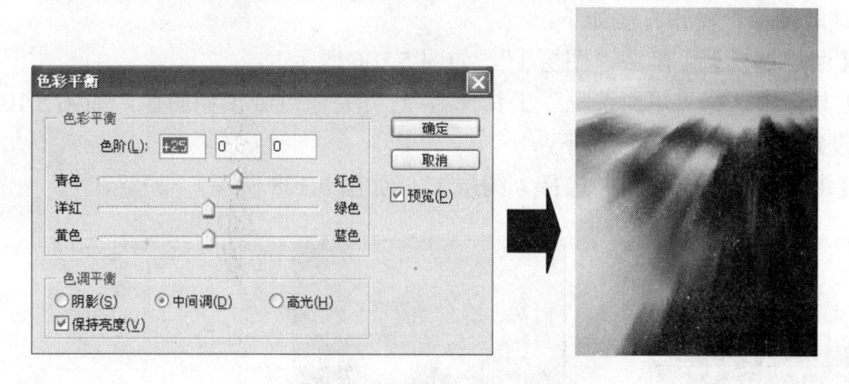

图 5.101　色彩平衡调整

5.4.3 霞光色彩处理

霞光色彩处理的任务是：剪贴霞光图像，为背景图像中的天空添加霞光色彩。

（1）拷贝图像。选择【文件】|【打开】(Ctrl+O)，从磁盘中选择文件夹打开“黄山风景 007”JPEG 图片，选择【选择】|【全选】(Ctrl+A)，选择【编辑】|【拷贝】(Ctrl+C)，拷贝选区内容，关闭“黄山风景 007.jpg”图片，选择【选择】|【取消选择】(Ctrl+D)，如图 5.102 所示。

（2）粘贴图像。在【图层调板】上选择“背景副本 3”，选择【编辑】|【粘贴】(Ctrl+V)，【图层调板】上出现“图层 1”，如图 5.103、图 5.104 所示。

图 5.102　拷贝图像

图 5.103　图层 1

（3）调整图像位置。选择【编辑】|【自由变换】(Ctrl+T)，左手按压 Shift 键等比例缩放，移动拖移手柄 ⤡，拖角放大调整图像位置，如图 5.105 所示。

图 5.104　贴入图像

图 5.105　调整图像位置

（4）选取图像。操作方法如下：

- 在【图层调板】上隐藏“图层 1”，如图 5.106 所示。
- 在工具箱中选择“矩形选框”工具 ，选择背景近处模糊图像，如图 5.107 所示。

（5）设定羽化。操作方法如下：

- 在【图层调板】上显示并选择“图层 1”，如图 5.108 所示。

图 5.106　隐藏图层 1

图 5.107　选取图像

图 5.108　选择图层

- 选择【选择】|【羽化】（Ctrl+Alt+D），设置“羽化半径”为 100 像素，如图 5.109 所示。

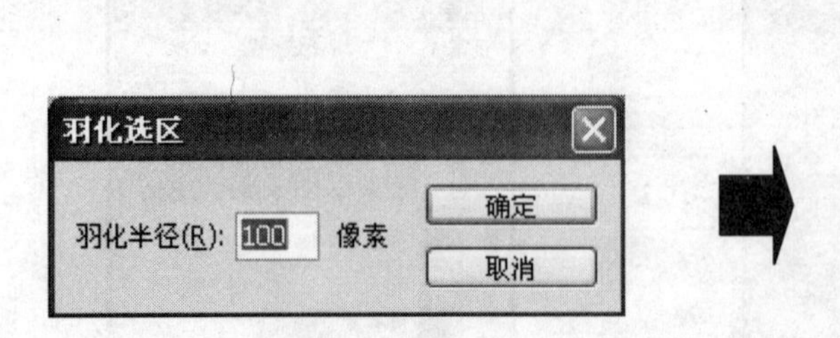

图 5.109　羽化选区

（6）删除图像。选择【编辑】|【清除】，将图层 1 选区内的图像内容删除，如图 5.110 所示。

图 5.110　删除图像

5.4.4　光晕效果处理

光晕效果处理的任务是：使用滤镜制造太阳的光晕色彩景象。

（1）合并拷贝图像。操作方法如下：

● 在【图层调板】上选择“图层 1”。

● 选择【选择】|【全选】(Ctrl+A)，选择【编辑】|【合并拷贝】(Ctrl+Shift+C)，拷贝选区内容，如图 5.111 所示。

● 选择【编辑】|【粘贴】(Ctrl+V)，【图层调板】上出现“图层 2”，如图 5.112 所示。

图 5.111　全选图像

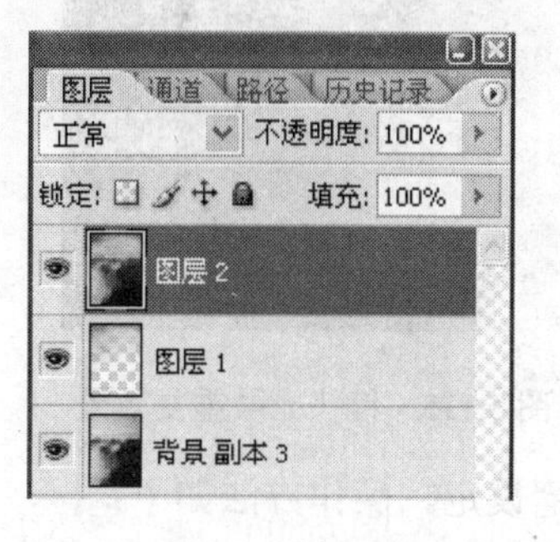

图 5.112　图层 2

（2）光晕效果设定。操作方法如下：

● 选择【滤镜】|【渲染】|【镜头光晕】，“镜头类型”选择 50-300 毫米变焦，“亮度”设定为 100，“光晕中心”选择在彩云的下方（光标位置），如图 5.113、图 5.114 所示。

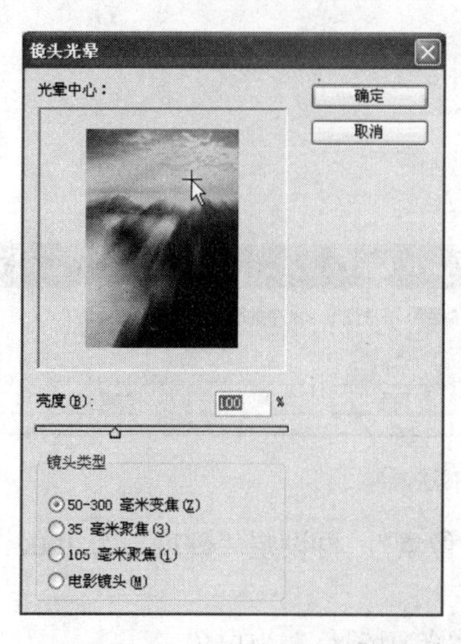

图 5.113　镜头光晕参数

图 5.114　镜头光晕效果

● 选择【滤镜】|【镜头光晕】(Ctrl+F)，重复进行“滤镜光晕”效果的设定，如图 5.115 所示。

5.4.5　使用画笔提词

使用画笔提词的任务是：选择画笔，设定笔画参数，书写题词文字。

（1）新建图层。选择【图层调板】，在调板下边选择【创建新图层】按钮，新建“图层 3”，如图 5.116 所示。

图 5.115 镜头光晕重复效果

图 5.116 新建图层 3

（2）画笔设定。操作方法如下：

● 在【工具箱】中选择“画笔”工具 ,在【选项栏】中选择“画笔选项”按钮，从隐藏选项中选择“书法画笔”，然后单击【追加】按钮，如图 5.117 所示。

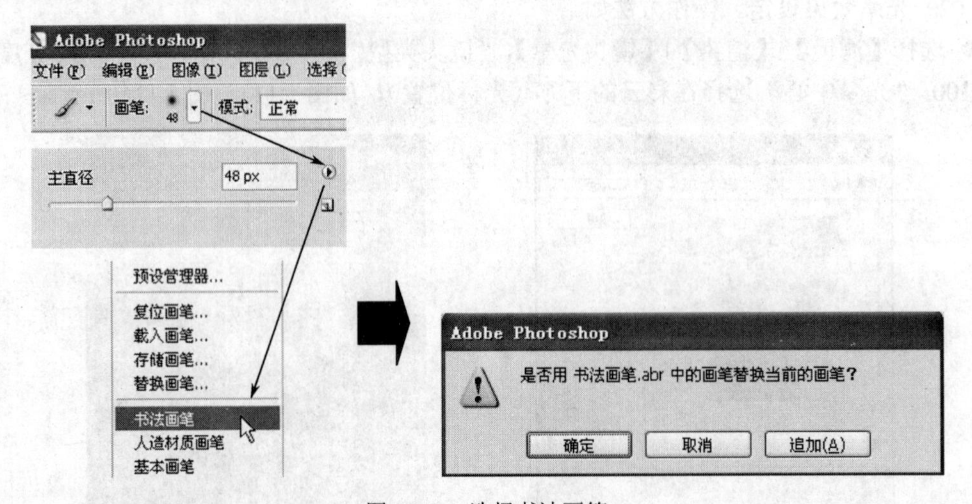

图 5.117 选择书法画笔

● 在“书法画笔选项”中选择“扁平”、“15 像素”，再设定“硬度”为 100，如图 5.118 所示。

（3）设定字样颜色。选择【前景色】，设定“笔画颜色”为白色。

（4）绘制字样。选择“图层 3”，光标放在合适的位置，按压 Caps Lock 键显示画笔光标，右手按压左键，拖动鼠标绘制“霞光、二〇〇六五月”字样，(可以多写几次，最后选定字样)，如图 5.119 所示。

（5）调整字样位置。选择【编辑】|【自由变换】(Ctrl+T)，调整字样至画布右下方深色位置，如图 5.120 所示。

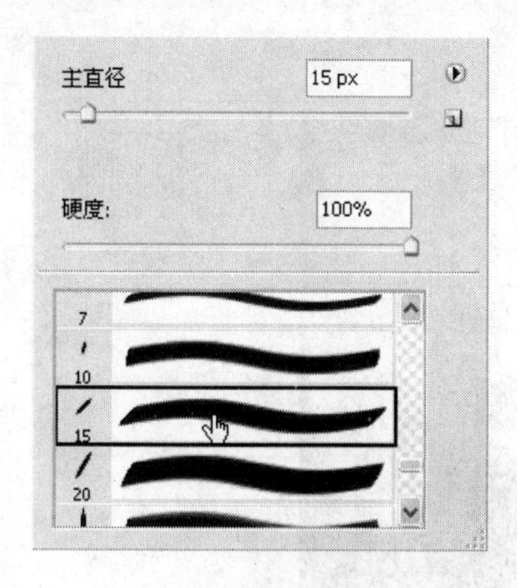

图 5.118　笔画设定

图 5.119　绘制字样

图 5.120　调整字样位置

5.4.6　图像色彩调整

图像色彩调整的任务是：调整整体图像的亮度和对比度，增强霞光的透明效果。

（1）选择调整图层。在【图层调板】上选择“图层 2”，如图 5.121 所示。

（2）色彩调整。选择【图像】|【调整】|【亮度/对比度】，设定“亮度”为+15，“对比度”为+9，如图 5.122 所示。

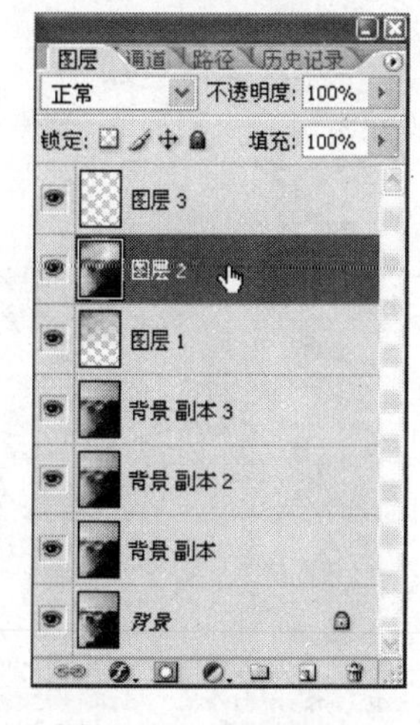

图 5.121　选择图层 2

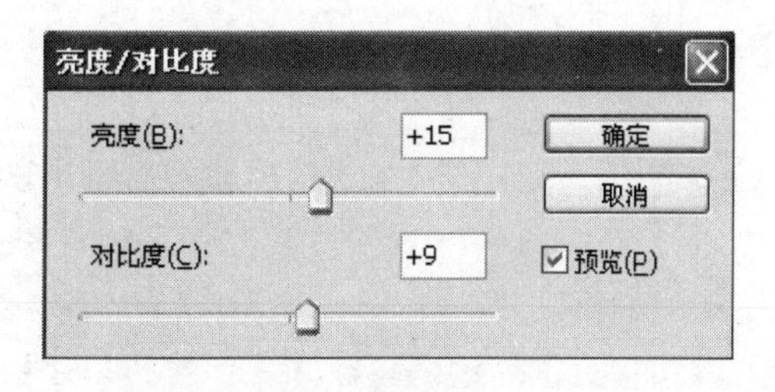

图 5.122　亮度/对比度参数

（3）图像色彩调整的结果如图 5.123 所示。

图 5.123 调整效果

5.4.7 存储文件

根据创意设计目的，选择要存储的图像文件格式，一般情况下，首先要存储 Photoshop 格式含编辑图层的正本文件。

● 选择【文件】|【存储】(Ctrl+S)，【格式】选择 Photoshop（*.PSD;*.PDD），单击【保存】按钮。

第 6 章 “凤朝公司简介封面”设计（范例 30）

本章的“凤朝公司简介封面”设计，是 Photoshop CS2 图像处理的实际操作，主要运用图层编辑、图像剪贴、仿制图像、文字编辑等功能，进行印刷输出图像的版面设计、图像效果处理、文字效果处理、校样颜色、转换模式等工作。

6.1 “凤朝公司简介封面”图像信息

“凤朝公司简介封面”创意，表现的是凤朝影视发展有限公司“南海长城，彩虹横渡，跨国联合，促进中华民族文化发展”的远大思想。

6.1.1 “凤朝公司简介封面”效果图

“凤朝公司简介封面”效果图，如图 6.1 所示。

图 6.1 “凤朝公司简介封面”效果图

“凤朝公司简介封面”作业完成于 2006 年 8 月。

图像用途：Photoshop CS2 教学

宽：429 毫米（含出血 3 毫米、书脊 3 毫米）

高：291 毫米（含出血 3 毫米）

分辨率：300 像素/英寸

图像格式：PSD

颜色模式：CMYK

设计软件：Photoshop CS2

6.1.2 “凤朝公司简介封面”图像资料

封面背景用图“FZ001.jpg”，如图 6.2 所示。

封面背景用图“FZ002.jpg”，如图 6.3 所示。

图 6.2　FZ001.jpg

图 6.3　FZ002.jpg

封面背景用图“FZ003.jpg”，如图 6.4 所示。

凤朝公司标志“凤朝标识.psd”，如图 6.5 所示。

图 6.4　FZ003.jpeg

图 6.5　凤朝标识.psd

6.2　“凤朝公司简介封面”设计思路

“凤朝公司简介封面”设计，根据创意主题思想，采取跨越距离的非线性表现手法，将南海椰林与北方长城连在一起，展现祖国的辽阔疆域土地，表现了伟大的民族力量；在版面设计上，“南海长城”位于封底，表示文化基础；“彩虹横跨”封面，表示凤朝影视发展有限公司跨国联合，弘扬发展的思想。

6.2.1　“凤朝公司简介封面”设计要点

“凤朝公司简介封面”设计要点，一是图像处理要符合创意主题的需要，即表现“南海长城、彩虹横渡”；二是保证图像输出的技术要求。

（1）非线性设计表现，不受时空和距离的制约，直接将南海椰林与北方长城合像，构成庄严美丽的“南海长城”风景，如图 6.6、图 6.7 所示。

（2）公司 VI 展示，突出公司标识的凤凰形象，将标识置放在封一彩虹的上方；突出公司名称，使用专色通道，设定油墨特性为黄色烫金，如图 6.8、图 6.9 所示。

图 6.6 拼贴长城

图 6.7 椰林与长城合像

图 6.8 公司 VI 展示

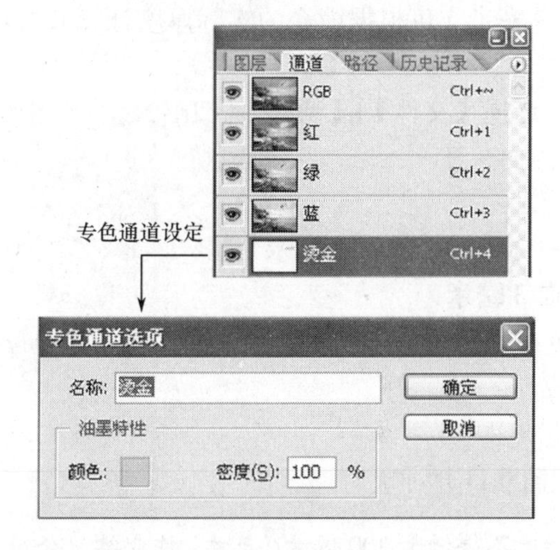

图 6.9 专色印刷设定

6.2.2 “凤朝公司简介封面”设计流程图

“凤朝公司简介封面”设计流程，如图 6.10 所示。

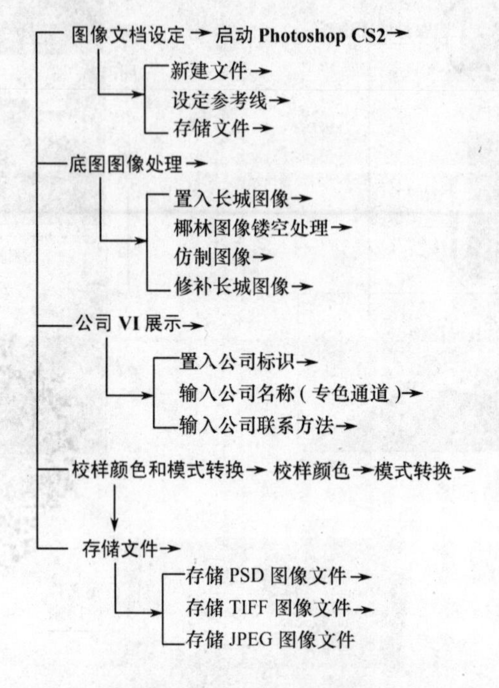

图 6.10 设计流程图

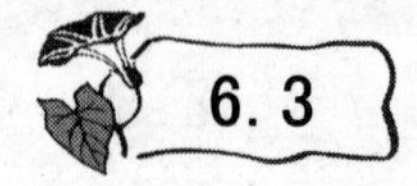

6.3 “凤朝公司简介封面”设计过程

“凤朝公司简介封面”设计过程，按照设计流程图分步进行作业。

6.3.1 图像文档设定

图像文档设定的主要任务是：计算封面尺寸，封面设计要考虑出血距离，一般为 3 毫米，封面宽度包括装订厚度为 3 毫米（可根据简介的实际厚度计算），设定参考线，存储文件。

启动 Photoshop CS2。

（1）新建图像文件。选择【文件】|【新建】(Ctrl+N)，设定如下参数：

名称：凤朝公司简介封面

预设：自定

宽：429 毫米（含出血 3 毫米、书脊 3 毫米）

高：291 毫米（含出血 3 毫米）

分辨率：72 像素/英寸

颜色模式：RGB / 8 位

背景内容：白色

● 设定参数结果，如图 6.11 所示。

【提示】封面设计分辨率不得低于 300 像素/ 英寸，作业练习分辨率可设定为 72 像素/英寸，使用 RGB 颜色模式编辑，图像输出前转换 CMYK 颜色模式。

● 调整编辑窗口。出现图像编辑窗口，在左下角状态栏“画布显示比例”中输入 50%，在工具箱屏幕切换选项中选择中间按钮，将屏幕界面切换到带有菜单的全屏模式，选择“抓手”工具将画布拖至中央。

● 打开【图层调板】。选择【窗口】|【图层】，放置【图层调板】在画布的右边。

（2）设定裁切出血线。操作方法如下：

● 在画布各边向内缩进 3 毫米设定裁切出血线。

● 选择【视图】|【标尺】（Ctrl+R）。

● 选择【工具箱】使用“移动”工具，从标尺线拉参考线至出血线位置，在横坐标 213 毫米和 216 毫米位置建立书脊（装订厚度）参考线，如图 6.12 所示。

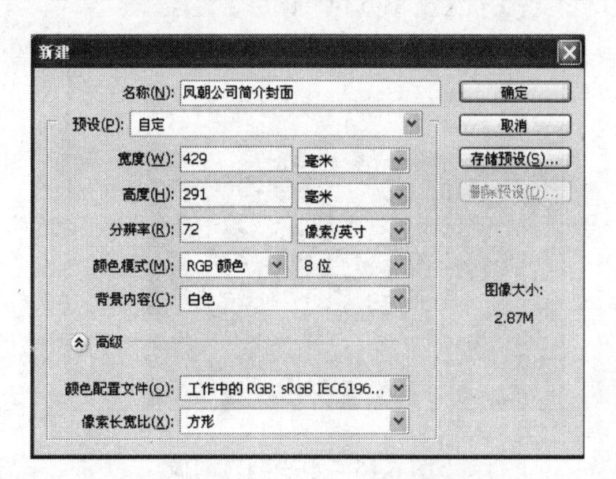

图 6.11 新建文件参数

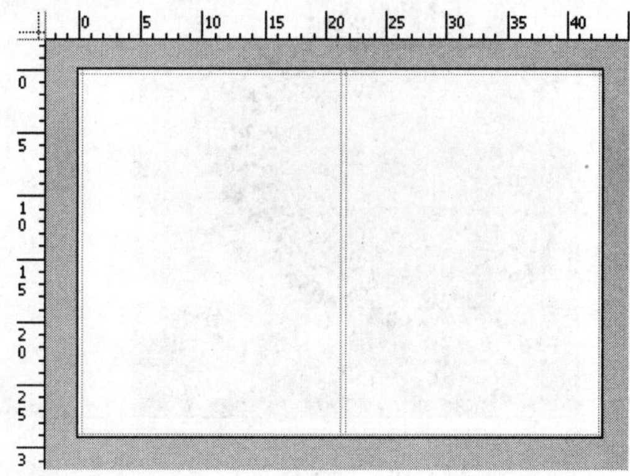

图 6.12 设定参考线

● 选择【视图】|【参考线】|【锁定参考线】（Ctrl+Alt+;）。

（3）存储图像文件。选择【文件】|【存储】（Ctrl+S），【格式】选择 Photoshop（*.PSD;*.PDD），单击【保存】按钮。

6.3.2 底图图像处理

底图图像处理的任务是：进行长城图像和椰林图像合成，塑造南海长城风景。

（1）置入长城图像。操作方法如下：

● 选择【文件】|【打开】（Ctrl+O），从范例 30“风朝”文件夹中打开“FZ003”JPEG 图片。

● 打开图像后，选择【选择】|【全选】（Ctrl+A），选择【编辑】|【拷贝】（Ctrl+C），拷贝选区内容，如图 6.13 所示。

● 关闭“FZ003”JPEG 图片，回到新建图像编辑窗口。

● 选择【编辑】|【粘贴】（Ctrl+V），【图层调板】上出现“图层 1”，如图 6.14 所示。

● 在【工具箱】中选择“移动”工具，移动图像位置，使左边和底边与画布边缘对齐，如图 6.15 所示。

● 选择【编辑】|【变换】|【水平翻转】，如图 6.16 所示。

（2）椰林图像镂空处理。操作方法如下：

● 选择【文件】|【打开】（Ctrl+O），从范例 30 文件夹中打开“FZ001”JPEG 图片。

● 打开图像后，选择【选择】|【全选】(Ctrl+A)，选择【编辑】|【拷贝】(Ctrl+C)，拷贝选区内容，如图 6.17 所示。

图 6.13 拷贝选区内容

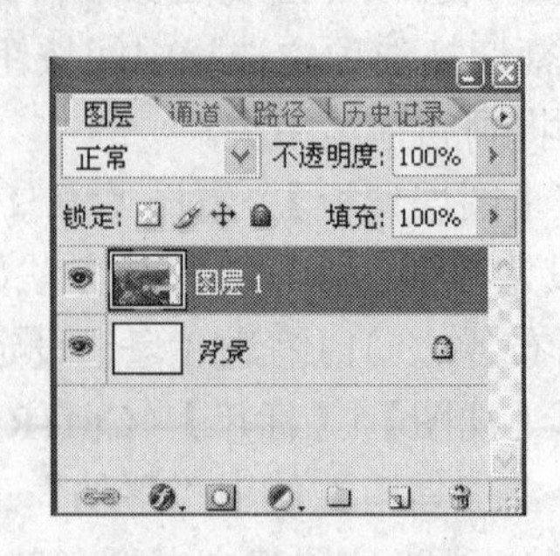

图 6.14 图层 1

图 6.15 调整图像位置

图 6.16 水平翻转图像

● 关闭“FZ001”JPEG 图片，回到新建图像编辑窗口。

● 选择【编辑】|【粘贴】(Ctrl+V)，【图层调板】上出现“图层 2”，如图 6.18 所示。

● 在【工具箱】中选择“移动”工具，移动图像位置，使右边和底边与画布边缘对齐，如图 6.19 所示。

● 选择【编辑】|【变换】|【水平翻转】，如图 6.20 所示。

图 6.17 选择图像

图 6.18 图层 2

● 在【图层调板】上选择“图层 2”，设置不透明度为 32%，如图 6.21 所示。

● 在【工具箱】中选择“套索”工具，勾选近处长城图像，建立选区，如图 6.22 所示。

● 选择【编辑】|【清除】(Delete)，删除选取内容，如图 6.23 所示。

● 在【图层调板】上选择“图层 2”，恢复“不透明度”为 100%，选择【选择】|【取消

选择】（Ctrl+D），如图 6.24 所示。

图 6.19 调整图像位置

图 6.20 图像水平翻转

图 6.21 图层不透明度

图 6.22 选取图像

图 6.23 删除图像

（3）仿制图像。操作方法如下：

● 选择【图层调板】|【创建新图层】按钮，新建"图层 3"，如图 6.25 所示。

图 6.24 恢复不透明度

图 6.25 图层 3

● 在【工具箱】中选择“仿制图章”工具，在【选项栏】中设定“柔角笔画”为 200 像素,“模式”为正常,“不透明度”为 100%,“流量”为 100%，对所有图层取样，如图 6.26 所示。

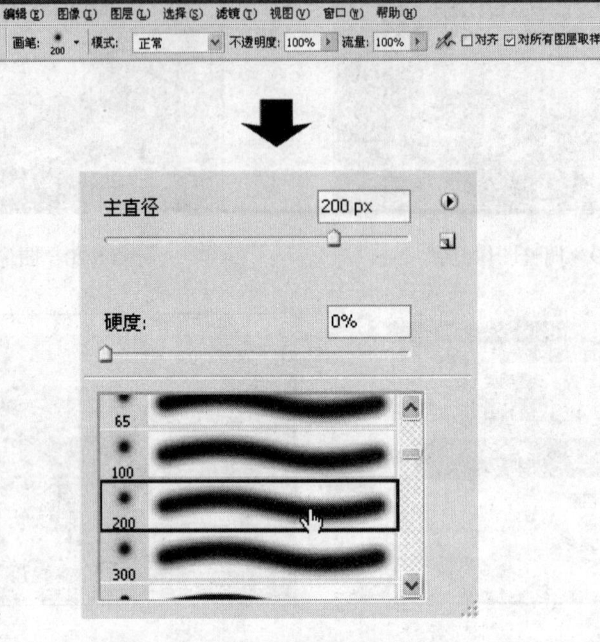

图 6.26　画笔选项

● 使用“仿制图章”工具，按压 Caps Lock 键显示画笔光标大小，将光标中心对准要仿制的采样位置，左手先按压 Alt 键，右手单击鼠标左键，松开按压和单击，移动光标在需要仿制的范围进行涂抹复制，如图 6.27 所示。

【提示】仿制过程可先大块涂抹然后再细致补修，补修中可用顿号 [、]键随时调整笔画大小，选定新的仿制采样位置进行复制。

图 6.27　仿制图像

（4）修补长城图像。操作方法如下：

● 选择【文件】|【打开】(Ctrl+O)，从范例 30 文件夹中打开“FZ002”JPEG 图片，如图 6.28 所示。

● 在【工具箱】中选择“磁性套索”工具，选择【选项栏】|【添加到选区】按钮，“羽化”设置为 0，勾选“消除锯齿”，结合使用“多边形套索”工具，选取近处长城图像，如图 6.29 所示。

图 6.28 FZ002.jpg 图片

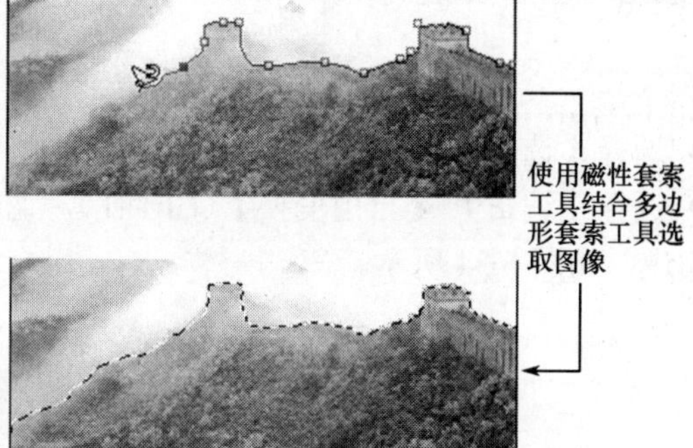

图 6.29 选择图像

● 关闭“FZ003”JPEG 图片，回到“新建图像”编辑窗口。

● 选择【编辑】|【粘贴】(Ctrl+V)，【图层调板】上出现“图层 4”，如图 6.30 所示。

● 在【工具箱】中选择“移动”工具，移动图像位置，使右边和底边与画布边缘对齐，如图 6.31 所示。

图 6.30 图层 4

图 6.31 调整图像位置

● 选择【编辑】|【变换】|【水平翻转】，如图 6.32 所示。

图 6.32 图像水平翻转

● 在【工具箱】中选择“套索”工具，勾选左边的烽火台及长城，选择【编辑】|【清除】(Delete)，删除选取内容，如图 6.33 所示。

图 6.33 删除图像

● 选择【选择】|【取消选择】(Ctrl+D)。

● 选择【编辑】|【自由变换】(Ctrl+T)，调整图层 4 图像位置，将图像向下移动，两边向里缩进，如图 6.34 所示。

图 6.34 调整图像位置

● 在【工具箱】中选择“矩形选框”工具，选择烽火台的上半部分，再使用“移动”工具将烽火台降低，如图 6.35 所示。

图 6.35 降低烽火台

● 选择【图像】|【调整】|【亮度/对比度】，设定“亮度”为-36，“对比度”为+48，如图 6.36 所示。

● 在【工具箱】中选择“套索”工具，选择椰林下方爬山长城，选择【编辑】|【合并拷贝】(Ctrl+Shift+C)，拷贝选区内容，如图 6.37 所示。

● 选择【编辑】|【粘贴】(Ctrl+V)，【图层调板】上出现“图层 5”，如图 6.38 所示。

● 使用“移动”工具移动爬山长城至两烽火台之间，连接两处长城，如图 6.39 所示。

图 6.36 色彩调整

图 6.37 选择合并拷贝图像

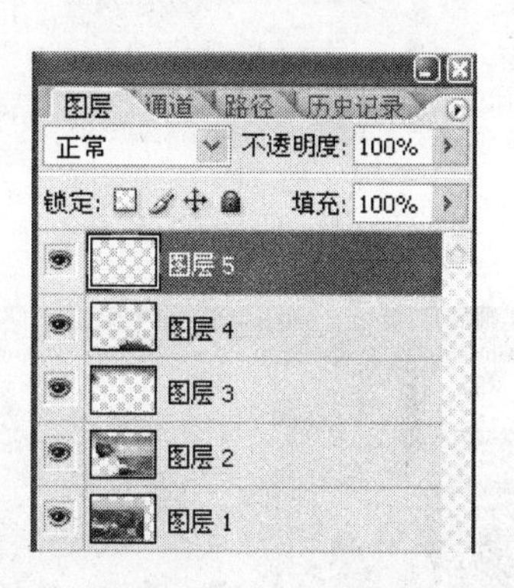

图 6.38 图层 5

● 选择【图层调板】，将“图层 4”调整到“图层 5”的上面，如图 6.40 所示。

图 6.39 移动图像

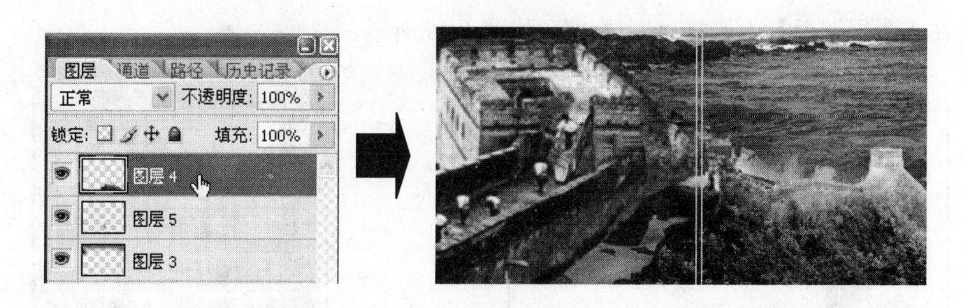

图 6.40 调整图层

● 在【工具箱】中选择“仿制图章”工具，在【选项栏】中设定“柔角笔画”为 35 像素，“模式”为正常，“不透明度”为 100%，“流量”为 100%，对所有图层取样，如图 6.41 所示。

● 选择【图层调板】|【创建新图层】按钮，新建“图层 6”，如图 6.42 所示。
● 仿制长城近处树木丛，覆盖两长城连接处左边的白色部位，如图 6.43 所示。

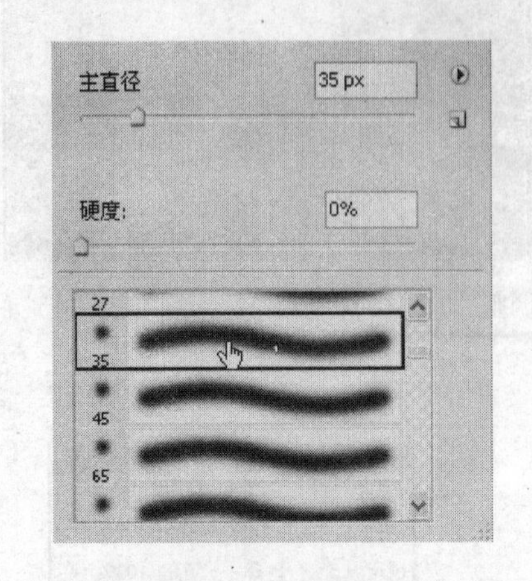

图 6.41 选定画笔大小

图 6.42 图层 6

图 6.43 修补颜色

6.3.3 公司 VI 展示

公司简介是公司视觉形象（VI）表现的最好形式，可以在封面上表现公司名称和标识形象，达到宣扬公司形象的目的。

（1）置入公司标识。操作方法如下：

● 选择【文件】|【打开】(Ctrl+O)，从从范例 30 文件夹中打开“凤朝标识”PSD 图像，如图 6.44 所示。

● 在【图层调板】上选择“图层 1”，如图 6.45 所示。

图 6.44 公司标识

图 6.45 选择图层

● 在【工具箱】中选择“矩形选框”工具 ⬚，框选标识图像，选择【编辑】|【拷贝】（Ctrl+C），拷贝选区内容，如图 6.46 所示

● 关闭“凤朝标识”PSD 图像，回到“新建图像”编辑窗口。

● 在【图层调板】上选择“图层 6”，如图 6.47 所示。

● 选择【编辑】|【粘贴】（Ctrl+V），【图层调板】上出现“图层 7”，如图 6.48 所示。

图 6.46　选择图像

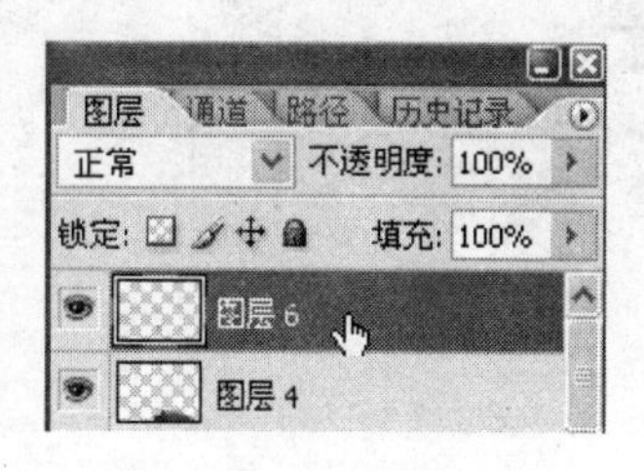

图 6.47　选择图层 6

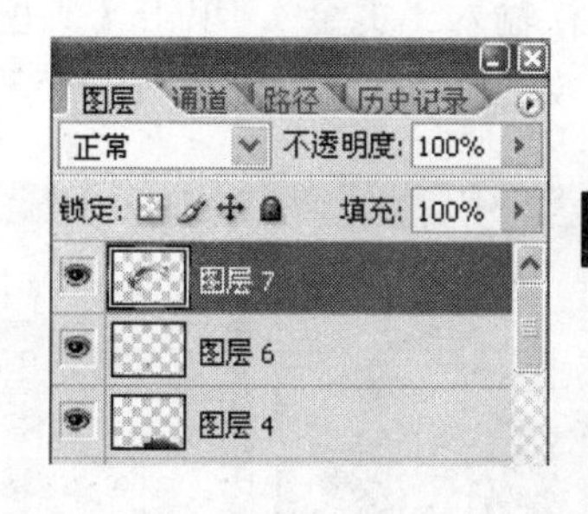

图 6.48　粘贴图像

● 选择【编辑】|【自由变换】（Ctrl+T），左手按压 Shift 键等比例缩放，移动拖移手柄 ⤡ 挂角调整图像，移动标识至封一彩虹的上方，如图 6.49 所示。

● 选择【图层】|【图层样式】|【投影】，“混合模式”设定为正常，点击“颜色按钮”设定为白色，“不透明度”设定为 75%，“角度”设定为 120 度，“距离”设定为 4 像素，“扩展”设定为 26%，“大小”设定为 5 像素，勾选“图层挖空投影”，如图 6.50、图 6.51 所示。

图 6.49　调整标识位置

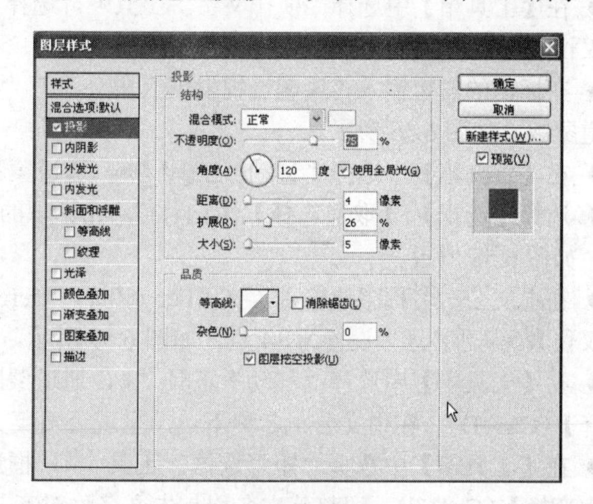

图 6.50　设定图层样式

（2）输入公司名称。操作方法如下：

● 选择【窗口】|【通道】，打开【通道调板】，在“隐藏”选项中选择“新建专色通道”，如图 6.52 所示。

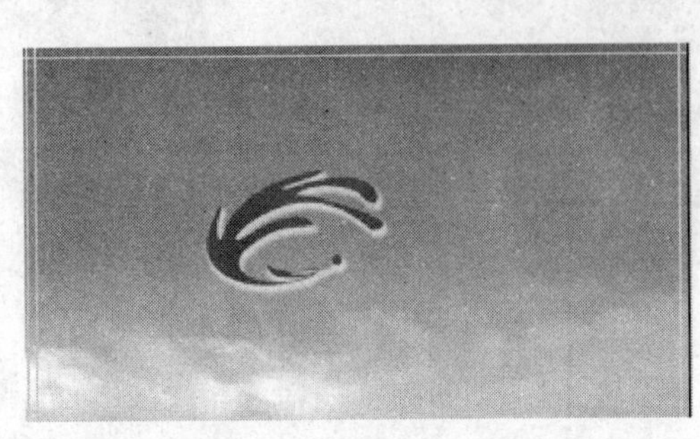

图 6.51　图层样式效果　　　　图 6.52　通道选项

● 出现“新建专色通道”对话框，在“名称”栏输入“烫金”，单击【颜色】按钮，设定为 C0，M10，Y100，K0，“密度”设定为 100%，如图 6.53、图 6.54、图 6.55 所示。

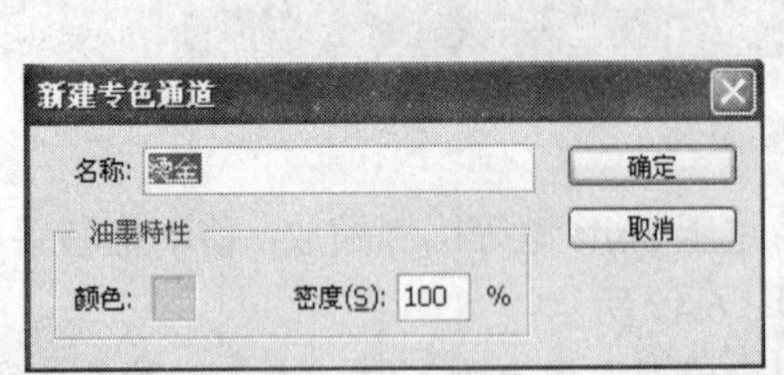

图 6.53　专色通道设定

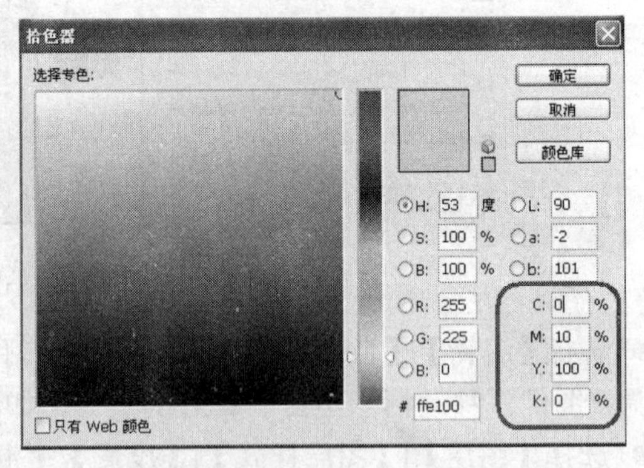

图 6.54　专色通道颜色

● 在【工具箱】中选择“横排文字”工具T，选择【选项栏】|【字符调板】，“字体”设置为汉仪大黑，“文字颜色”使用专色通道颜色。

● 在标识的右边输入“凤朝影视发展有限公司”，“字号”设置为 24 点，此时画面显示为通道蒙版，如图 6.56 所示。

● 在【工具箱】中选择“移动”工具，通道蒙版变成文字选区，如图 6.57 所示。

● 选择【选择】|【取消选择】（Ctrl+D），在标识的右边呈现“凤朝影视发展有限公司”字样，如图 6.58 所示。

● 在中文公司名称下边输入英文“Feng Zhao Entertainment Co., LTD”，“字体”设置为匹配的汉仪大黑，“字号”设置为 14 点，如图 6.59 所示。

● 在【工具箱】中选择“移动”工具，通道蒙版变成文字选区，选择【选择】|【取消选择】（Ctrl+D），在中文公司名称下边，呈现公司英文名称字样，如图 6.60 所示。

● 在【工具箱】中选择“矩形选框”工具，框选公司英文名称字样，选择【编辑】|【自由变换】（Ctrl+T），调整英文名称与中文名称对齐，如图 6.61 所示。

图 6.55 专色通道

图 6.56 在通道蒙版上输入文字

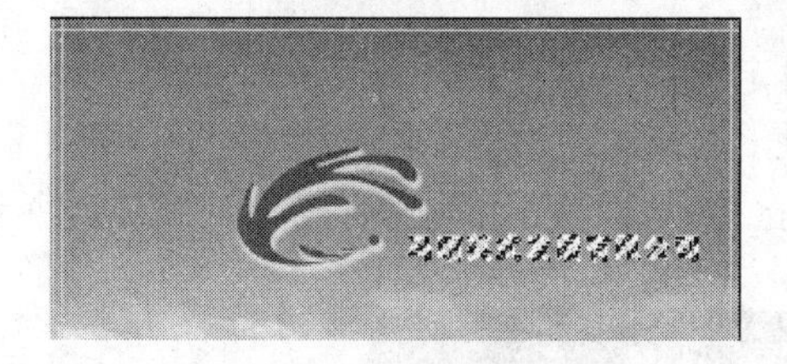

图 6.57 文字选区

图 6.58 蒙版文字字样

图 6.59 在通道蒙版上输入英文

图 6.60 中英文名称字样

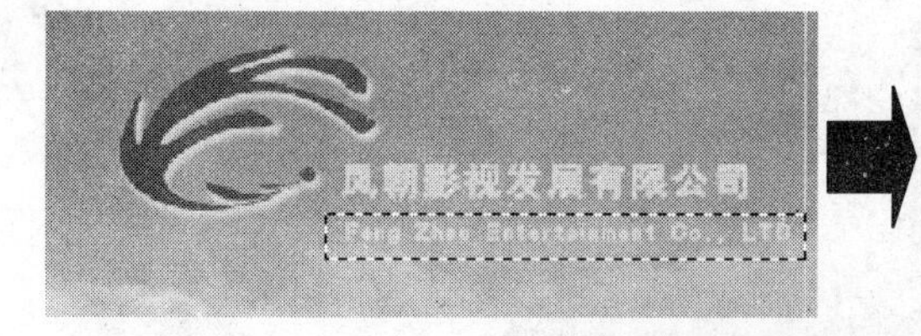

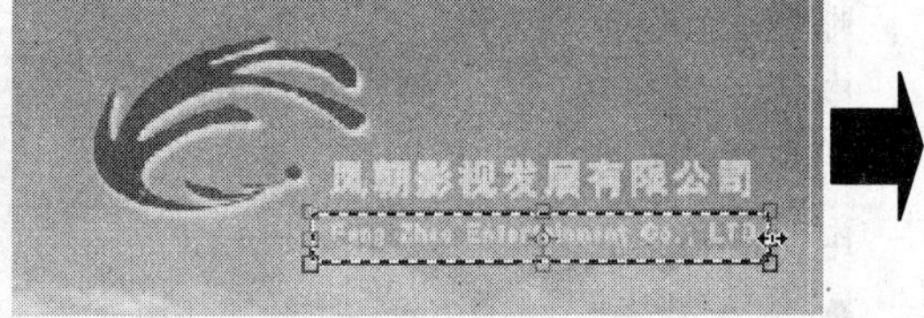

图 6.61 调整图像位置

（3）输入公司联系方法。操作方法如下：

- 从【通道调板】切换到【图层调板】。
- 选择【图层调板】|【创建新图层】按钮，新建“图层 8”，如图 6.62 所示。

● 在【工具箱】中选择“矩形选框”工具 ，在封底右下角构建高约 40 毫米、宽约 110 毫米的长方形选区，如图 6.63 所示。

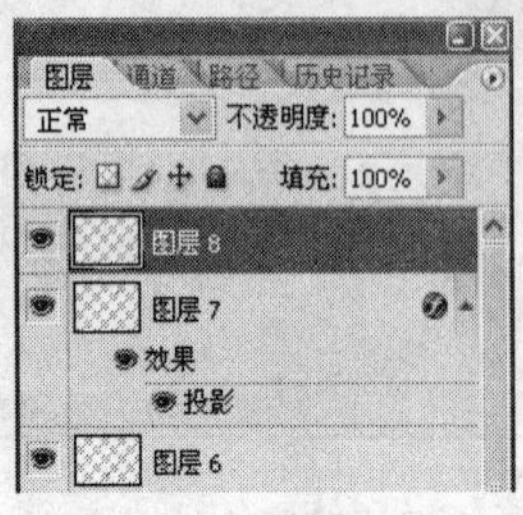

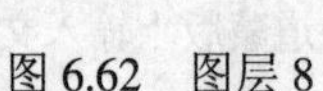
图 6.62 图层 8

图 6.63 构建选区

● 选择【工具箱】|【前景色】，前景色设定为黑色。

● 在【工具箱】中选“择渐”变工具 ，选择【选项栏】|【渐变颜色编辑】|【前景到透明】，然后选择“线性渐变样式” ，在选区内从右至左做颜色渐变，如图 6.64 所示。

图 6.64 颜色渐变

● 在【工具箱】中选择“横排文字”工具T，选择【选项栏】|【字符调板】，“字体”设置为黑体，“文字颜色”设置为白色，“字号”设置为 8 点，“字距”设置为 12 点。

● 在渐变的底色上输入：

新石山区丰田元甲 23 号

邮编：100041

电话：8926221 8962277-106.110

传真：8966814

电子邮件：feilongma@sina.com

● 输入结果，如图 6.65 所示。

图 6.65 颜色渐变

6.3.4 校样颜色和模式转换

Photoshop CS2 可以直接在显示器上使用颜色配置文件的精度对文档进行电子校样，预览查看文档颜色在特定输出设备上还原时的外观。

（1）校样颜色。操作步骤如下：

● 在工具箱屏幕切换选项中，选择左边按钮，将屏幕界面切换到标准屏幕模式，在左下角状态栏“画布显示比例”中输入 50%。

● 选择【图像】|【复制图像】，出现“风朝公司简介封面”副本编辑窗口，选择【窗口】|【排列】|【水平平铺】，如图 6.66、图 6.67 所示。

【提示】 建立“风朝公司简介封面”副本编辑窗口，是为了校样色彩比较。

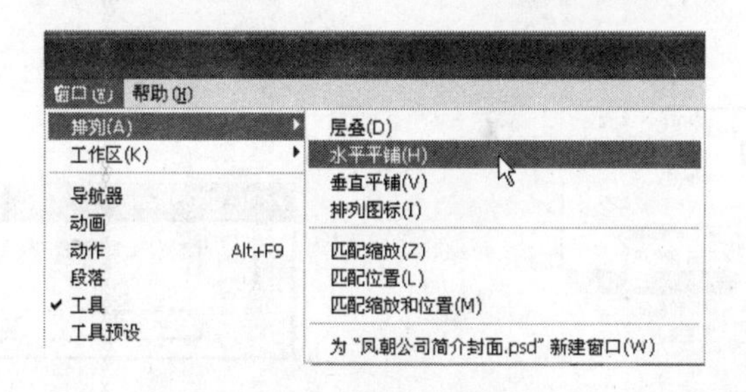

图 6.66 排列选项

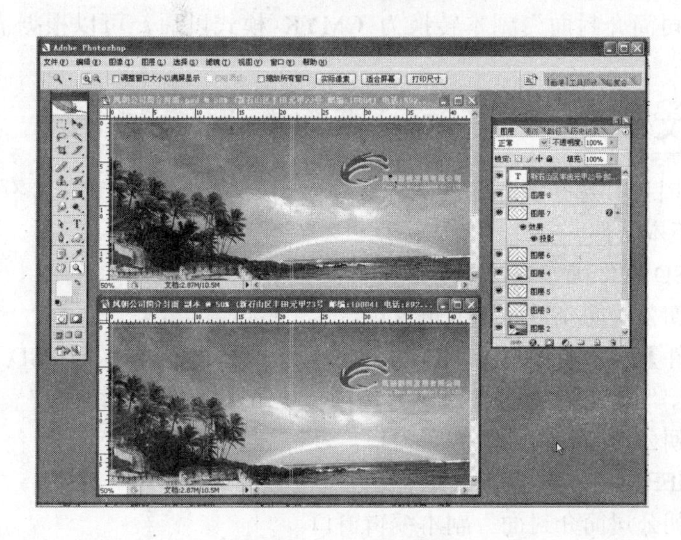

图 6.67 窗口排列

● 选择“风朝公司简介封面”副本编辑窗口，选择【视图】|【校样设置】，选择“工作中的 CMYK”，如图 6.68 所示。

● 选择【视图】，“校样颜色”被选定，如图 6.69 所示。

【提示】使用“校样设置”和“校样颜色”命令，先在 RGB 模式下进行。在 RGB 模式中所处理的通道较少，因而将节省内存并提高性能。再因为 RGB 空间的颜色范围比 CMYK 空间的颜色范围大得多，颜色调整后可能会保留更多的颜色。

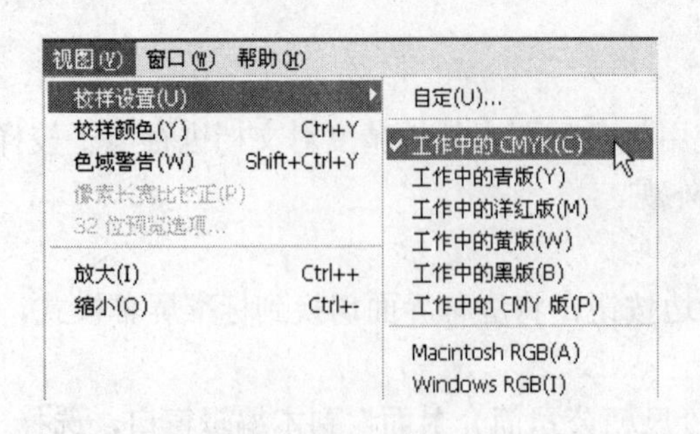

图 6.68 校样设置

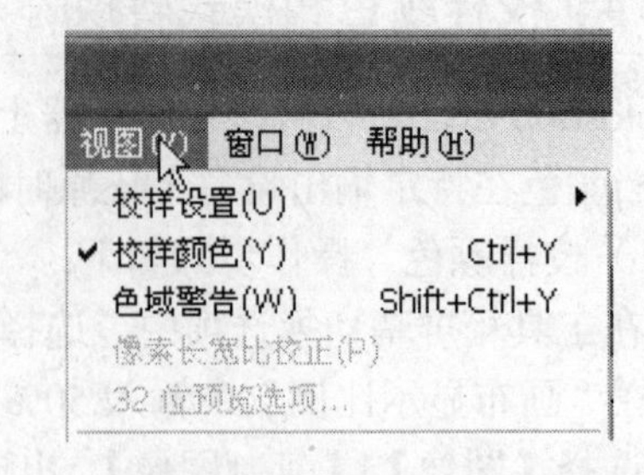

图 6.69 选择校样颜色

（2）颜色模式转换。选择“凤朝公司简介封面”副本编辑窗口，选择【图像】|【模式】，将“RGB 颜色”转换为“CMYK 颜色”，出现图层拼合选择，单击【不合拼】按钮，如图 6.70、图 6.71 所示。

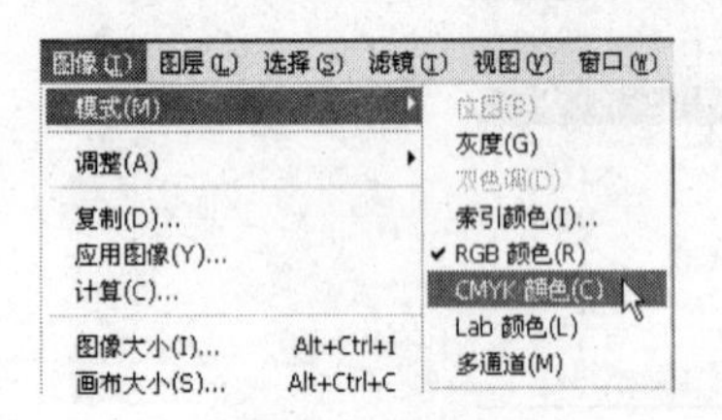

图 6.70 颜色模式转换

图 6.71 合拼选择

● “凤朝公司简介封面”副本转换为 CMYK 模式以后，可以根据需要分层进行色彩微调。

6.3.5 存储文件

根据创意设计目的，选择要存储的图像文件格式，一般情况下，首先要存储 Photoshop 格式含编辑图层的正本文件。

（1）存储 PSD 文件操作方法如下：

● 选择“凤朝公司简介封面”编辑窗口。

● 选择【文件】|【存储】（Ctrl+S），【格式】选择 Photoshop（*.PSD;*.PDD），【存储选项】勾选“专色”、“图层”，其他使用默认选项，单击【保存】按钮。

● 关闭“凤朝公司简介封面”编辑窗口。

（2）存储 TIFF 文件。操作方法如下：

● 选择“凤朝公司简介封面”副本编辑窗口。

● 选择【文件】|【存储为】（Shift+Ctrl+S），【格式】选择 TIFF（*.TIF;*.TIFF），【存储选项】勾选“专色”、“图层”，其他使用默认选项，单击【保存】按钮，如图 6.72 所示。

（3）存储 JPEG 文件。由于“凤朝公司简介封面”公司名称使用的是专色印刷，存储的 PSD 和 TIFF 格式文件，在浏览器上看不到公司名称。为在浏览器上能够观察“凤朝公司简介封面”制作效果，需要存储 JPEG 格式或者其他格式文件，存储前将专色通道合并为颜色通道，操作方法如下：

● 选择“凤朝公司简介封面”副本编辑窗口。

● 打开【通道调板】，在“隐藏”⊙选项中选择“合并专色通道”，如图 6.73 所示。

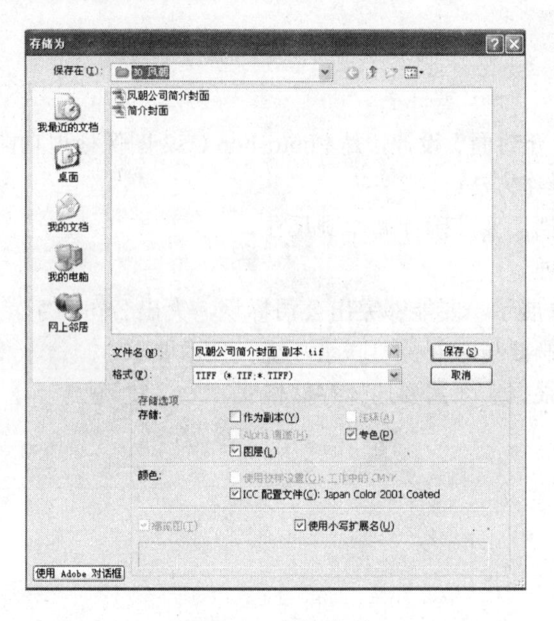

图 6.72　存储选项

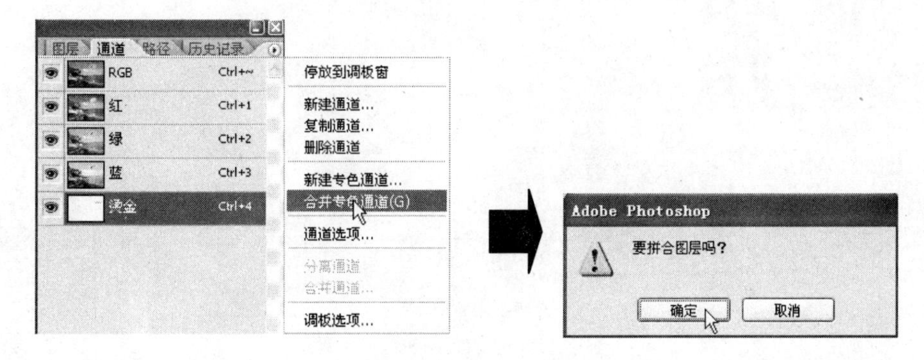

图 6.73　合并专色通道

● 选择【文件】|【存储为】(Shift+Ctrl+S)，【格式】选择 JPEG（*.JPG;*.JPEG*.JPE)，单击【保存】按钮，出现 JPEG 选项，设定“品质”为 12，点选“基线（“标准”)”，如图 6.74 所示。

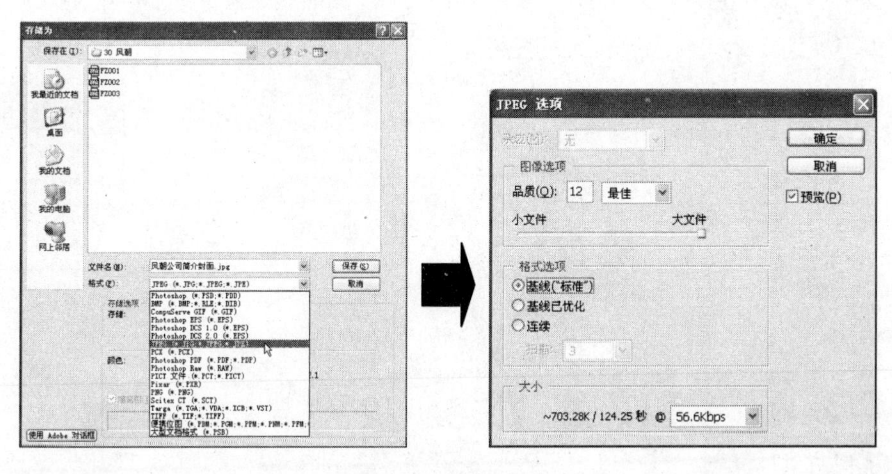

图 6.74　JPEG 选项

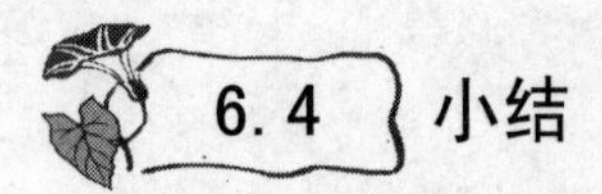

6.4 小结

本章“风朝公司简介封面”设计，是 Photoshop CS2 图像处理功能的综合应用，主要学会掌握如下所述的实际操作方法：

（1）新建图像文档，要准确计算印刷尺寸。

（2）封面底图处理。

（3）公司 VI 形象展示，要能够突出公司标识，突出公司名字。

（4）专色通道印刷要与印刷公司联系，统一技术要求。

（5）图像输出要根据实际需要选择存储格式。

第 7 章 《金唱片》光碟广告设计（范例 31）

本章《金唱片》光碟广告设计，主要运用 Photoshop CS2 图层编辑、色彩编辑、文字编辑等功能，进行选区颜色填充、路经文字、动作效果、自由变换、羽化透明等图像处理的实际操作，表现为 Photoshop CS2 特有的构图形式，制作了精美的“金色光碟”；在广告视觉效果处理上，巧妙地变化了“金色光碟”的角度，显现了“光碟盒”的逼真程度，表达了《金唱片》光碟广告创意目的。

7.1 《金唱片》光碟广告图像信息

《金唱片》光碟广告创意，表现的是“金唱片”视觉效果，达到宣传促销产品的目的。

7.1.1 《金唱片》光碟广告效果图

《金唱片》光碟广告效果图，请参见图 7.1。

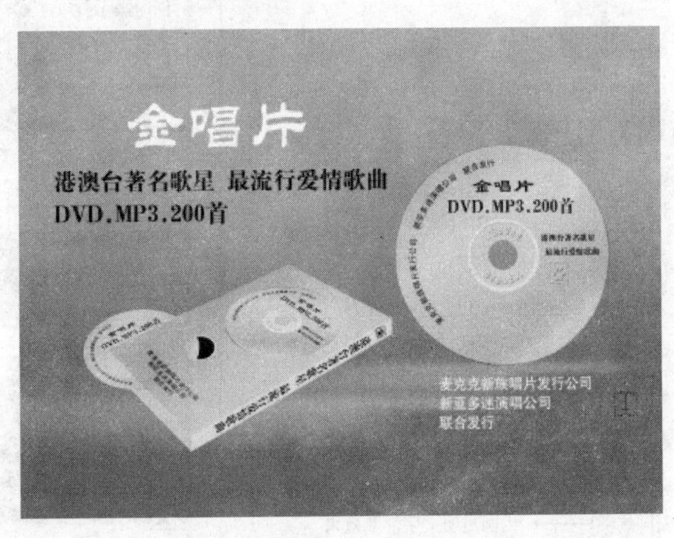

图 7.1 《金唱片》光碟广告效果图

7.1.2 《金唱片》光碟广告图像信息

《金唱片》光碟广告完成于 2006 年 9 月。

图像用途：Photoshop CS2 教学

宽：291 毫米（含出血 3 毫米）

高：216 毫米（含出血 3 毫米）

分辨率：300 像素/英寸

图像格式：PSD

颜色模式：CMYK

设计软件：Photoshop CS2

7.2 《金唱片》光碟广告设计思路

《金唱片》光碟广告设计，创意主题是表现“金色的唱片光碟”，广告视觉效果要求自然逼真，美观大方，有视线冲击感，能够引人注目。

7.2.1 《金唱片》光碟广告设计要点

《金唱片》光碟广告设计要点，一是“金色光碟”正面视觉效果处理，设计精美的光碟样式；二是“金色光碟”视觉变化效果处理，表现两张光碟变化的角度，自然逼真地呈现在光碟盒上。

（1）巧妙地使用图层样式。在“金色光碟”正面视觉效果处理过程中，如光碟外缘效果、光碟内圆透明效果、光碟内圆透明文字效果和标志效果中，都使用了图层样式，如图 7.2、图 7.3 所示。

图 7.2 斜面浮雕样式

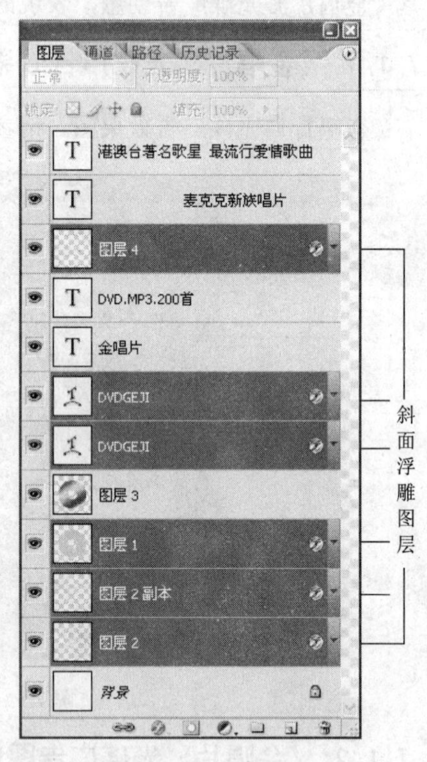

图 7.3 使用图层样式的图层

（2）视角变化调整。使用【自由变换】工具斜切调整光碟在光碟盒上的角度，如图 7.4、图 7.5 所示。

（3）使用【路径文字】工具。在光碟上输入环形文字，构成视觉弯曲线，造成视觉影响，如图 7.6 所示。

（4）使用动作编辑背景效果。选择【动作调板】|【文理】|【羊皮纸】，结合颜色渐变，创建比较庄重大方的背景色彩，如图 7.7 所示。

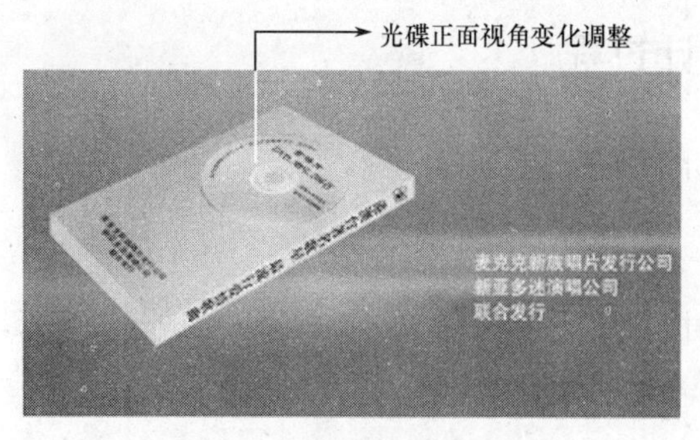

图 7.4 光碟正面视角变化调整

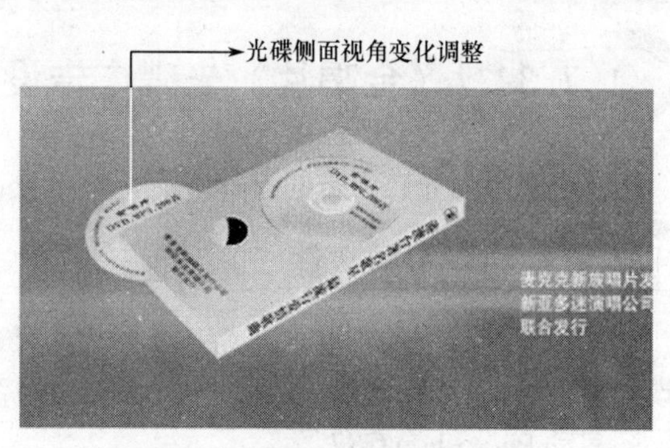

图 7.5 光碟侧面视角变化调整

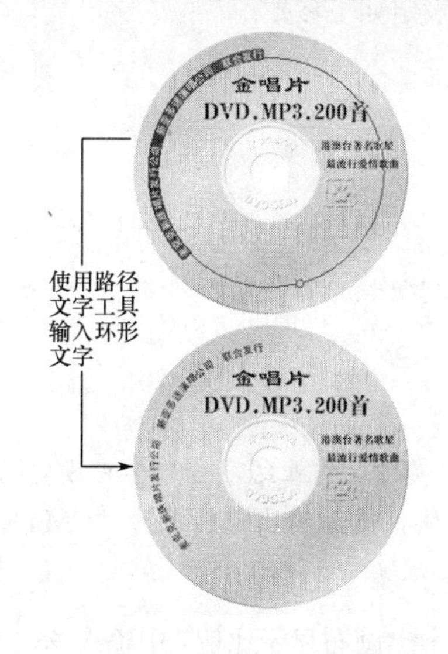

图 7.6 输入环形文字

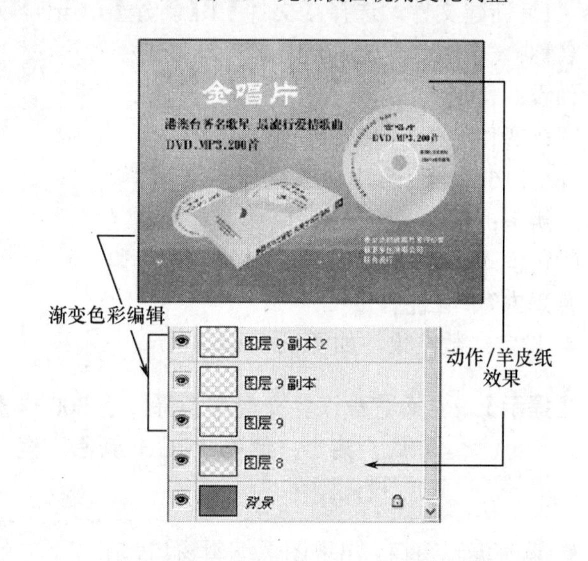

图 7.7 背景色彩处理

7.2.2 《金唱片》光碟广告设计流程图

《金唱片》光碟广告设计流程如图 7.8 所示。

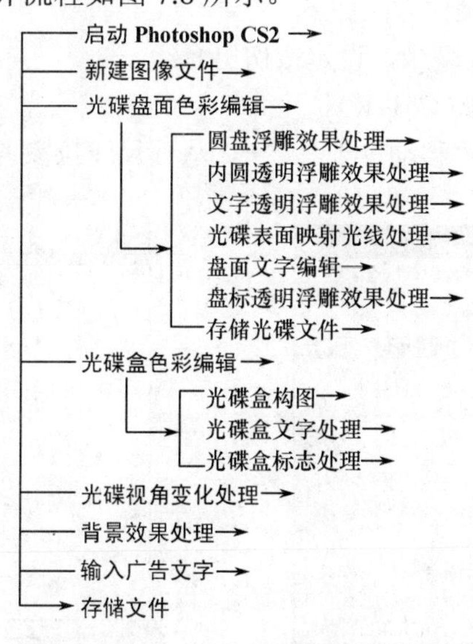

图 7.8 设计流程图

7.3 《金唱片》光碟广告设计过程

《金唱片》光碟广告的设计过程，按照设计流程图分步进行作业。

7.3.1 新建图像文件

图像文档设定的主要任务是：计算封面尺寸，封面设计要考虑出血距离，一般为 3 毫米，设定参考线，存储文件。

启动 Photoshop CS2。

（1）新建文件。选择【文件】|【新建】(Ctrl+N)，设定如下参数：

名称：《金唱片》光碟广告

预设：自定

宽：291 毫米（含出血 3 毫米）

高：216 毫米（含出血 3 毫米）

分辨率：72 像素/英寸

颜色模式：RGB / 8 位

背景内容：白色

● 设定参数结果，如图 7.9 所示。

【提示】 页面广告设计分辨率不得低于 300 像素 / 英寸，作业练习分辨率可设定为 72 像素 / 英寸，使用“RGB 颜色”模式编辑，图像输出前转换为“CMYK 颜色”模式。

● 调整编辑窗口。出现图像编辑窗口，在左下角状态栏“画布显示比例”中输入 66.67%，在工具箱屏幕切换选项中选择中间按钮，将屏幕界面切换到带有菜单的全屏模式，选择“抓手”工具将画布拖至中央。

● 打开【图层调板】选择【窗口】|【图层】，放置【图层调板】在画布的右边。

（2）设定裁切出血线。操作方法如下：

● 在画布各边向内缩进 3 毫米，设定裁切出血线。

● 选择【视图】|【标尺】(Ctrl+R)。

● 选择【工具箱】，使用“移动”工具，从标尺线拉参考线至出血线位置，如图 7.10 所示。

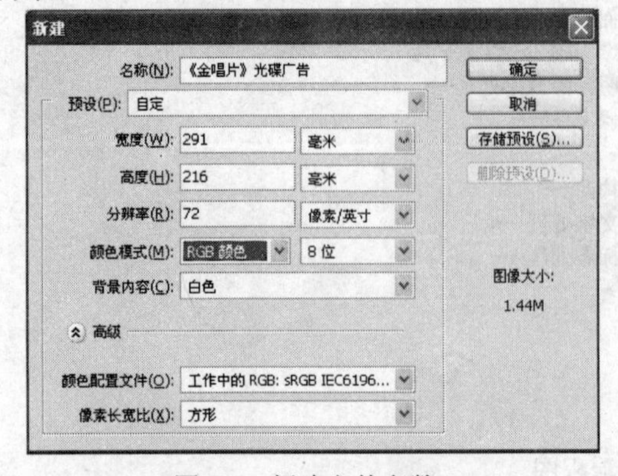

图 7.9　新建文件参数

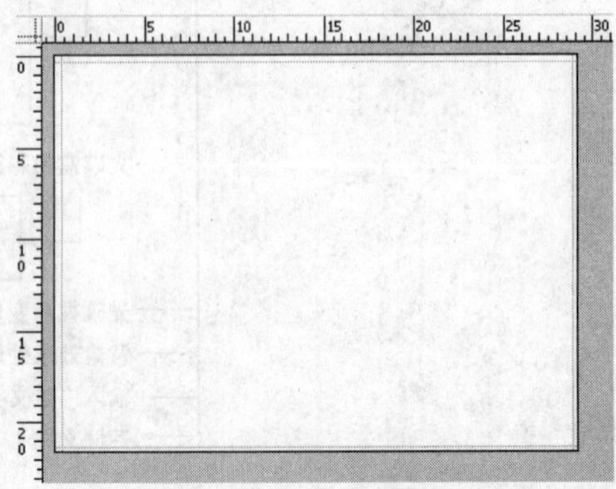

图 7.10　设定参考线

（3）存储图像文件。选择【文件】|【存储】(Ctrl+S)，【格式】选择 Photoshop（*.PSD;*.PDD），单击【保存】按钮。

7.3.2 光碟盘面色彩编辑

光碟盘面色彩编辑的内容有：光盘圆面构图，光盘内圆面透明及透明文字、透明标志，光碟表面映射光线，编辑完成后存储光碟文件。

（1）圆盘浮雕效果处理。操作方法如下：

● 选择【图层调板】|【创建新图层】按钮，新建“图层 1”，如图 7.11 所示。

● 计算光碟盘面尺寸，建立参考线，选择【工具箱】使用“移动”工具，从标尺线拉参考线至横坐标 100 毫米和 220 毫米，纵坐标 50 毫米、170 毫米的位置，如图 7.12 所示。

图 7.11 新建图层 1

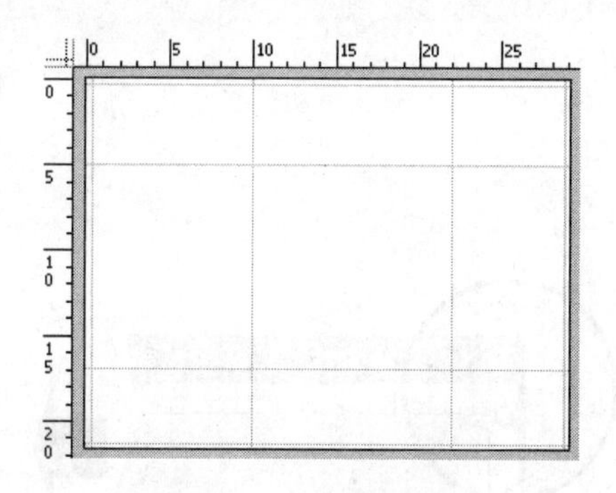

图 7.12 建立参考线

● 在【工具箱】中选择“椭圆”选框，从光碟盘面区域左上角至右下角建立盘面选区，如图 7.13 所示。

● 选择【编辑】|【填充】(Alt+Delete)，填充【前景色】为 R246，G215，B6，如图 7.14 所示。

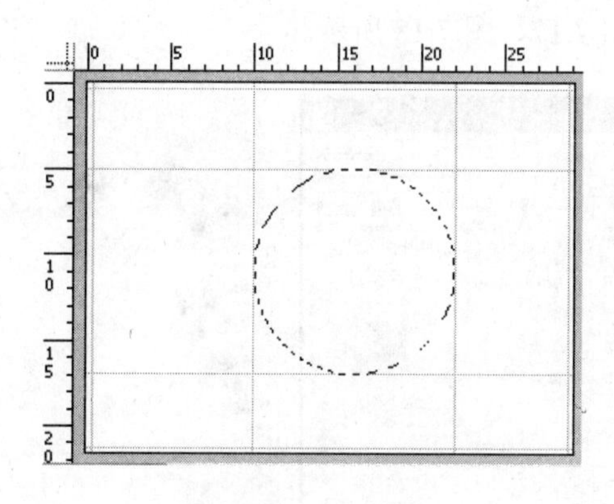

图 7.13 建立选区

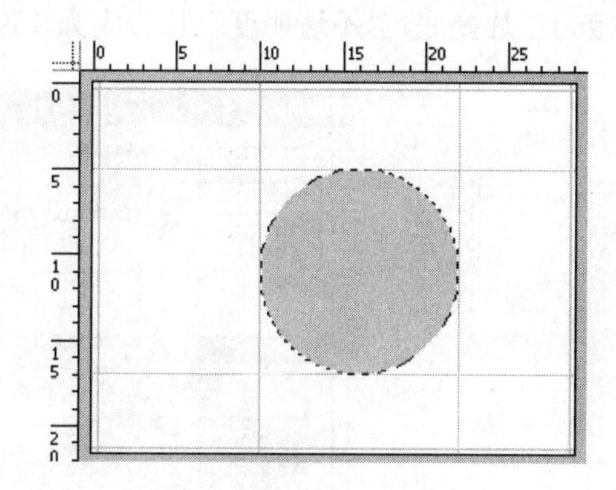

图 7.14 填充颜色

● 选择【编辑】|【自由变换】(Ctrl+T)，使用“移动”工具，从标尺线拉参考线至盘面圆心，建立参考线，如图 7.15 所示。

● 使用“移动”工具，双击画布左上角坐标零点，使坐标零点归位，然后拉坐标零点十字线至盘面圆心参考线位置，如图 7.16 所示。

● 选择【选择】|【取消选择】(Ctrl+D)。

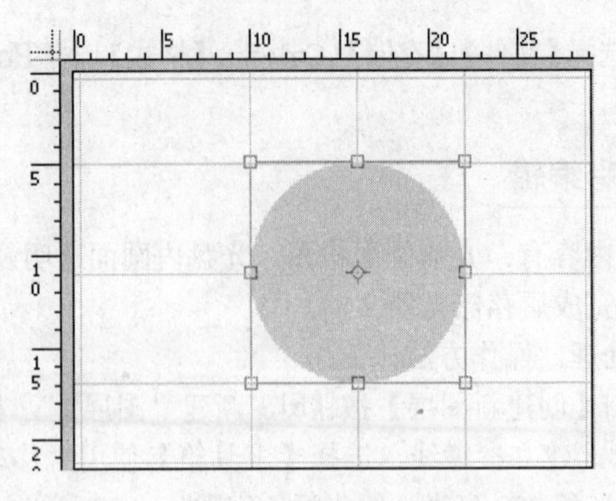

图 7.15　圆心参考线

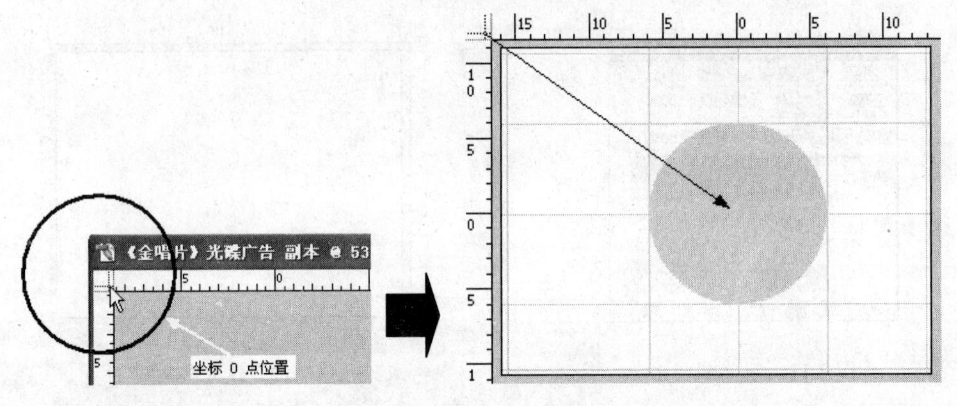

图 7.16　调整坐标零点位置

● 选择【图层】|【图层样式】|【斜面和浮雕】，“样式”设定为内斜面，“方法”设定为雕刻清晰，“深度”设定为 1%，“方向”设定为“上”、“大小”设定为 0 像素，“软化”设定为 0，“角度”设定为 120 度，“高度”设定为 30 度，“高光模式”设定为滤色，“阴影模式”设定为正片叠底，“不透明度”均设定为 75%，如图 7.17、图 7.18 所示。

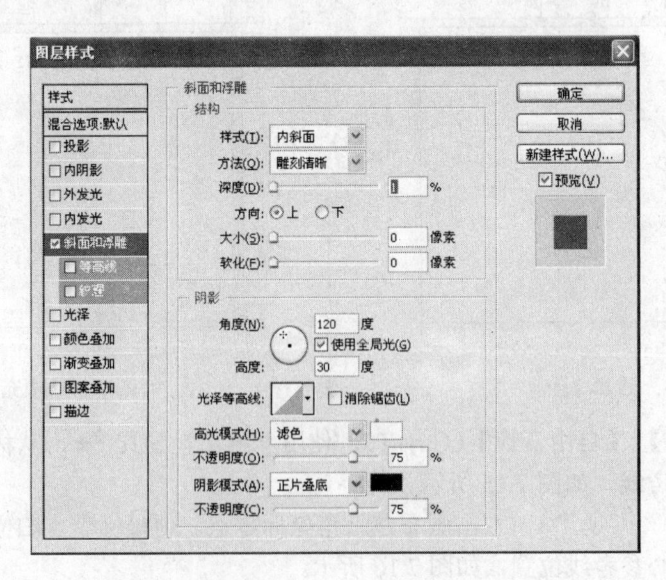

图 7.17　斜面浮雕参数

（2）内圆透明浮雕效果处理。操作方法如下：

● 使用“移动”工具，从标尺线拉参考线至横坐标-20 毫米位置，建立半径参考线，如图 7.19 所示。

● 在【工具箱】中选择“椭圆选框”工具，左手按压 Shift+Alt 键，从坐标零点向外画圆至横坐标-20 毫米参考线位置，如图 7.20 所示。

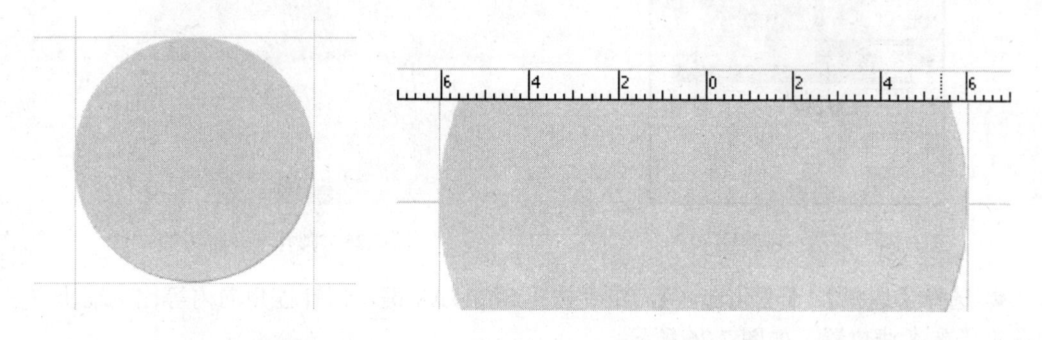

图 7.18 斜面浮雕效果

图 7.19 半径参考线

● 选择【编辑】|【清除】（Delete），删除选区内容，如图 7.21 所示。

● 保留选区。

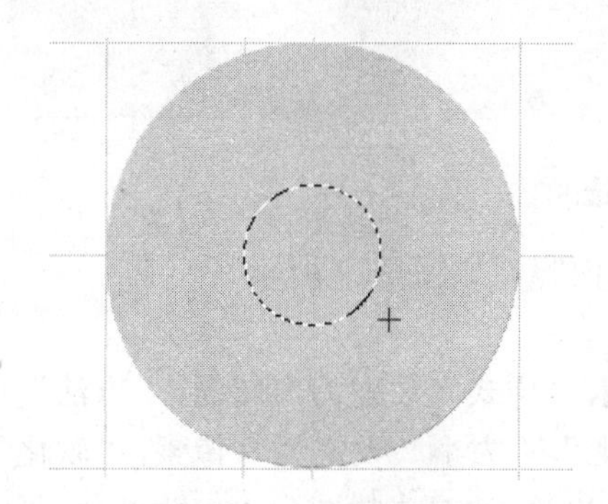

图 7.20 内圆选区

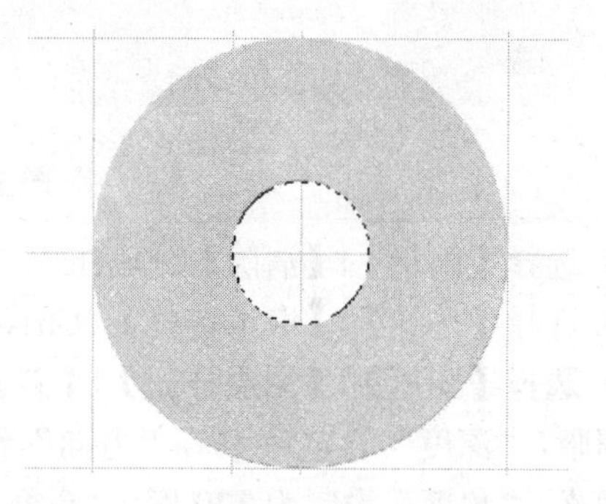

图 7.21 删除图像

● 选择【图层调板】|【创建新图层】按钮，新建“图层 2”，如图 7.22 所示。

● 选择【编辑】|【填充】（Alt+Delete），填充【前景色】为 R245，G240，B216，如图 7.23 所示。

图 7.22 新建图层 2

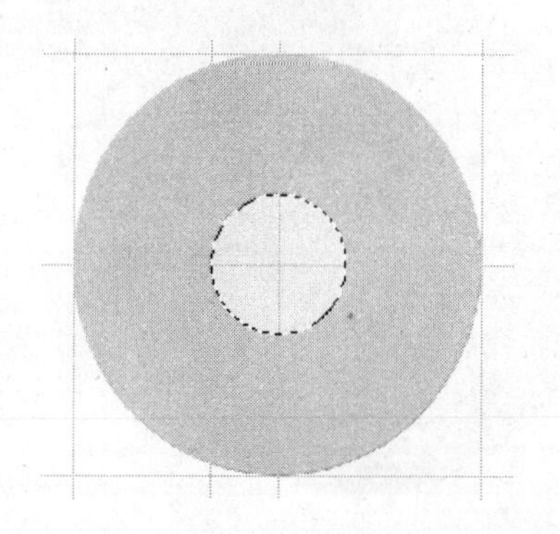

图 7.23 填充选区

● 选择【图层调板】|【不透明度】，“填充”设置为 76%，如图 7.24 所示。

● 使用“移动”工具 ，从标尺线拉参考线至横坐标-7.5 毫米位置，建立圆孔半径参考线，如图 7.25 所示。

图 7.24 图层不透明度

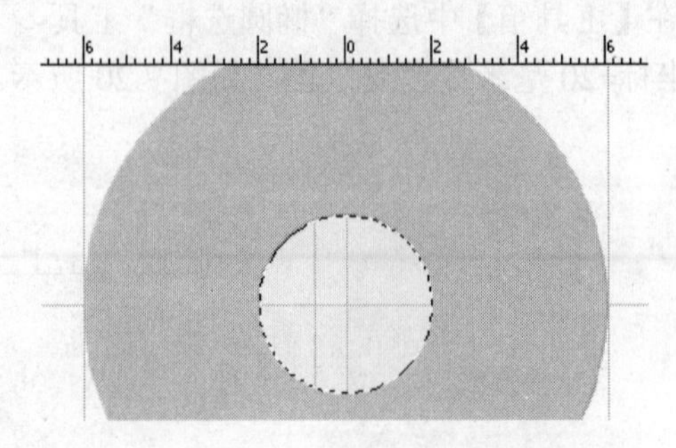

图 7.25 圆孔半径参考线

● 选择【选择】|【变化选区】，左手按压 Shift+Alt 键，指针挂角向内等比例缩小选区至圆孔半径参考线位置，如图 7.26 所示。

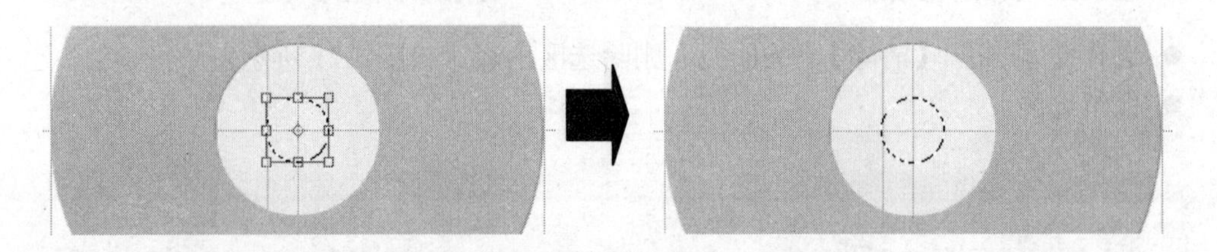

图 7.26 圆孔选区

● 选择【编辑】|【清除】(Delete)，删除选区内容，如图 7.27 所示。

● 选择【选择】|【取消选择】(Ctrl+D)。

● 选择【图层】|【图层样式】|【斜面和浮雕】，“样式”设定为内斜面，“方法”设定为雕刻清晰，“深度”设定为 1%，“方向”设定为“上”，“大小”设定为 0 像素，“软化”设定为 0 像素，“角度”设定为 120 度，“高度”设定为 30 度，“高光模式”设定为滤色，“阴影模式”设定为正片叠底，“不透明度”均设定为 75%，如图 7.28、图 7.29 所示。

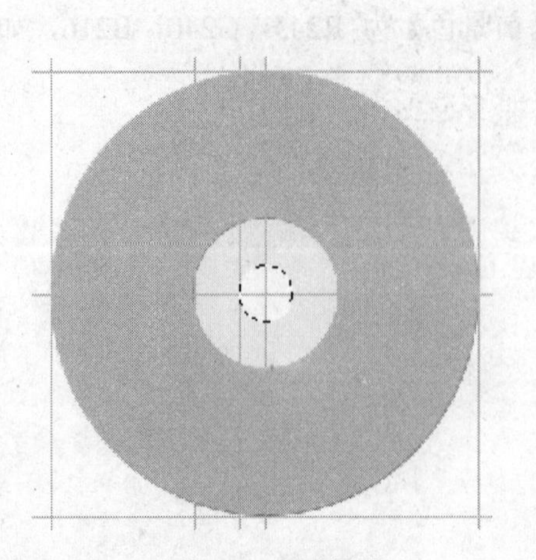

图 7.27 删除图像

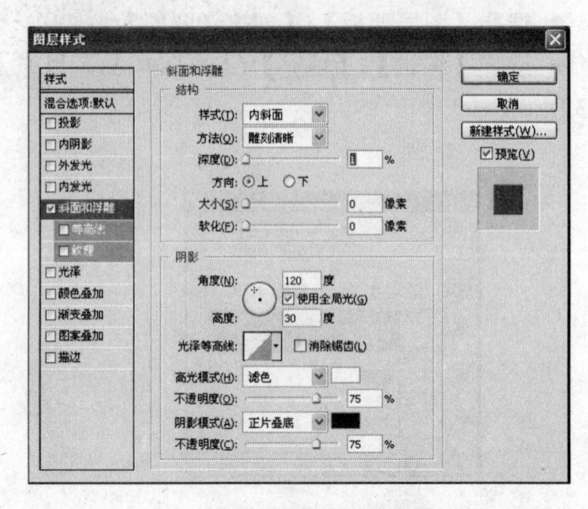

图 7.28 斜面浮雕参数

● 选择【图层调板】，将“图层 2”调整到“图层 1”的下面，如图 7.30 所示。

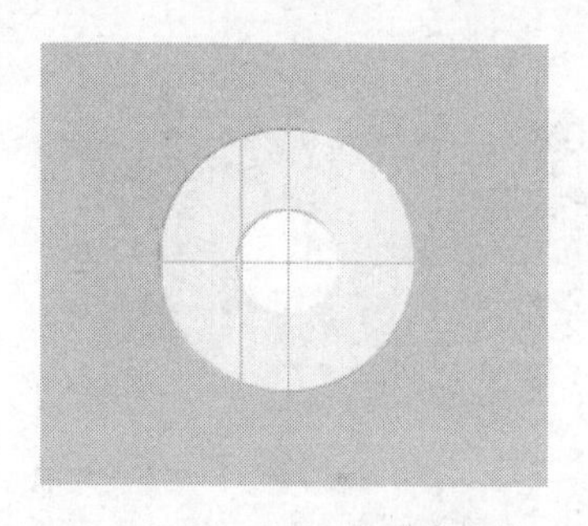

图 7.29 斜面浮雕效果

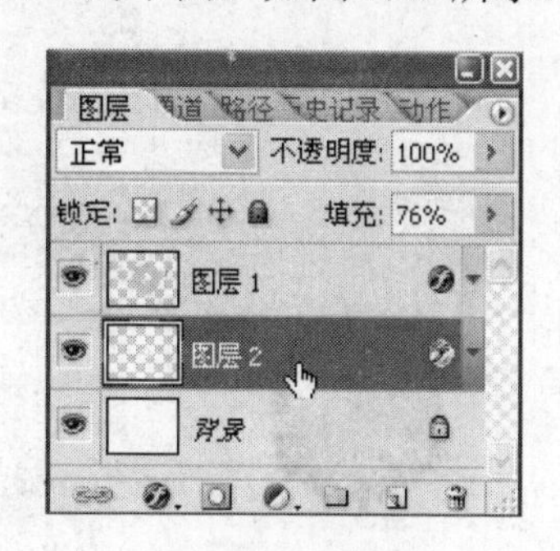

图 7.30 调整图层

● 选择【编辑】|【自由变换】（Ctrl+T），左手按压 Shift+Alt 键，指针挂角向外等比例稍微放大图像，隐藏浮雕外缘，如图 7.31 所示。

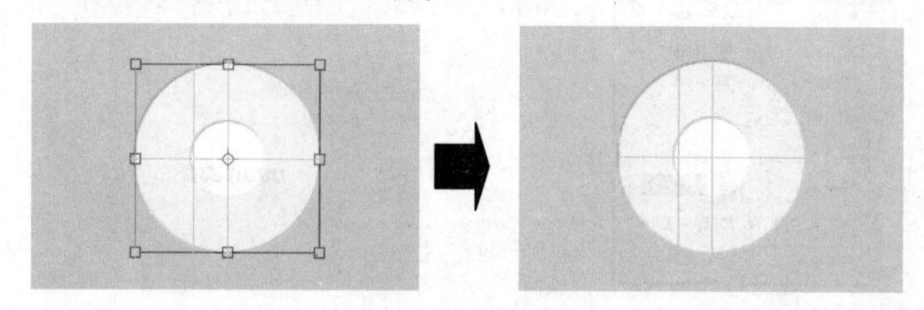

图 7.31 调整图像大小

● 选择【图层调板】|【右键】，单击“图层 2”，选择【复制图层】，建立“图层 2 副本”，选择【图层调板】|【颜色混合模式】|【亮度】，如图 7.32 所示。

● 在【工具箱】中选择“椭圆选框”工具◯，左手按压 Shift+Alt 键，从坐标零点向外画圆至 18.5 毫米位置，如图 7.33 所示。

图 7.32 复制图层

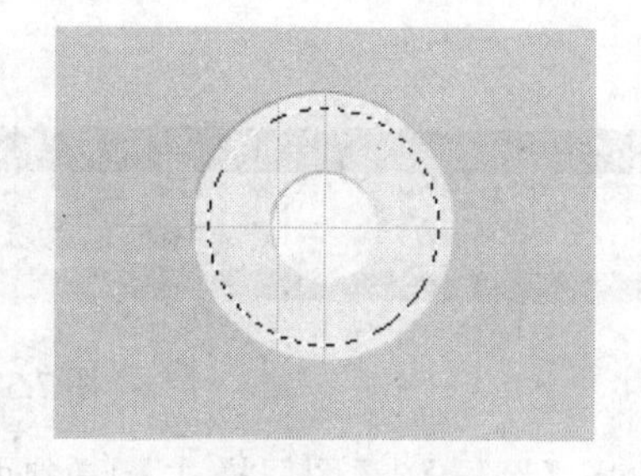

图 7.33 建立选区

● 选择【编辑】|【清除】（Delete），删除选区内容，如图 7.34 所示。

● 选择【选择】|【取消选择】（Ctrl+D）。

（3）文字透明浮雕效果处理。操作方法如下：

● 在【工具箱】中选择“横排文字”工具T，选择【选项栏】|【字符调板】，“文字颜色”设置为黑色，“字体”设置为 Arial Black，“字号”设置为 12 点，如图 7.35 所示。

● 在盘面圆孔的下面输入：DVDGEJI，如图 7.36 所示。

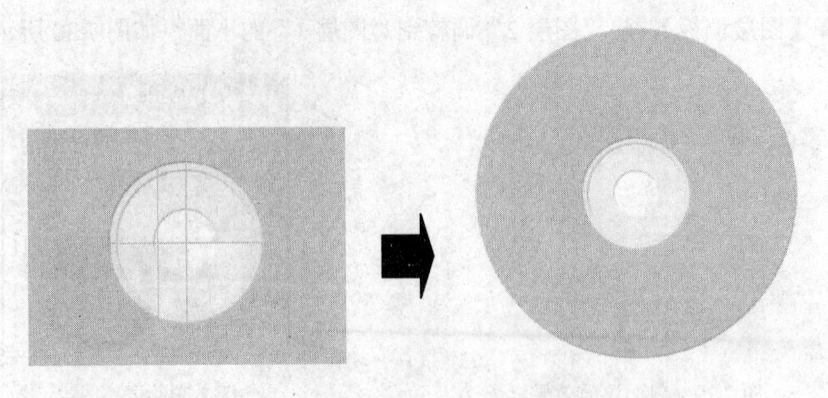

图 7.34　删除选区内容

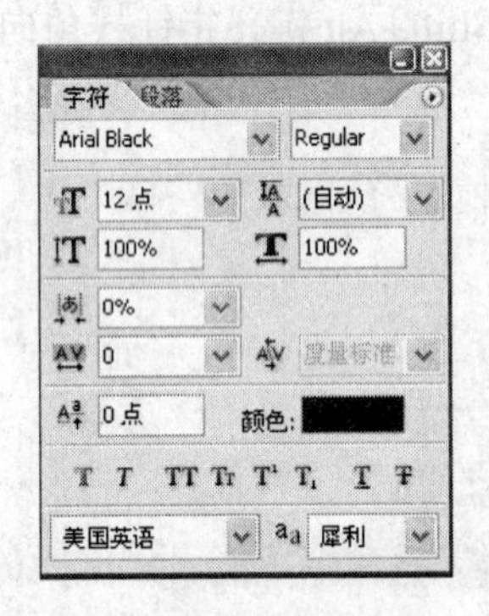

图 7.35　设定字符

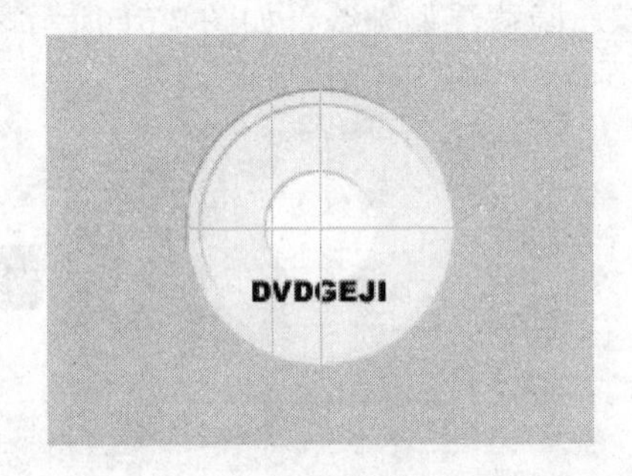

图 7.36　输入文字

● 选择【选项栏】|【创建文字变形】|【拱形】，点选“水平”，设定“弯曲”为-53%，“水平扭曲”为 0%，“垂直扭曲”为+22%，如图 7.37、图 7.38 所示。

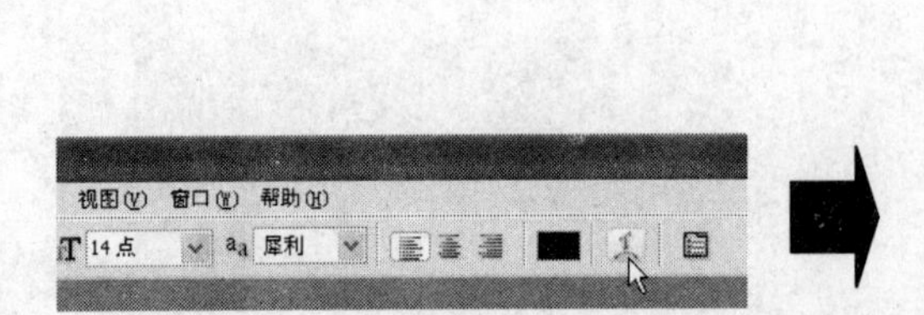

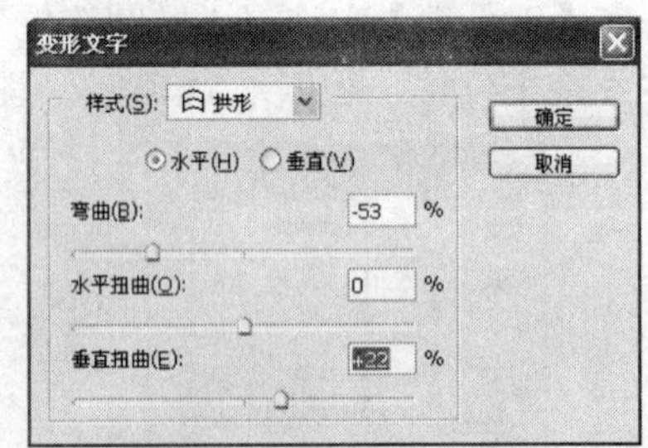

图 7.37　设定拱形文字

● 选择【图层】|【图层样式】|【斜面和浮雕】，“样式”设定为内斜面，“方法”设定为雕刻清晰，“深度”设定为 1%，“方向”设定为“上”，“大小”设定为 0 像素，“软化”设定为 0 像素，“角度”设定为 120 度，“高度”设定为 30 度，“高光模式”设定为滤色，“阴影模式”设定为正片叠底，“不透明度”均设定为 75%，如图 7.39 所示。

● 在【图层调板】上选择“浮雕图层”，设定“填充”颜色为 0%，如图 7.40、图 7.41 所示。

● 选择【图层调板】|【右键】，单击“DVDGEJI”文字层，选择【复制图层】，建立“DVDGEJI 副本文字层”，如图 7.42 所示。

图 7.38 拱形文字

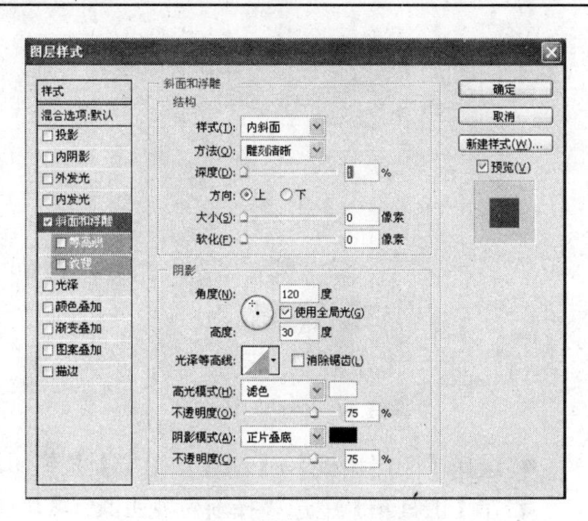

图 7.39 斜面浮雕参数

图 7.40 设定填充颜色

图 7.41 文字浮雕效果

● 选择【编辑】|【变换】|【旋转 180 度】，如图 7.43 所示。

● 选择【工具箱】使用“移动”工具，将旋转文字移动到圆孔的上方，与下边的文字对称，如图 7.44 所示。

图 7.42 文字层副本

图 7.43 文字旋转

（4）光碟表面映射光线处理。操作方法如下：

● 在【工具箱】中选择“魔棒”工具，选择【选项栏】|【添加到选区】按钮，“容差”设置为 32 像素，选择“消除锯齿”、“连续”。

● 在【图层调板】上选择“图层 1”，使用“魔棒”工具点选光碟外圆，建立选区，如图 7.45 所示。

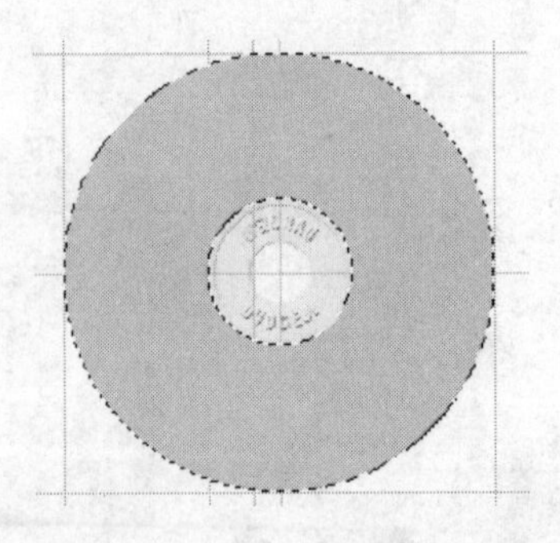

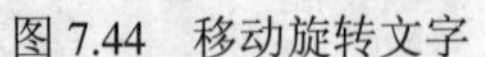

图 7.44 移动旋转文字

图 7.45 选择图像

● 选择【图层调板】|【创建新图层】按钮，新建“图层 3”，如图 7.46 所示。

● 在【工具箱】中选“择渐”变工具 ，选择【选项栏】|【渐变颜色编辑】|【铜色】，然后选择“线性渐变样式”，如图 7.47 所示。

图 7.46 新建图层 3

图 7.47 选择渐变颜色

● 使用“渐变”工具 从选区左上方至右下方进行渐变，如图 7.48 所示。

● 选择【图层调板】|【颜色混合模式】|【叠加】，如图 7.49、图 7.50 所示。

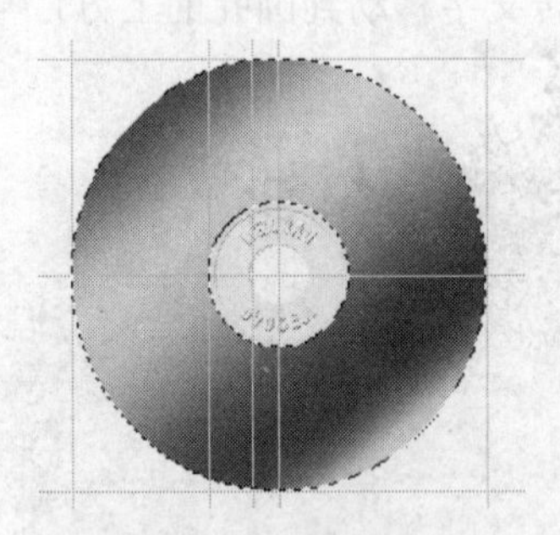

图 7.48 颜色渐变

图 7.49 选择颜色混合

（5）盘面文字编辑。操作方法如下：

● 选择【工具箱】|【路径工具组】，选择“椭圆”工具，如图 7.51 所示。

● 选择【选项栏】|【路径】按钮，如图 7.52 所示。

● 选择【工具箱】使用“移动”工具 ，从标尺线拉参考线至-50 毫米位置，建立半径参考线，如图 7.53 所示。

● 使用“椭圆”工具，左手按压 Shift+Alt 键，从坐标零点向外画圆至横坐标-50 毫米参考线位置，建立圆形路径，如图 7.54 所示。

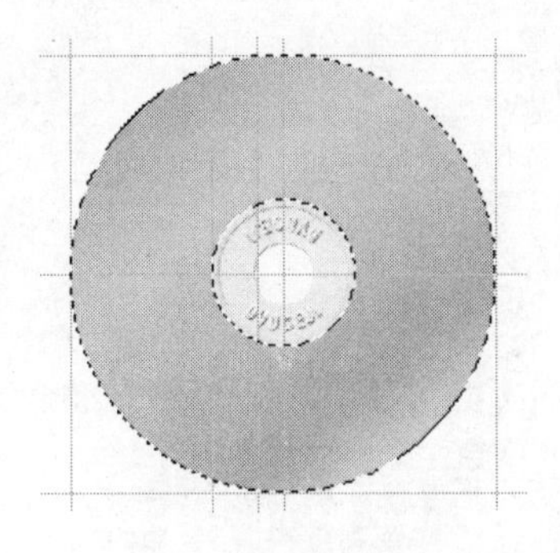

图 7.50 颜色叠加效果

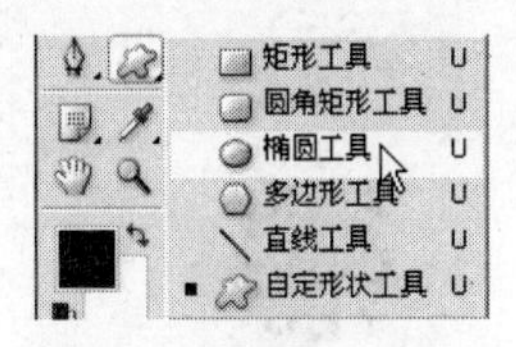

图 7.51 选择路径工具

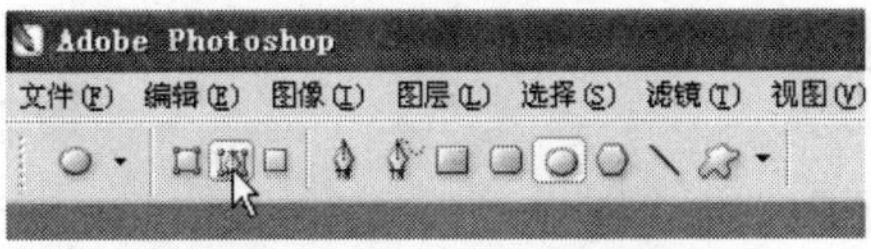

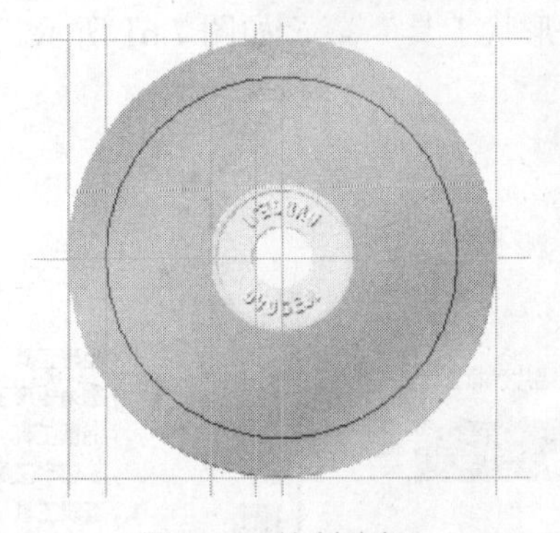

图 7.52 路径选项设定

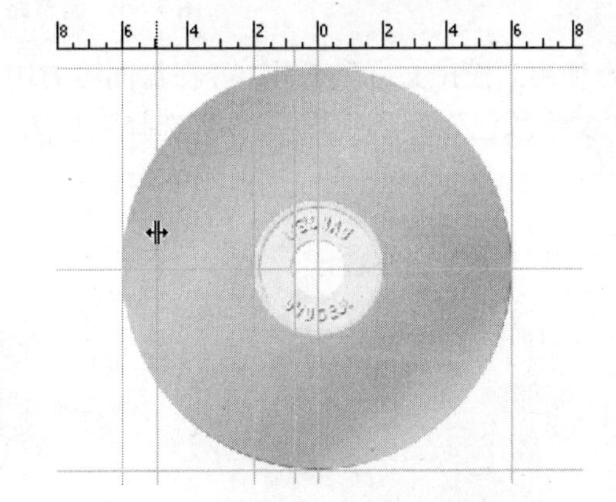

图 7.53 建立半径参考线

● 在【工具箱】中选择“横排文字”工具T，选择【选项栏】|【字符调板】，“文字颜色”设置为黑色，“字体”设置为黑体，“字号”设置为 13 点。

● 将文字光标T放在圆形路径的上边中间位置，输入：麦克克新族唱片发行公司 新亚多迷演唱公司 联合发行，如图 7.55 所示。

● 选择【编辑】|【自由变换】(Ctrl+T)，使用旋转指针向左旋转 150 度，按“回车”键，调整路径文字位置，可以多旋转几次，每次旋转后按“回车”键，观察文字位置，如图 7.56 所示。

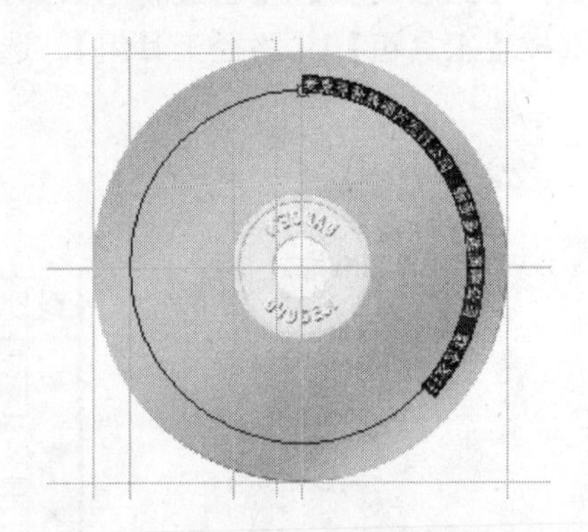

图 7.54 绘制路径

图 7.55 输入路径文字

● 使用“横排文字”工具T，在盘面上方中间位置，输入盘名“金唱片”，设置“文字颜色”为黑色，“字体”选择汉仪大隶书，“字号”设置为 33 点，如图 7.57 所示。

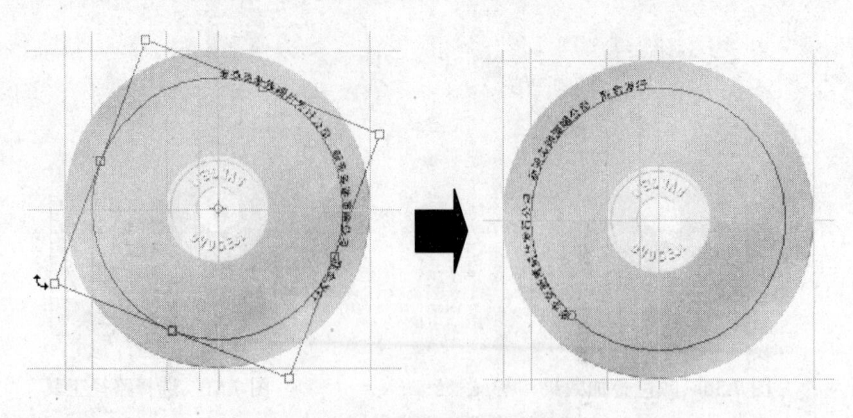

图 7.56　调整路径文字位置

● 使用“横排文字”工具T，在盘面上方中间位置，输入光碟类型“DVD.MP3.200 首”，设置“文字颜色”为黑色，“字体”选择汉仪大宋简，“字号”设置为 27 点，如图 7.58 所示。

图 7.57　输入盘名

图 7.58　输入光碟类型

● 使用“横排文字”工具T，在盘面右边参考线上边，分两行输入光碟内容“港澳台著名歌星 最流行爱情歌曲”，设置“文字颜色”为黑色，“字体”选择汉仪大宋简，“字号”设置为 13 点，如图 7.59 所示。

（6）盘标透明浮雕效果处理。操作方法如下：

● 选择【图层调板】|【创建新图层】按钮，新建“图层 4”，如图 7.60 所示。

● 选择【工具箱】|【路径工具组】，选择“自定形状工具”，如图 7.61 所示。

图 7.59　输入光碟内容

图 7.60　新建图层 4

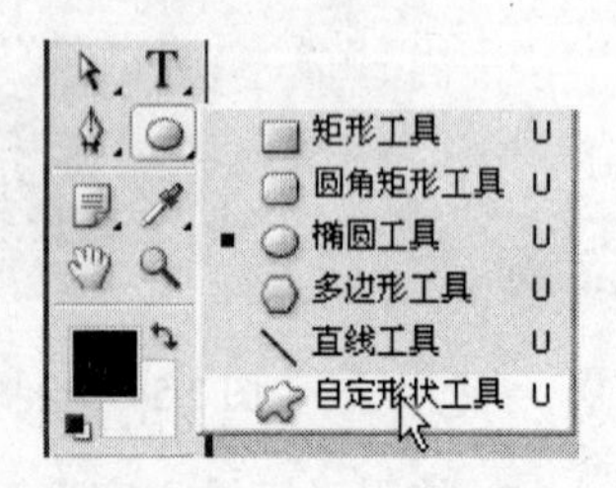

图 7.61　选择形状工具

● 选择【选项栏】|【形状选项】按钮，同时选定【填充像素】按钮□，“模式”为正常，“不透明度”为 100%，勾选“消除锯齿”，然后在预设中选择“爪印”，如图 7.62 所示。

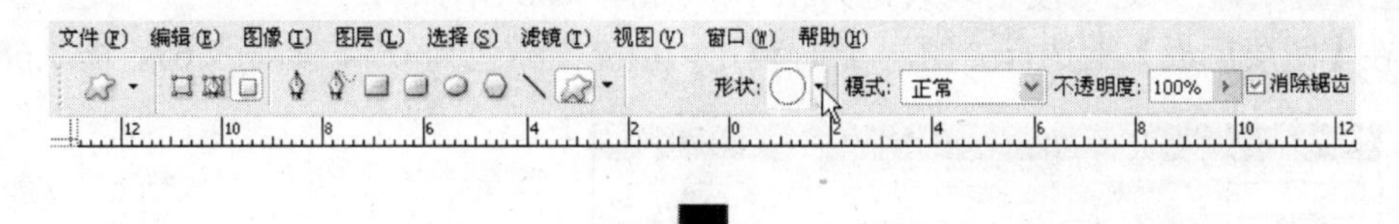

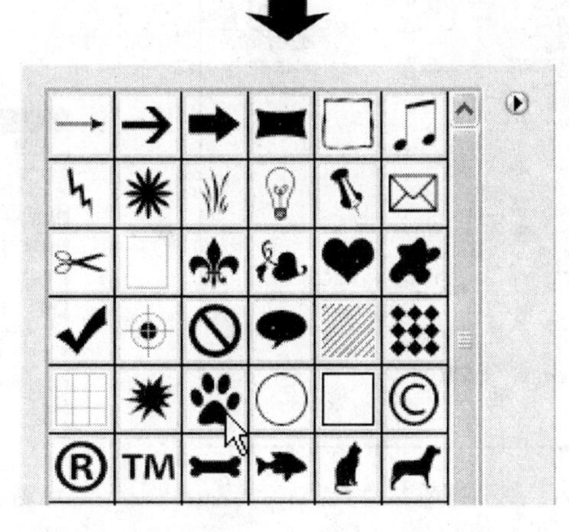

图 7.62 选择形状

● 在“光碟内容”左下方位置绘制爪印图形，如图 7.63 所示。

● 选择【选项栏】|【形状选项】按钮，同时选定【填充像素】按钮□，“模式”为正常，“不透明度”为 100%，勾选“消除锯齿”，然后在预设中选择“画框 7”，如图 7.64 所示。

图 7.63 绘制形状图形

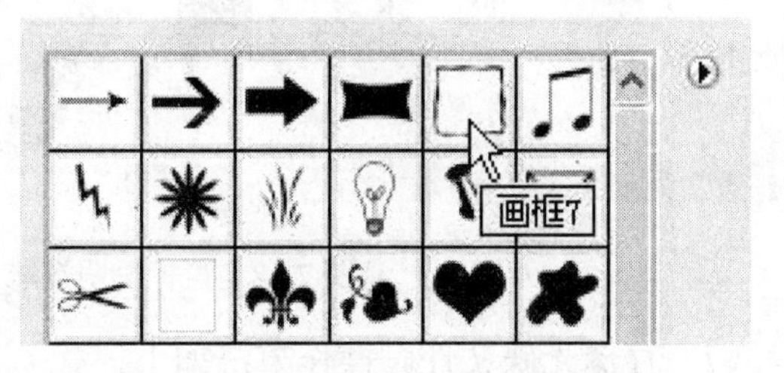

图 7.64 选择形状

● 在“爪印”外边绘制盘标图形，如图 7.65 所示。

图 7.65 绘制盘标图形

● 选择【图层】|【图层样式】|【斜面和浮雕】，“样式”设定为内斜面，“方法”设定为

平滑，“深度”设定为 100%，“方向”设定为“上”，“大小”设定为 0 像素，“软化”设定为 0 像素，“角度”设定为 120 度，“高度”设定为 30 度，“高光模式”设定为滤色，“阴影模式”设定为正片叠底，“不透明度”均设定为 75%，如图 7.66 所示。

● 在【图层调板】上选择“图层 4”，设定“填充”颜色为 0%，如图 7.67、图 7.68 所示。

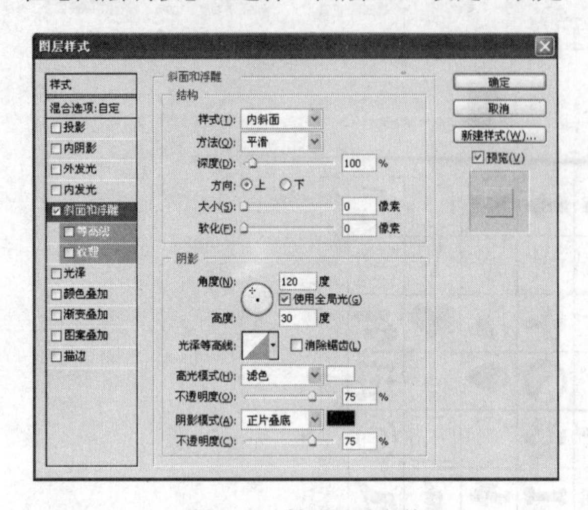

图 7.66　斜面浮雕参数

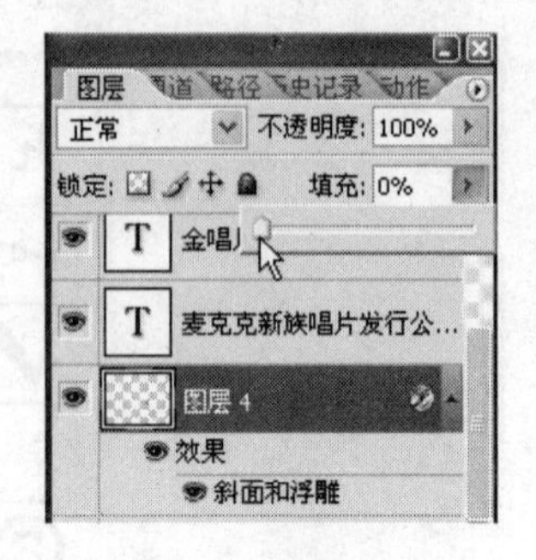

图 7.67　设定填充颜色

● 选择【视图】|【隐藏参考线】(Ctrl+;)，观察光碟设计效果，如图 7.69 所示。

图 7.68　盘标透明浮雕　　　　图 7.69　光碟效果

（7）存储光碟文件。操作方法如下：

● 选择【文件】|【存储】(Ctrl+S)，【格式】选择 Photoshop（*.PSD;*.PDD），单击【保存】按钮。

● 选择【文件】|【存储为】(Shift+Ctrl+S)，【格式】选择 Photoshop（*.PSD;*.PDD），【文件名】中输入：金唱片原盘，单击【保存】按钮。

7.3.3　光碟盒色彩编辑

光碟盒色彩编辑主要工作是：绘制一个光碟盒，在光碟盒面上输入文字，置入光碟盘标。

（1）光碟盒构图。操作方法如下：

● 使用“移动”工具 ▸✥，保留出血参考线，删除其他参考线，如图 7.70 所示。

● 使用“移动”工具 ▸✥，双击画布左上角坐标零点，使坐标零点归位。

● 使用“移动”工具 ▸✥，在横坐标 170 毫米和 267 毫米，纵坐标 52 毫米、149 毫米位置建立 4 条参考线，如图 7.71 所示。

图 7.70 删除参考线

图 7.71 新设参考线

● 在【图层调板】上隐藏背景，任意选择一个图层，选择【图层】|【合并可见图层】（Shift+Ctrl+E），如图 7.72 所示。

● 选择【图层调板】|【右键】|【图层属性】|【名称】，名称命名为“图层 1”，恢复背景显示，如图 7.73 所示。

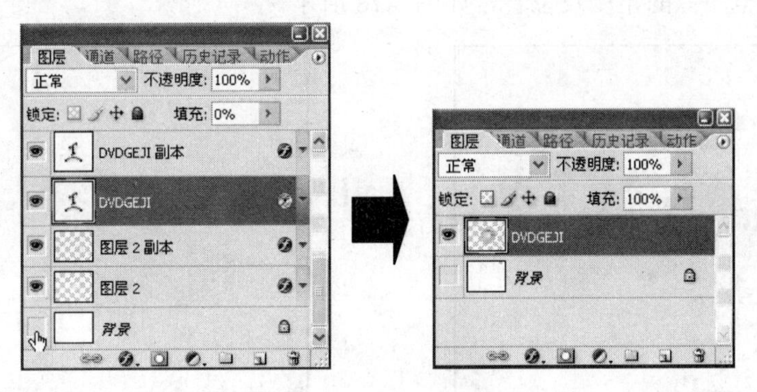

图 7.72 合并可见图层

● 选择【编辑】|【自由变换】（Ctrl+T），将光碟缩小移动到新设参考线的控制区内，如图 7.74 所示。

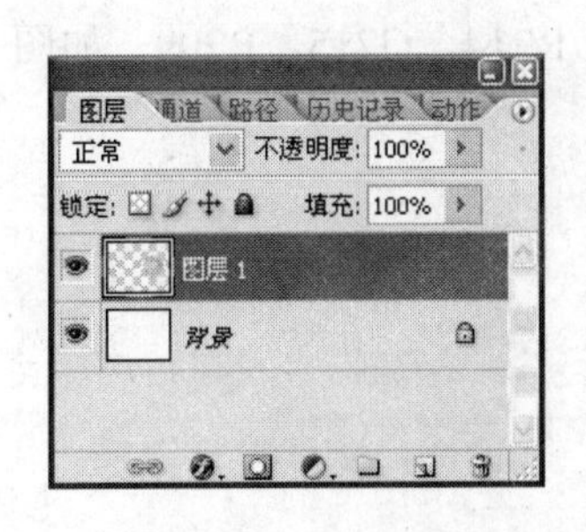

图 7.73 设定图层 1

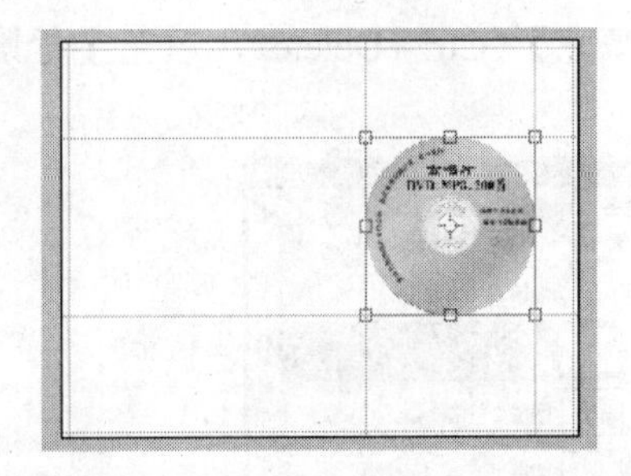

图 7.74 调整光碟位置

● 选择【图层调板】|【创建新图层】按钮，新建“图层 2”，如图 7.75 所示。

● 在【工具箱】中选择“矩形选框”工具，在光碟的左侧构建一个长方形选区，如图 7.76 所示。

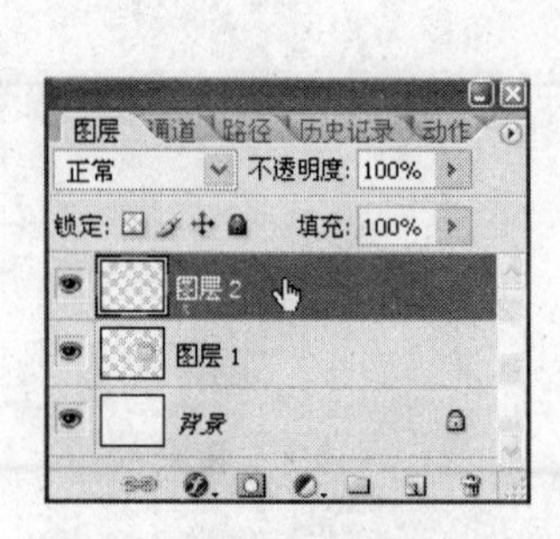

图 7.75 新建图层 2

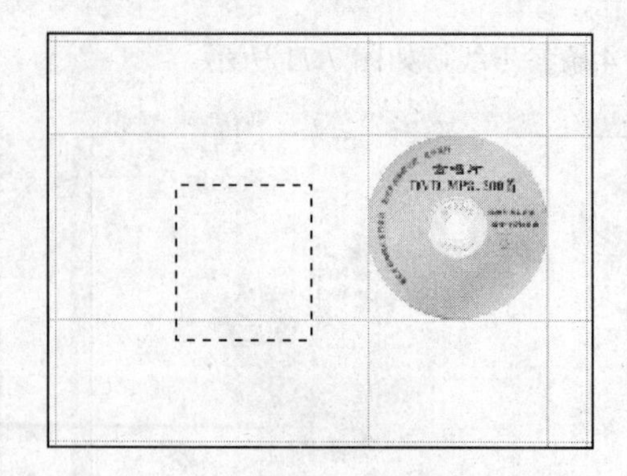

图 7.76 建立选区

● 在【工具箱】中设定【前景色】为 R177，G176，B172，设定【背景色】为 R214，G215，B209。

● 在【工具箱】中选择“渐变”工具 ，选择【选项栏】|【渐变颜色编辑】|【前景到背景】，然后选择“线性渐变样式” ，在选区内从左至右渐变，如图 7.77 所示。

● 选择【选择】|【取消选择】(Ctrl+D)。

● 选择【编辑】|【自由变换】(Ctrl+T)，左手按压 Ctrl 键，移动鼠标指针从图形框的边角进行斜切，调整图像的角度及位置，如图 7.78 所示。

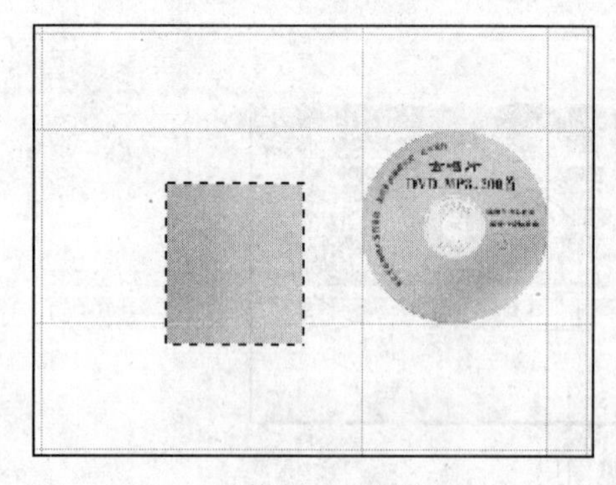

图 7.77 颜色渐变

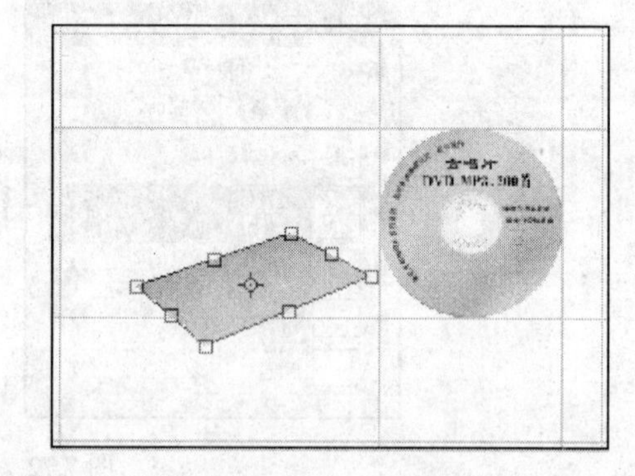

图 7.78 自由变换

● 选择【图层调板】|【创建新图层】按钮 ，新建“图层 3”，如图 7.79 所示。

● 在【工具箱】中选择“矩形选框”工具 ，在渐变图像上构建一个长方形选区，选择【编辑】|【填充】(Ctrl +Delete)，填充【背景色】为 R214，G215，B209，如图 7.80 所示。

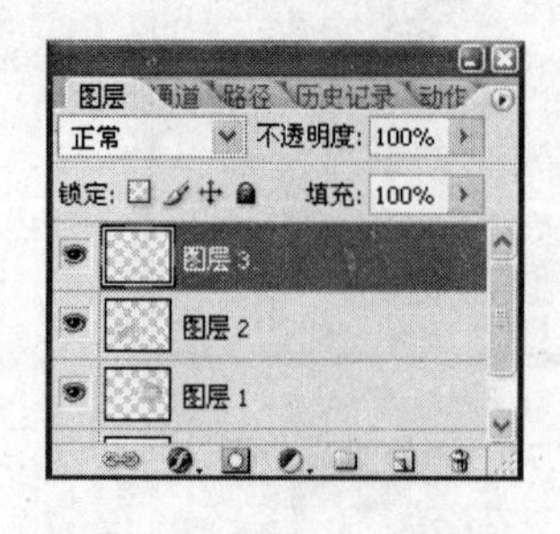

图 7.79 新建图层 3

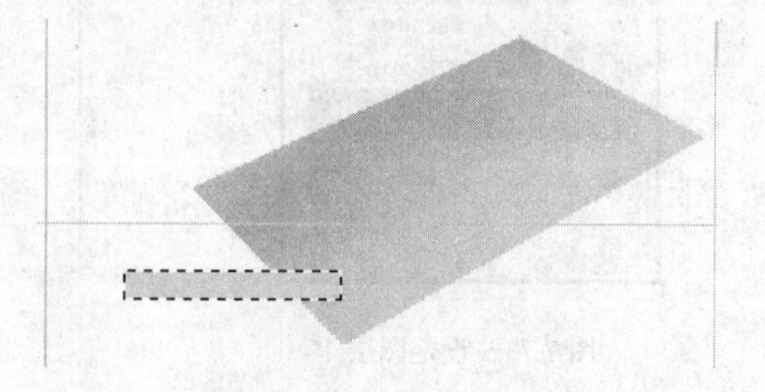

图 7.80 填充颜色

● 选择【选择】|【取消选择】(Ctrl+D)。

● 选择【编辑】|【自由变换】(Ctrl+T)，左手按压 Ctrl 键，移动鼠标指针从图形框的边角进行斜切，调整图像的角度及位置，如图 7.81 所示。

● 选择【图层调板】|【创建新图层】按钮，新建“图层 4”，如图 7.82 所示。

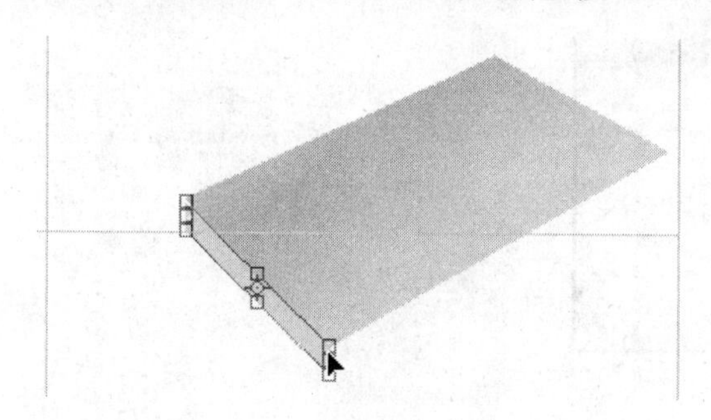

图 7.81　调整图像角度

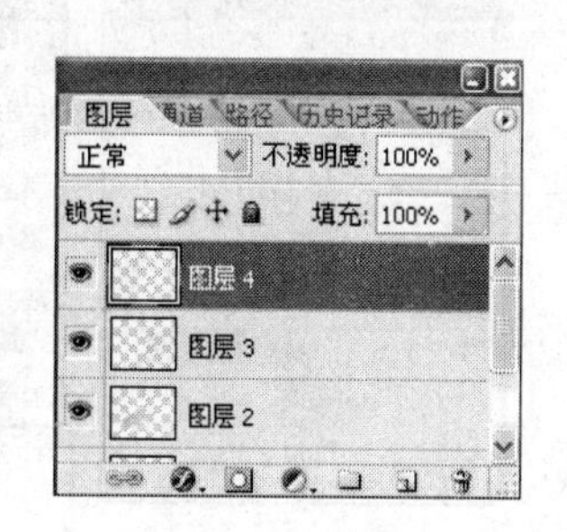

图 7.82　新建图层 4

● 在【工具箱】中选择“矩形选框”工具，在渐变图像下边构建一个长方形选区，选择【编辑】|【填充】(Ctrl +Delete)，填充【背景色】为 R214，G215，B209，如图 7.83 所示。

● 选择【选择】|【取消选择】(Ctrl+D)。

● 选择【编辑】|【自由变换】(Ctrl+T)，左手按压 Ctrl 键，移动鼠标指针从图形框的边角进行斜切，调整图像的角度及位置，如图 7.84 所示。

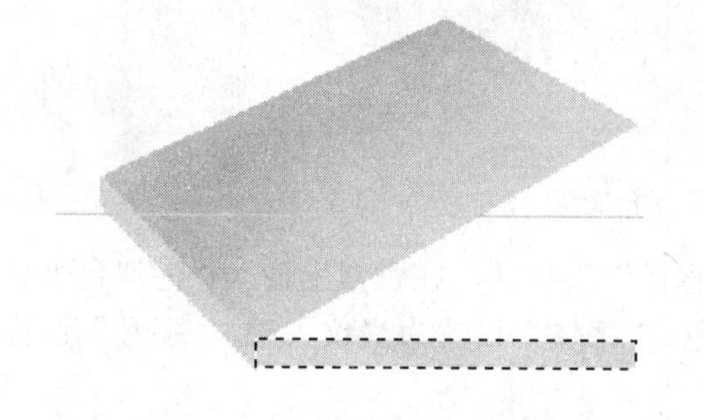

图 7.83　填充颜色

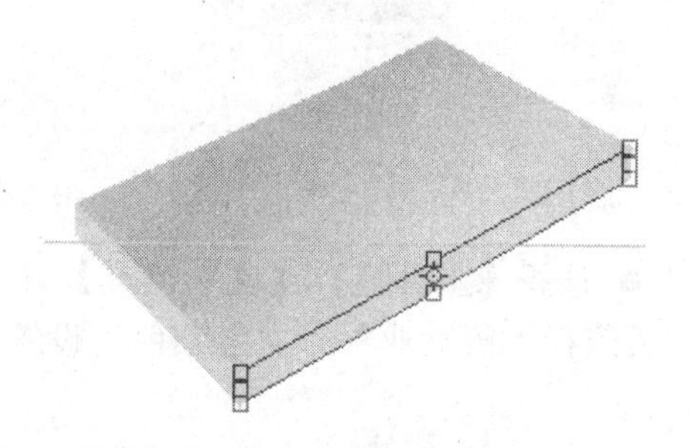

图 7.84　调整图像角度

● 选择【图像】|【调整】|【亮度/对比度】，设定“亮度”为+15，“对比度”为+6，如图 7.85 所示。

图 7.85　调整图像色彩

（2）光碟盒文字处理。操作方法如下：

● 在【工具箱】中选择“横排文字”工具T，选择【选项栏】|【字符调板】，“文字颜色”设置为黑色，“字体”设置为黑体，“字号”设置为 8 点，“行距”设置 9 点，选择“段落调板”，

设定文字为中对齐，如图 7.86 所示。

● 使用“横排文字”工具T，在光碟盒参考线的下边，分三行输入“麦克克新族唱片发行公司 新亚多迷演唱公司 联合发行”，如图 7.87 所示。

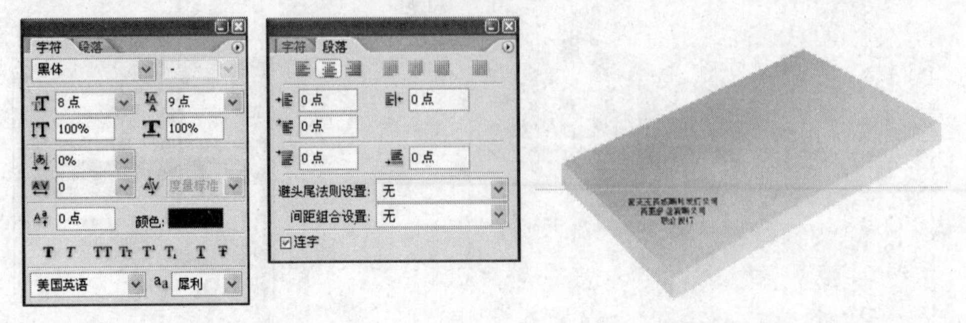

图 7.86 文字设定参数　　　　图 7.87 输入文字

● 选择【编辑】|【自由变换】(Ctrl+T)，左手按压 Ctrl 键，移动鼠标指针旋转和斜切图形框，调整文字的角度及位置，如图 7.88 所示。

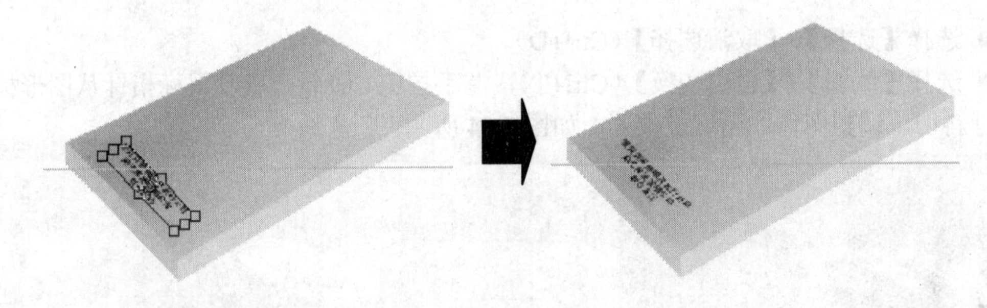

图 7.88 文字视角调整

● 选择【工具箱】|【文字工具】，使用“直排”工具IT，在盘盒上输入“港澳台著名歌星 最流行爱情歌曲”，“文字颜色”设置为黑色，“字体”设置为汉仪大宋，“字号”设置为 14 点。

● 选择【编辑】|【自由变换】(Ctrl+T)，左手按压 Ctrl 键，移动鼠标指针旋转和斜切图形框，调整文字在光碟盒书脊上的角度及位置，调整时可以将图像放大以便观察，如图 7.89 所示。

图 7.89 文字视角调整

(3) 光碟盒标志处理。操作方法如下：

● 选择【文件】|【打开】(Ctrl+O)，从范例 31 文件夹中打开“《金唱片》原盘”PSD 图

像，如图7.90所示。

● 选择“图层4”，设置“填充”密度为100%，如图7.91所示。

图7.90 《金唱片》原盘图像

图7.91 调整填充密度

● 使用“矩形选框”工具，选择盘标图像，选择【编辑】|【拷贝】(Ctrl+C)，拷贝选区内容，如图7.92所示。

● 关闭“《金唱片》原盘”PSD图像，出现对话框，单击“否”按钮。

● 选择【编辑】|【粘贴】(Ctrl+V)，【图层调板】上出现“图层5”，如图7.93所示。

图7.92 选择盘标

图7.93 图层5

● 选择【编辑】|【自由变换】(Ctrl+T)，左手按压Ctrl键，移动鼠标指针旋转图形框，然后从边角进行斜切，调整图像的角度及位置，将盘标置放在书脊字的上方，如图7.94所示。

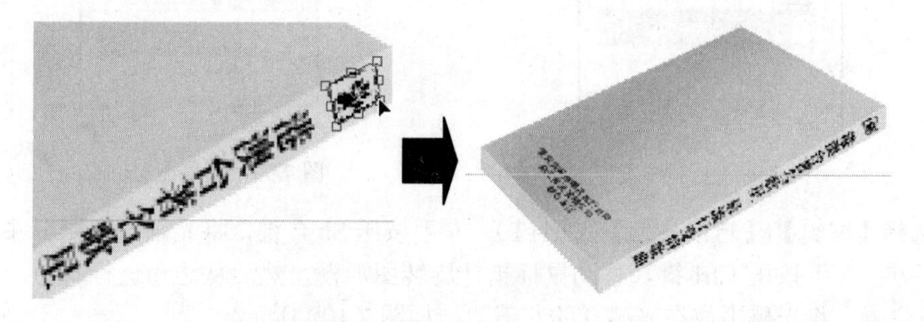

图7.94 盘标视角变化调整

7.3.4 光碟视角变化处理

使用【自由变换】工具调整两张正面光碟的视角变化，将其平放在光碟盒上。

(1) 正面光碟平放调整。操作方法如下：

● 选择【图层调板】|【右键】，单击“图层 1”，选择【复制图层】，建立“图层 1 副本”，然后调整到最上面一层，如图 7.95、图 7.96 所示。

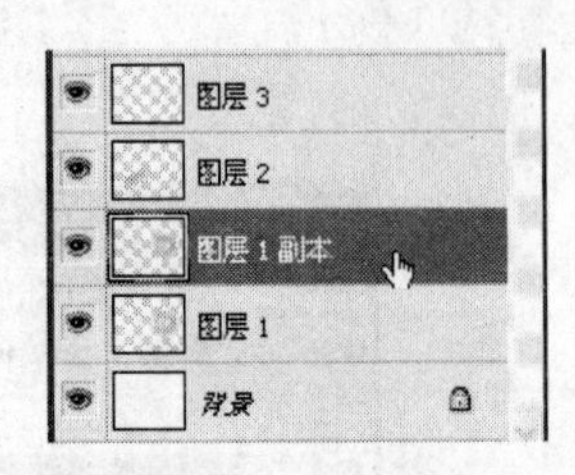

图 7.95 复制图层

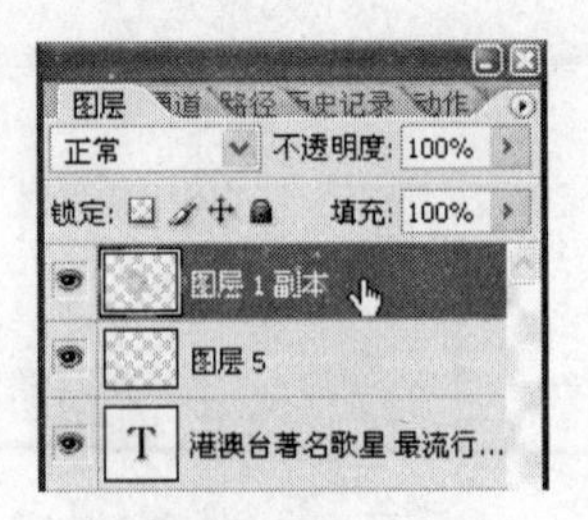

图 7.96 调整图层位置

● 选择【编辑】|【自由变换】(Ctrl+T)，左手按压 Shift 键，将光碟图像缩小并移动到光碟盒的上方，左手按压 Ctrl 键，移动鼠标指针旋转图形框，然后从边角进行斜切，调整图像的角度及位置，将光碟平放在光碟盒的上方，如图 7.97 所示。

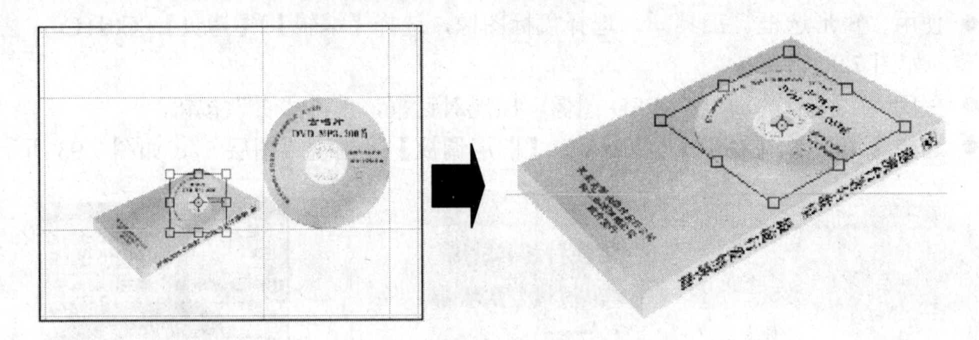

图 7.97 图像视角变化调整

(2) 侧面光碟平铺调整。操作方法如下：

● 选择【图层调板】|【右键】，单击“图层 1”，选择【复制图层】，建立“图层 1 副本 2”，然后调整到最上面一层，设置不透明度为 65%，如图 7.98、图 7.99 所示。

图 7.98 复制图层

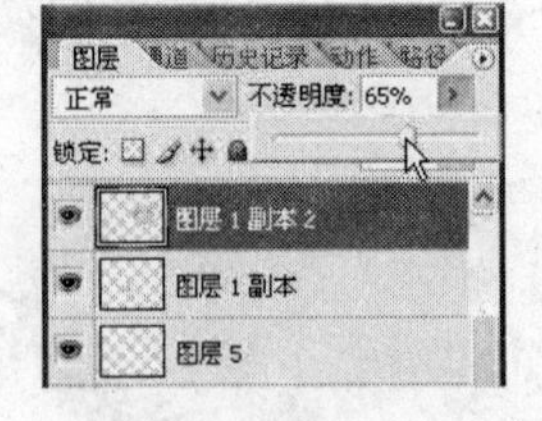

图 7.99 调整图层位置

● 选择【编辑】|【自由变换】(Ctrl+T)，左手按压 Shift 键，将光碟图像缩小并移动到光碟盒的下方；左手按压 Ctrl 键，移动鼠标指针旋转图形框，然后从边角进行斜切，调整图像的角度及位置，将光碟平放在光碟盒的左下边，如图 7.100 所示。

● 在【图层调板】上选择“图层 1 副本 2”，设置“不透明度”为 100%，如图 7.101 所示。

(3) 光碟盒打孔。操作方法如下：

● 在【图层调板】上选择“图层 1 副本 2”，在调板下边选择【创建新图层】按钮，新建“图层 6”，如图 7.102 所示。

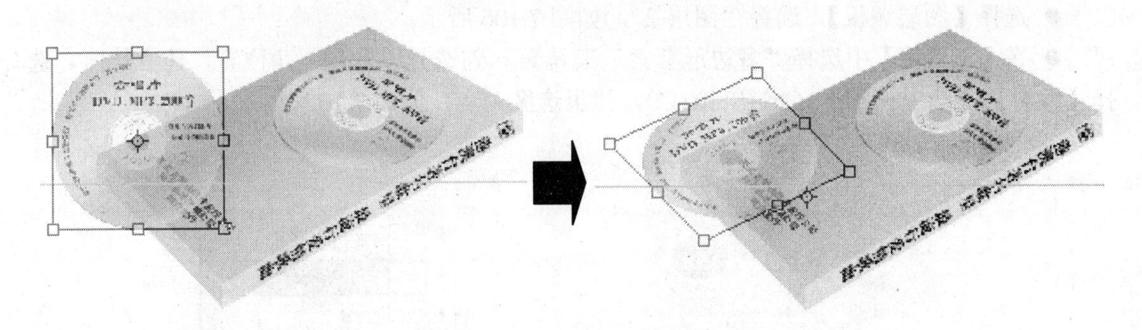

图 7.100 图像视角变化调整

图 7.101 恢复图层不透明度

● 在【工具箱】中选择“椭圆选框”工具◯，在下方光碟的右上方压边建立圆形选区，选择【编辑】|【填充】（Alt+Delete），填充【前景色】为黑色，如图 7.103 所示。

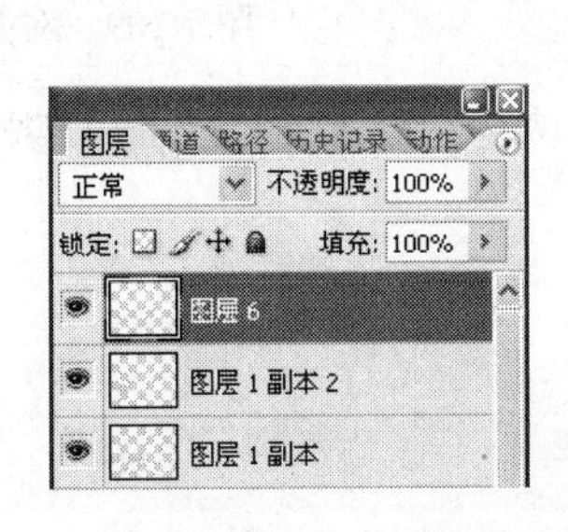

图 7.102 新建图层 6

图 7.103 填充选区

● 选择【编辑】|【描边】，设定“宽度”为 3px，点选“居中”，如图 7.104 所示。

● 选择【编辑】|【自由变换】（Ctrl+T），左手按压 Ctrl 键，移动鼠标指针从边角进行斜切，调整图像视角，使图像平行在光碟盒上，如图 7.105 所示。

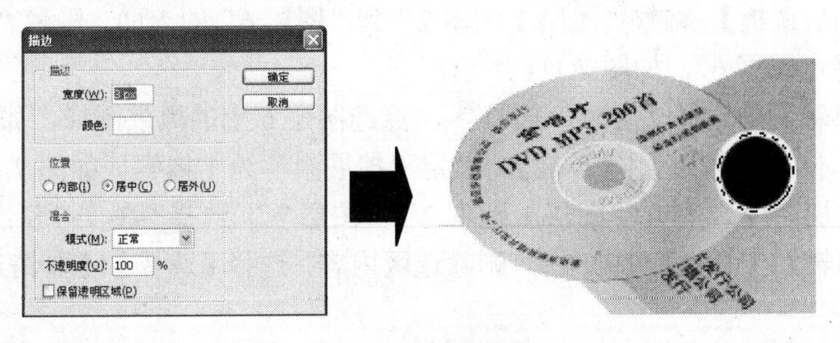

图 7.104 描边选区

● 选择【图层调板】，选择“图层 2”，如图 7.106 所示。

● 在【工具箱】中选择“多边形套索”工具，勾选光碟盒左下角位置，建立选区，选择【编辑】|【合并拷贝】(Ctrl+Shift+C)，拷贝选区内容，如图 7.107 所示。

图 7.105 自由变化调整图像

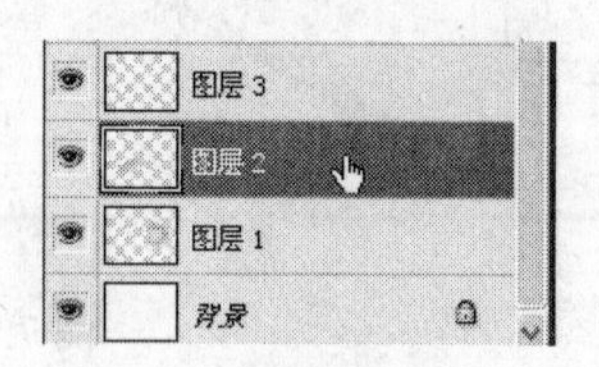

图 7.106 选择图层

● 选择【图层调板】，选择“图层 6”，选择【编辑】|【粘贴】(Ctrl+V)，【图层调板】上出现“图层 7”，如图 7.108 所示。

● 在【工具箱】中选择“移动”工具，移动、调整、对齐图像，如图 7.109 所示。

图 7.107 建立选区

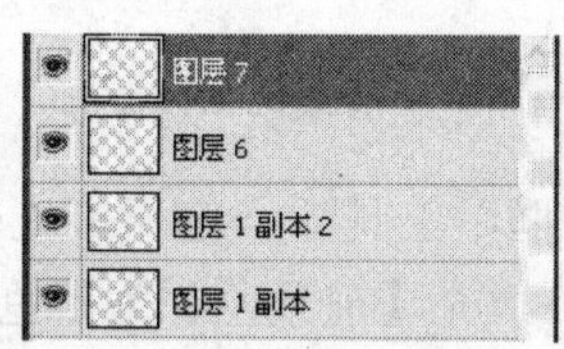

图 7.108 图层 7

图 7.109 对齐图像

● 选择【图层调板】，选择光碟发行单位文字层，调整到图层 7 的上面，如图 7.110 所示。

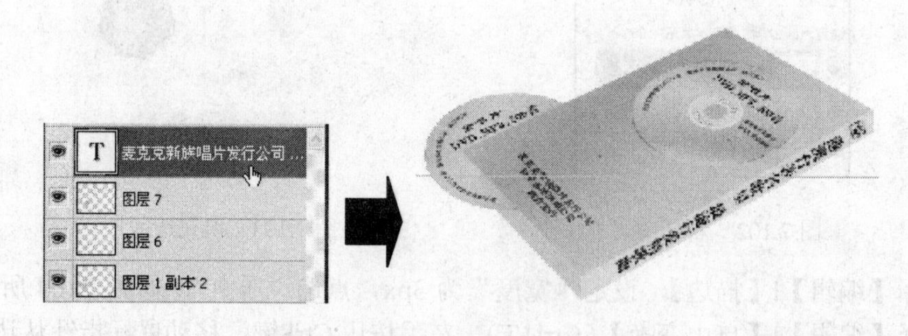

图 7.110 调整文字层

● 选择【图层调板】，调整“图层 1 副本 2”到“图层 6”的上面，隐藏“图层 1 副本 2”、“图层 7”，选择“图层 6”，如图 7.111 所示。

● 在【工具箱】中选择“魔棒”工具，点选图层 6 上的黑色图像，如图 7.112 所示。

● 选择【选择】|【修改】|【扩展】，设定“扩展量”为 1 像素，如图 7.113 所示。

● 选择【图层调板】，显示“图层 1 副本 2”、“图层 7”，选择“图层 7”，如图 7.114 所示。

● 选择【编辑】|【清除】(Delete)，删除选区内容，选择【选择】|【取消选择】(Ctrl+D)。如图 7.115 所示。

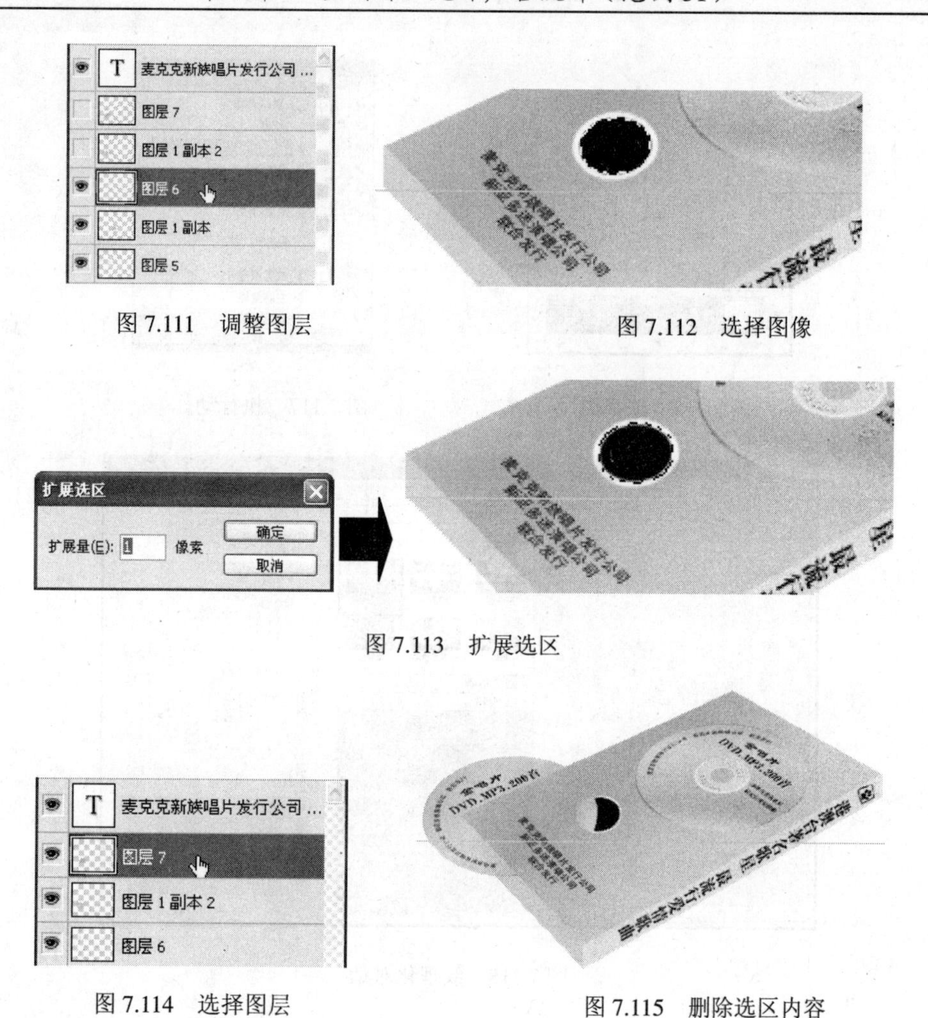

图 7.111 调整图层

图 7.112 选择图像

图 7.113 扩展选区

图 7.114 选择图层

图 7.115 删除选区内容

7.3.5 背景效果处理

《金唱片》光碟广告背景色彩处理，使用【动作】|【文理】，结合颜色渐变，构成庄重大方的版面色彩效果。

（1）使用动作效果。操作方法如下：

- 在【图层调板】上选择“背景”，如图 7.116 所示。
- 选择【窗口】|【动作】，打开【动作调板】，在【动作调板】右上角单击“下拉菜单”，先选择“复位动作”，复位动作后，在【动作调板】右上角单击“下拉菜单”，选择“纹理”并追加至【动作调板】。
- 选择【动作调板】|【文理】|【羊皮纸】，在【动作调板】下边点击【播放】按钮▶，如图 7.117 所示。
- 出现“纹理化”对话框，单击【确定】按钮，在【动作调板】上出现动作记录，在【图层调板】上出现“图层 8”，如图 7.118、图 9.119、图 7.120 所示。
- 在【工具箱】中选择“矩形选框”工具，在画布下半部建立选区，如图 7.121 所示。
- 选择【选择】|【羽化】（Ctrl+Alt+D），设置“羽化半径”为 100 像素，如图 7.122 所示。
- 选择【编辑】|【清除】（Delete），删除选取内容，如图 7.123 所示。

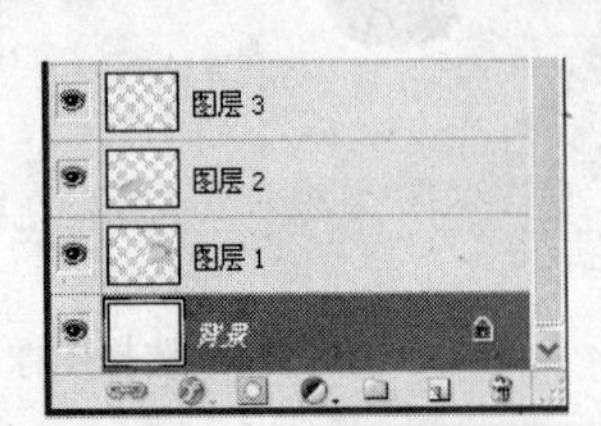

图 7.116 选择图层

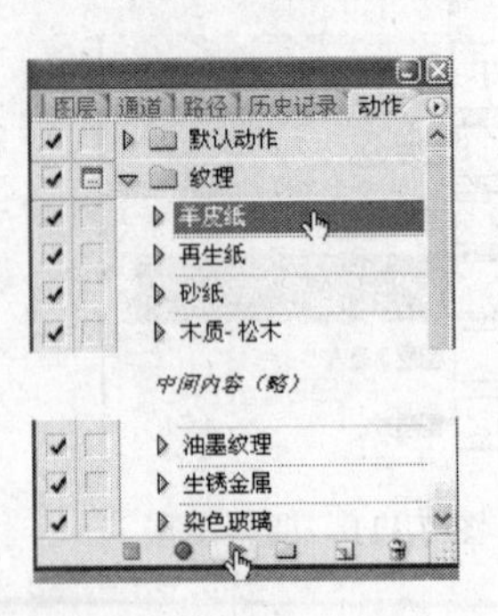

图 7.117 执行动作

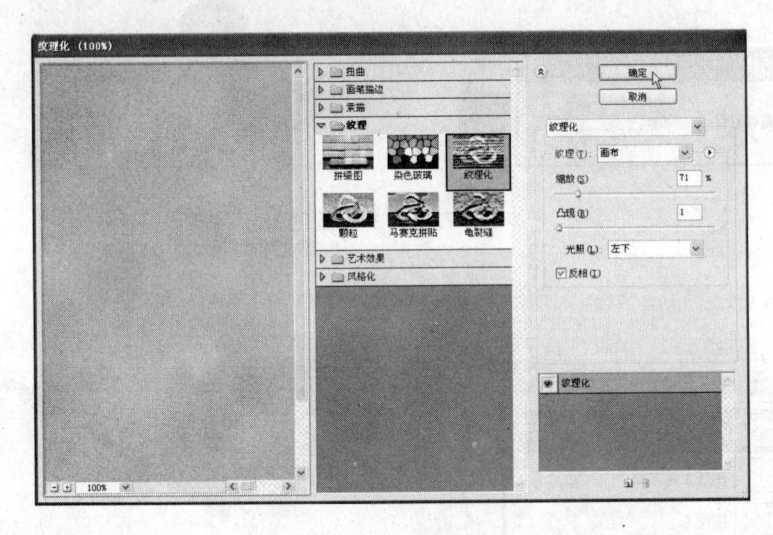

图 7.118 纹理化对话

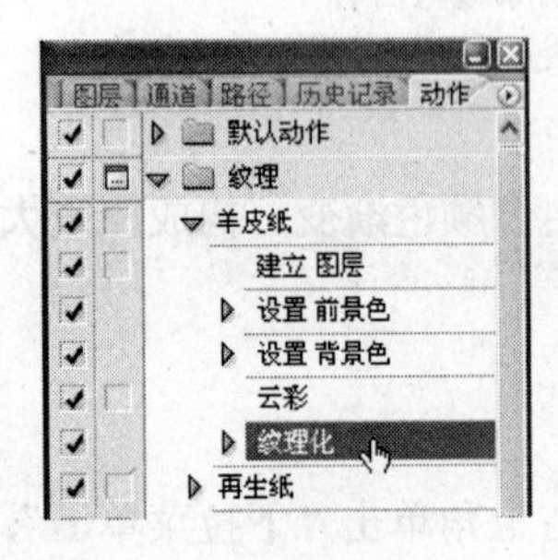

图 7.119 动作记录

图 7.120 图层 8

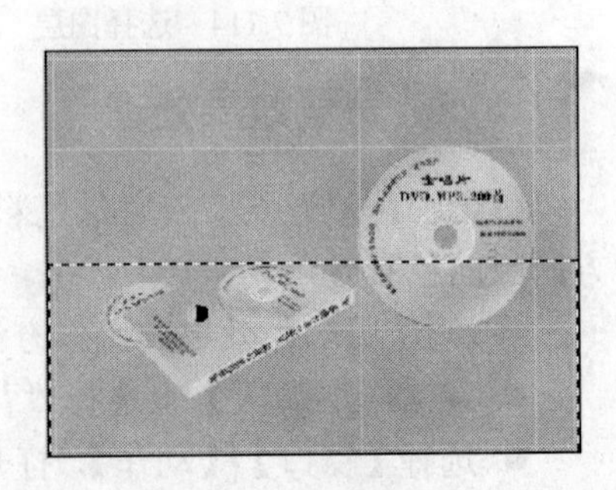

图 7.121 建立选区

图 7.122 羽化设定

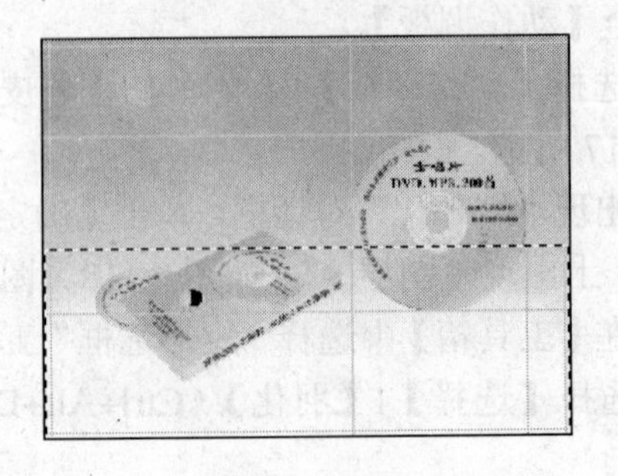

图 7.123 羽化删除

● 选择【选择】|【取消选择】(Ctrl+D)。

● 在【图层调板】上选择“背景”。

● 选择【编辑】|【填充】(Alt+Delete)，填充【前景色】，前景色设为 R58，G132，B169，如图 7.124 所示。

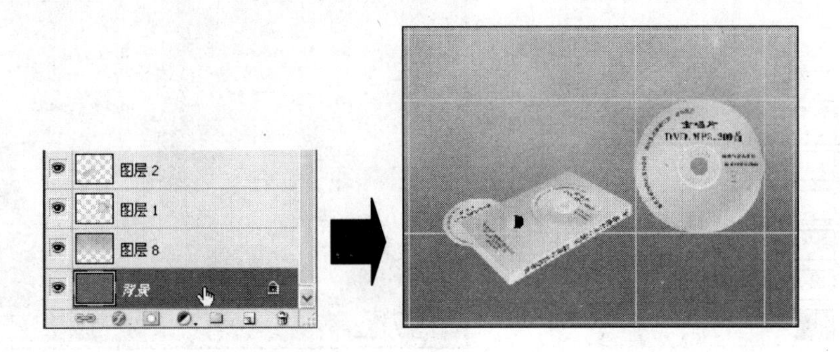

图 7.124 填充背景

● 在【图层调板】上选择“图层 8”，在调板下边选择【创建新图层】按钮，新建“图层 9”，如图 7.125 所示。

● 选择【前景色】，设定为 R152，G137，B83,【背景色】设定为 R202，G187，B159。

● 在【工具箱】中选择“矩形选框”工具，在光碟盒上构建选区，宽约 170 毫米，高约 10 毫米，如图 7.126 所示。

● 选择【选择】|【羽化】(Ctrl+Alt+D)，设置“羽化半径”为 20 像素，如图 7.127 所示。

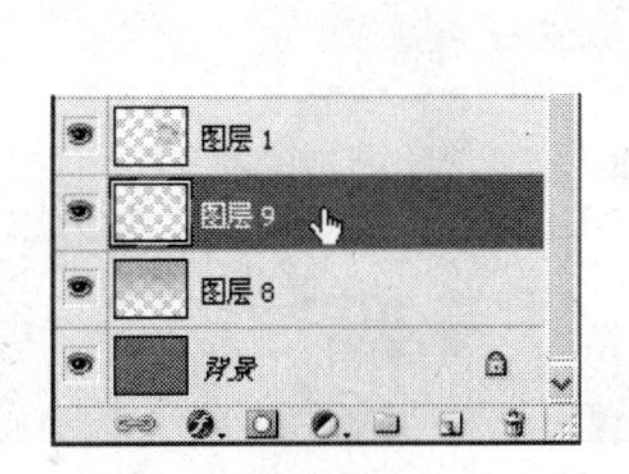

图 7.125 新建图层 9

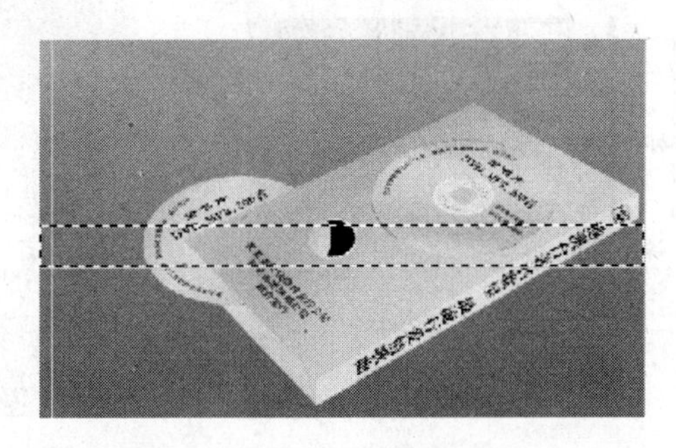

图 7.126 建立选区

● 在【工具箱】中选择“渐变”工具，选择【选项栏】|【渐变颜色编辑】|【前景到背景】，然后选择“线性渐变样式”。

● 使用“渐变”工具，在选区内从左至右进行颜色渐变，如图 7.128 所示。

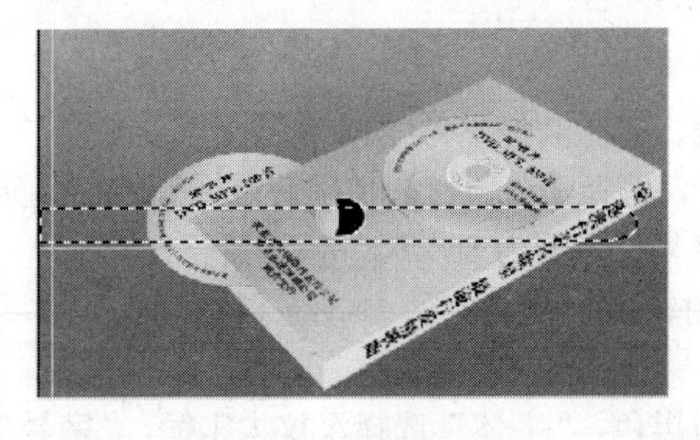

图 7.127 羽化选区边缘

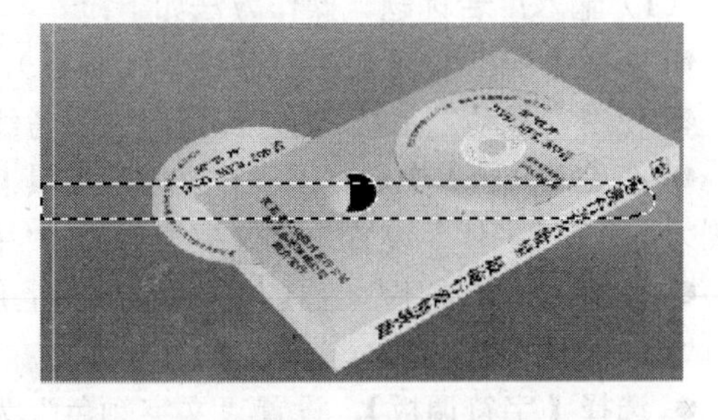

图 7.128 颜色渐变

● 选择【选择】|【取消选择】(Ctrl+D)。

● 在【工具箱】中选择“移动”工具,左手按压 Alt 键，向右下方拖移复制羽化图像数次，在【图层调板】出现复制图层，如图 7.129、图 7.130 所示。

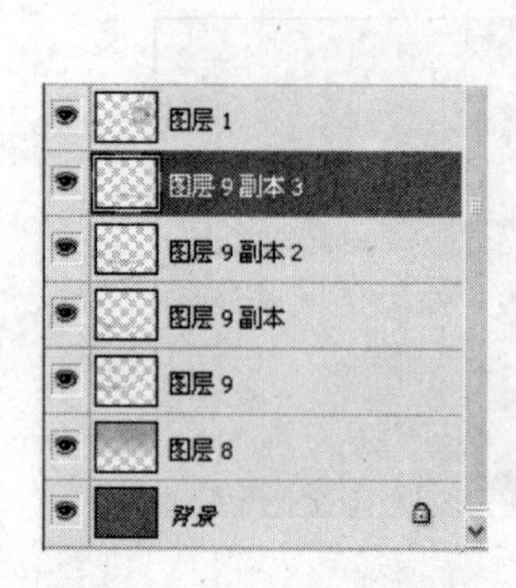

图 7.129 显示复制图层

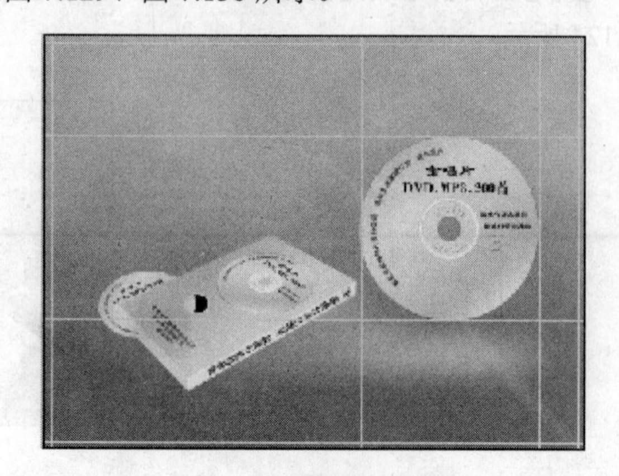

图 7.130 快速复制图像

● 选择【编辑】|【自由变换】(Ctrl+T)，分别调整复制图像的位置，依次梯形错位排列，如图 7.131 所示。

● 选择【视图】|【隐藏参考线】(Ctrl+;)，观察渐变色彩调整效果，如图 7.132 所示。

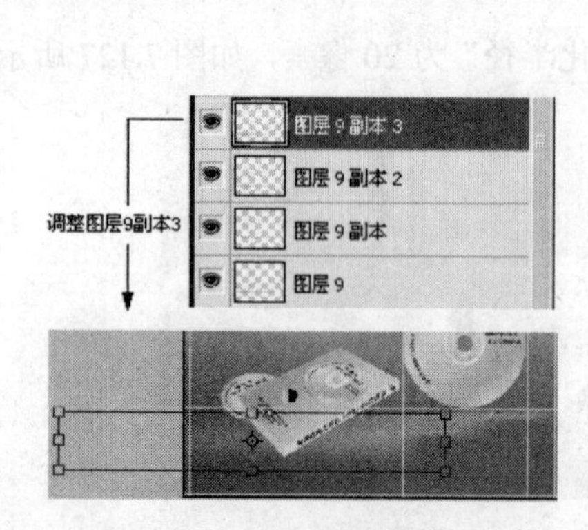

图 7.131 分别调整复制图像位置

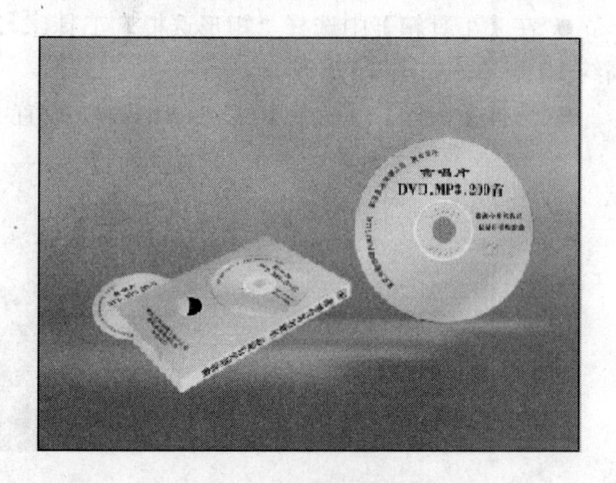

图 7.132 渐变色彩调整结果

7.3.6 输入广告文字

《金唱片》光碟广告版面文字布置有：广告标题、光碟内容、发行单位。

(1) 输入广告标题。操作方法如下：

● 选择【视图】|【显示参考线】(Ctrl+;)，

● 使用“移动”工具，保留出血参考线，删除其他参考线。

● 在【工具箱】中选择“横排文字”工具T，选择【选项栏】|【字符调板】，“文字颜色”设置为白色，“字体”设置为汉仪中隶书简，“字号”设置为 80 点。

● 使用“横排文字”工具T，在画布左上角输入“金唱片”，如图 7.133 所示。

(2) 输入光碟内容。操作方法如下：

● 选择【字符调板】，设置“文字颜色”为黑色，“字体”选择汉仪大宋简，“字号”设置为 30 点。

● 使用“横排文字”工具T，在广告标题文字下边，分两行输入光碟内容：“港澳台著名歌星 最流行爱情歌曲”，如图 7.134 所示。

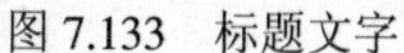

图 7.133　标题文字

图 7.134　光碟内容文字

（3）输入光碟发行单位。操作方法如下：

● 选择【字符调板】，设置“文字颜色”为黑色，“字体”选择汉仪中黑简，“字号”设置为 18 点。

● 使用“横排文字”工具T，在正面光碟下边，分三行输入发行单位：“麦克克新族唱片发行公司 新亚多迷演唱公司 联合发行”，如图 7.135 所示。

图 7.135　广告文字布置

7.3.7　存储文件

根据创意设计目的，选择要存储的图像文件格式，一般情况下，首先要存储 Photoshop 格式含编辑图层的正本文件。

（1）存储 PSD 文件。选择【文件】|【存储】（Ctrl+S），【格式】选择 Photoshop（*.PSD;*.PDD），【存储选项】勾选“图层”，其他使用默认选项，单击【保存】按钮。

（2）存储 TIFF 文件。选择【文件】|【存储为】（Shift+Ctrl+S），【格式】选择 TIFF

(*.TIF;*.TIFF),【存储选项】勾选“图层”,其他使用默认选项,单击【保存】按钮。

(3)存储 JPEG 文件。选择【文件】|【存储为】(Shift+Ctrl+S),【格式】选择 JPEG (*.JPG;*.JPEG*.JPE),单击【保存】按钮,出现 JPEG 选项,设定“品质”为 12,点选“基线(“标准”)”,单击【确定】按钮。

7.4 小结

本章《金唱片》光碟广告设计,主要研究 Photoshop CS2 平面构图原理,主要问题是:

(1)构建选区的方法。可以使用选区工具构建选区,也可以使用路径工具构建选区。

(2)颜色填充。要考虑图像构成的角度、光线,确定填充颜色的色相、饱和度、亮度或者编辑颜色渐变的关系,确定渐变颜色样式及方向。

(3)图像视觉变化处理。使用【自由变换】工具可以处理图像的任意变化角度,满足视觉效果的要求。

第 8 章 “红玉化妆品”广告设计（范例 32）

本章“红玉化妆品”广告设计，主要运用 Photoshop CS2 图像位移技术进行图像再生处理，塑造口红“美”的用意；以手写文字技术的特别表现手法，突出产品宣传力度，表现了广告的主题思想。

8.1 “红玉化妆品”广告图像信息

“红玉化妆品”广告创意，以塑造“口红美”的表现形式，塑造“红玉”品牌形象。

8.1.1 “红玉化妆品”广告效果图

“红玉化妆品”广告效果图，如图 8.1 所示。

“红玉化妆品”广告设计完成于 2006 年 9 月。

图像用途：Photoshop CS2 教学

宽：216 毫米 （含出血 3 毫米）

高：291 毫米 （含出血 3 毫米）

分辨率：300 像素/英寸

图像格式：PSD

颜色模式：CMYK

设计软件：Photoshop CS2

8.1.2 “红玉化妆品”广告图像资料

广告人物图像“hy001.jpg”，如图 8.2 所示。

图 8.1 “红玉化妆品”广告效果图

图 8.2 “hy001.jpg”图像

广告产品图像“hy002.jpg”，如图 8.3 所示。

广告产品图像“hu003.jpg”，如图 8.4 所示。

图 8.3 “hy002.jpg”图像

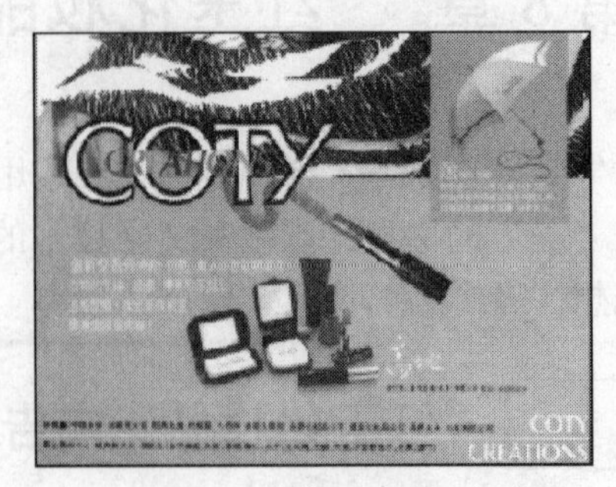

图 8.4 “hy003.jpg”图像

8.2 “红玉化妆品”广告设计思路

“红玉化妆品”广告设计，根据创意主题思想，在女主人手里再生一支口红，表现为“美丽的女人正在涂口红”，以醒目的手写文字表现“美丽的女人正在涂红玉牌口红”。

8.2.1 “红玉化妆品”广告设计要点

“红玉化妆品”广告设计要点，一是女主人手里再生一支口红的图像位移技术处理，要表现得逼真自然，二是手写文字技术运用第二表现手法，用“口红棒”书写文字。

（1）图像位移再生“口红棒”。使用剪贴方法剪贴一支“口红棒”，使用【自由变换】工具，调整“口红棒”为涂抹姿势，表现“口红美”的创意，如图 8.5、图 8.6 所示

图 8.5 置入图像

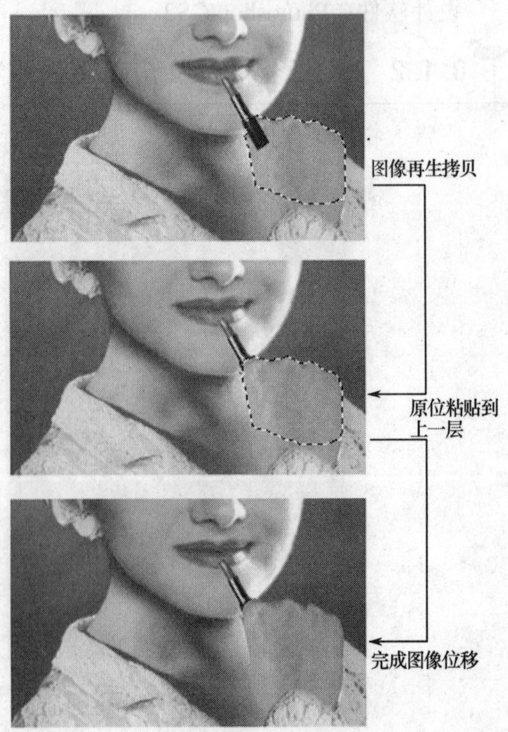

图 8.6 图像位移

（2）手写文字的创意风格。使用画笔手写产品名称，表现为第一创意风格；表现为用“口红棒”书写产品名称，提高了创意理性，表现为第二创意风格。第二创意风格塑造“红玉”手写文字，提出了“红玉化妆品”特定条件，强化了视觉感受力度，提高了产品品牌形象，如图 8.7 所示

（3）图层编辑方法。采取渐进式编辑方法，依次编辑完成，如图 8.8 所示

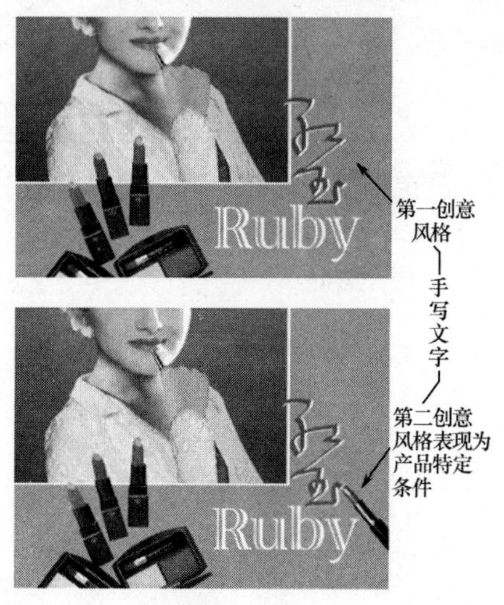

图 8.7 手写文字风格

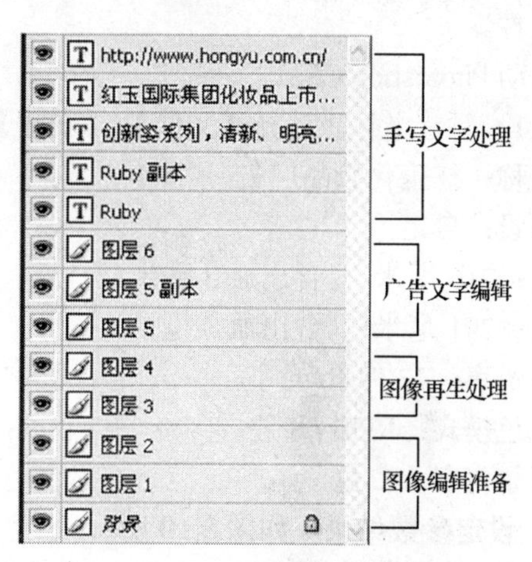

图 8.8 图层编辑示意图

8.2.2 “红玉化妆品”广告设计流程图

“红玉化妆品”广告设计流程如图 8.9 所示。

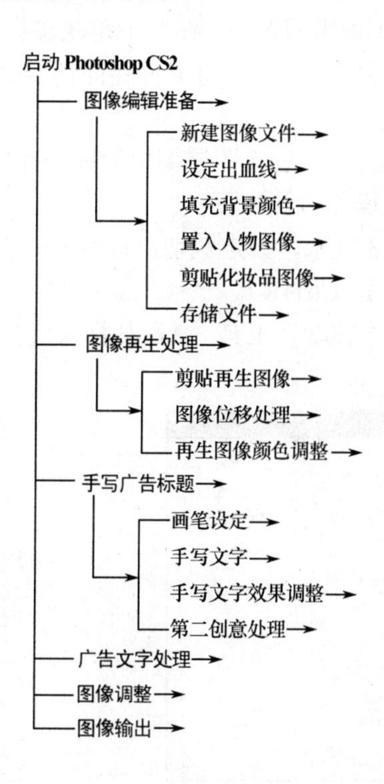

图 8.9 设计流程图

8.3 “红玉化妆品”广告设计过程

“红玉化妆品广告”设计过程，按照设计流程图分步进行作业。

8.3.1 图像编辑准备

图像编辑的准备主要任务是：版面布置，底图色彩处理，安排人物图像和产品图像位置，存储文件。

启动 Photoshop CS2。

（1）新建文件。选择【文件】|【新建】（Ctrl+N），设定如下参数：

名称：红玉化妆品广告

预设：自定

宽：216 毫米 （含出血 3 毫米）

高：291 毫米 （含出血 3 毫米）

分辨率：72 像素/英寸

颜色模式：RGB / 8 位

背景内容：白色

- **设定参数结果**，如图 8.10 所示。

【提示】页面广告设计分辨率不得低于 300 像素 / 英寸，作业练习分辨率可设定为 72 像素 / 英寸，使用“RGB 颜色”模式编辑，图像输出前转换为“CMYK 颜色”模式。

- 调整编辑窗口。出现图像编辑窗口，在左下角状态栏“画布显示比例”中输入 66.67%，在工具箱屏幕切换选项中选择中间按钮，将屏幕界面切换到带有菜单的全屏模式，选择“抓手”工具将画布拖至中央。
- 选择【窗口】|【图层】，放置【图层调板】在画布的右边。

（2）设定裁切出血线。操作方法如下：

- 在画布各边向内缩进 3 毫米，设定裁切出血线。
- 选择【视图】|【标尺】（Ctrl+R）。
- 选择【工具箱】中的“移动”工具，从标尺线拉参考线至出血线位置，如图 8.11 所示。

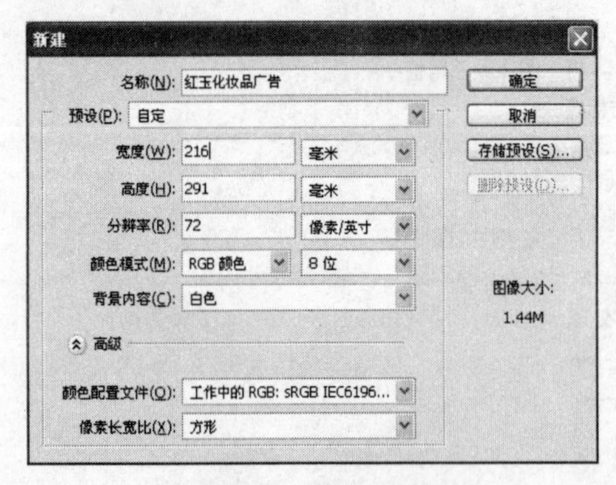

图 8.10 新建文件参数

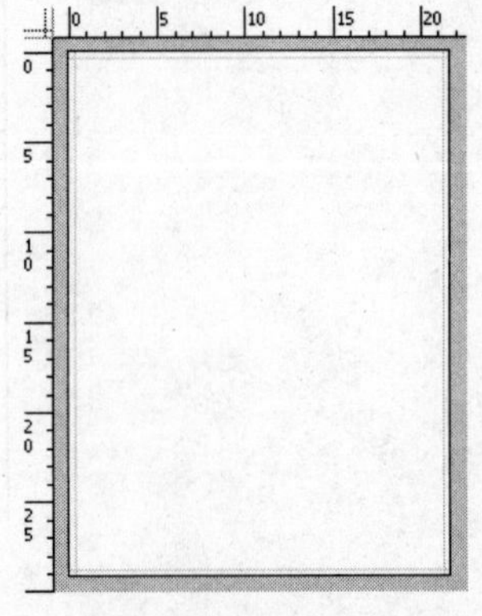

图 8.11 设定参考线

（3）填充背景颜色。操作方法如下：

● 选择【编辑】|【填充】(Alt+Delete)，填充【前景色】为 R193，G131，B108，如图 8.12 所示。

● 在【工具箱】中选择“移动”工具 ，在纵坐标 263 毫米位置上建立参考线。

● 在【工具箱】中选择“矩形选框”工具 ，在纵坐标 263 毫米参考线以下位置上建立文字编辑选区。

● 选择【编辑】|【填充】(Alt+Delete)，填充【前景色】为 R193，G131，B108，如图 8.13 所示。

图 8.12 填充底色

图 8.13 填充选区

（4）置入人物图像。操作方法如下：

● 选择【文件】|【打开】(Ctrl+O)，从范例 32“红玉”文件夹中打开“hy001.jpg”图片。

● 打开图像后，选择【选择】|【全选】(Ctrl+A)，选择【编辑】|【拷贝】(Ctrl+C)，拷贝选区内容，如图 8.14 所示。

● 关闭“hy001.jpg”图片，回到“新建图像”编辑窗口。

● 选择【编辑】|【粘贴】(Ctrl+V)，【图层调板】上出现“图层 1”，如图 8.15 所示。

图 8.14 选择图像

图 8.15 图层 1

● 在【工具箱】中选择“移动”工具 ，移动图像位置，使左边和上边与画布边缘对齐，如图 8.16 所示。

（5）剪贴化妆品图像。操作方法如下：

● 选择【文件】|【打开】(Ctrl+O)，从范例 32“红玉”文件夹中打开“hy002.jpg”图片，如图 8.17 所示。

● 在【工具箱】中选择“多边形套索”工具 ，选择【选项栏】|【添加到选区】按钮 ，

勾选三支口红及化妆盒，建立选区，选择【编辑】|【拷贝】(Ctrl+C)，拷贝选区内容，如图 8.18 所示。

图 8.16　调整图像位置

图 8.17　hy002.jpg 图片

● 关闭“hy002.jpg”图片，回到“新建图像”编辑窗口。

● 选择【编辑】|【粘贴】(Ctrl+V)，【图层调板】上出现“图层 2”，如图 8.19 所示。

图 8.18　选取图像

图 8.19　图层 2

● 选择【编辑】|【自由变换】(Ctrl+T)，左手按压 Shift 键，移动指针 ↘，挂角等比例缩小图像，调整到人物下方的位置，如图 8.20 所示。

(6) 存储图像文件。选择【文件】|【存储】(Ctrl+S)，【格式】选择 Photoshop (*.PSD;*.PDD)，单击【保存】按钮。

8.3.2　图像再生处理

图像再生处理的任务是：剪贴一支“口红棒”置放在手上，然后采取图像位移处理技术表现为涂抹口红姿势。

(1) 剪贴再生图像。操作方法如下：

● 选择【文件】|【打开】(Ctrl+O)，从范例 32“红玉”文件夹打开“hy003.jpg”图片，如图 8.21 所示。

● 在【工具箱】中选择“多边形套索”工具，选择【选项栏】|【添加到选区】按钮，勾选“口红棒”，建立选区，选择【编辑】|【拷贝】(Ctrl+C)，拷贝选区内容，如图 8.22 所示。

● 在窗口右上角单击【最小化】按钮，将“hy003.jpg”图片最小化，回到“红玉化妆品广告”编辑窗口。

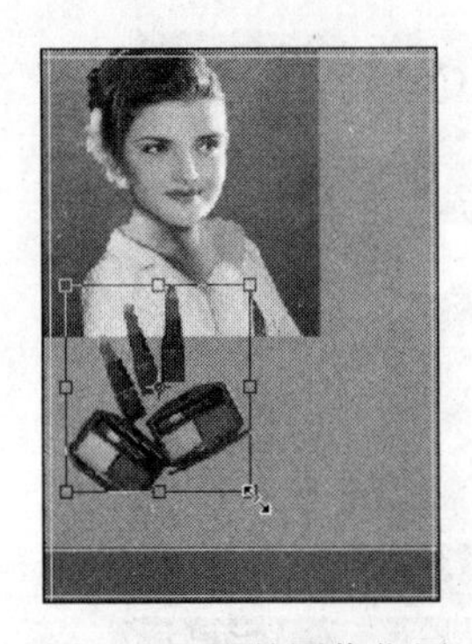

图 8.20 调整图像位置

图 8.21 hy003.jpg 图片

● 选择【编辑】|【粘贴】(Ctrl+V)，【图层调板】上出现“图层 3”，如图 8.23 所示。

图 8.22 选取图像

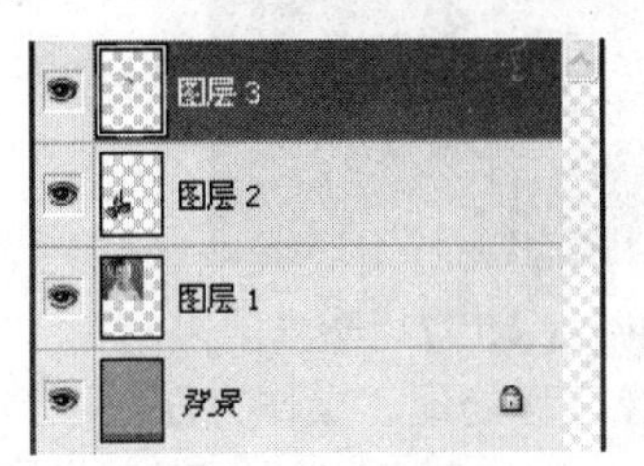

图 8.23 图层 3

● 在【工具箱】中选择“橡皮擦”工具，选择【选项栏】，“模式”选择画笔，“不透明度”设定为 100%，“流量”设定为 100%，在画布上点击右键，设定“画笔”为“柔角像素 7”，如图 8.24 所示。

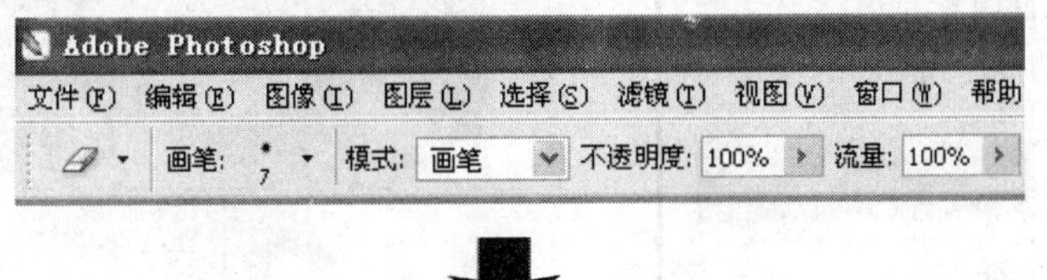

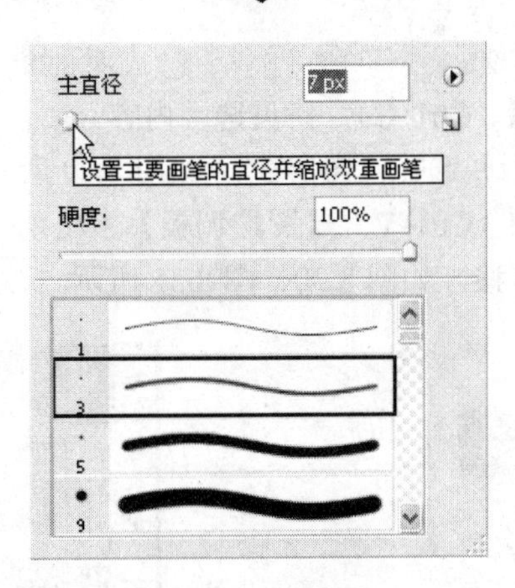

图 8.24 画笔设定

● 使用“橡皮擦”工具，擦拭“口红棒”顶头，软化其边缘，如图 8.25 所示。

● 选择【编辑】|【自由变换】(Ctrl+T)，左手按压 Shift 键移动指针，挂角等比例缩小图像，调整到食指的上边，如图 8.26 所示。

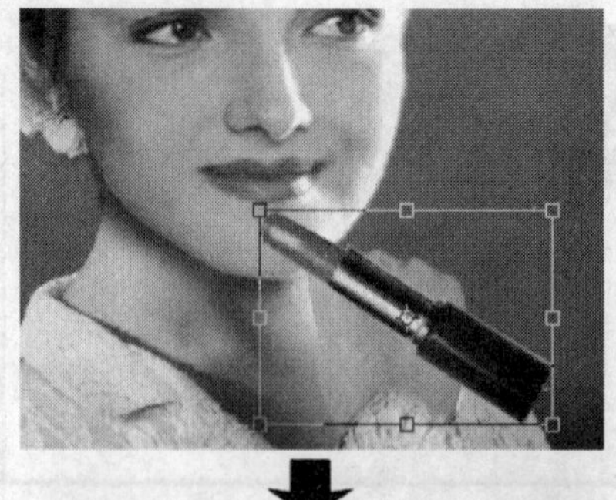

图 8.25 使用橡皮擦

图 8.26 调整图像位置

（2）图像位移处理。操作方法如下：

● 在【图层调板】上选择“图层 1”，隐藏“图层 3”，如图 8.27 所示。

● 在【工具箱】中选择“套索”工具，勾选手背位置，建立选区，如图 8.28 所示。

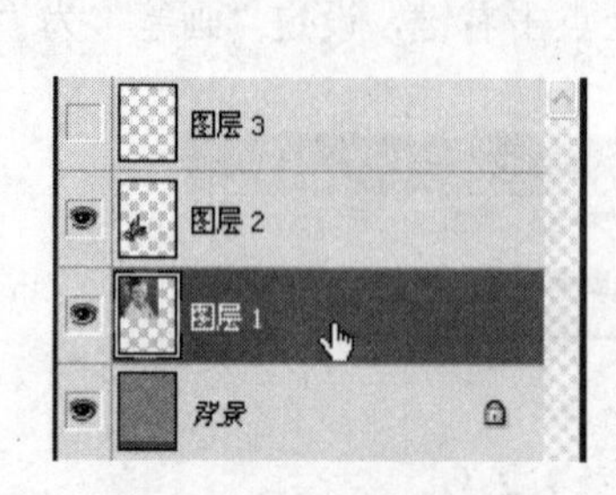

图 8.27 图层设定

图 8.28 选取图像

● 选择【编辑】|【拷贝】（Ctrl+C），拷贝选区内容。

● 在【图层调板】上显示并选择“图层 3”，如图 8.29 所示。

● 选择【编辑】|【粘贴】（Ctrl+V），【图层调板】上出现“图层 4”，画面上显示“口红棒”捏在手里，完成了图像位移，如图 8.30、图 8.31 所示。

图 8.29 选择图层

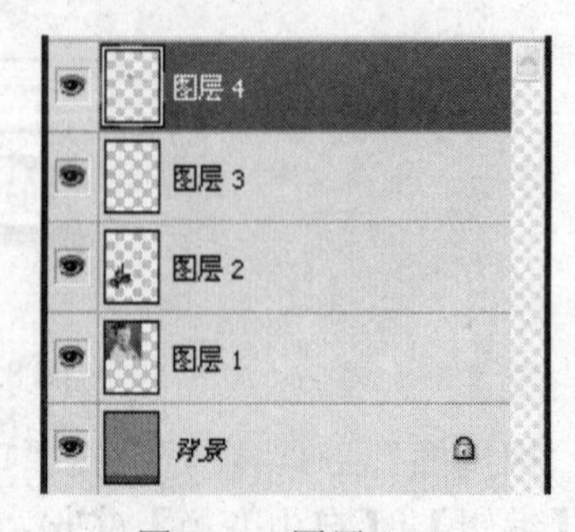

图 8.30 图层 4

（3）再生图像颜色调整。操作方法如下：

● 在【图层调板】上选择“图层 3”，如图 8.32 所示。

图 8.31 图像位移结果

图 8.32 选择图层

● 选择【图像】|【调整】|【亮度/对比度】，设定“亮度”为+30，“对比度”为+14，如图 8.33 所示。

8.3.3 手写广告标题

使用“画笔”工具手写“红玉”广告标题，进行文字叠色效果处理，然后复制“口红棒”调整视觉为“写字蜡笔”样式。

（1）画笔设定。操作方法如下：

● 选择【图层调板】|【创建新图层】按钮，新建“图层 5”，如图 8.34 所示。

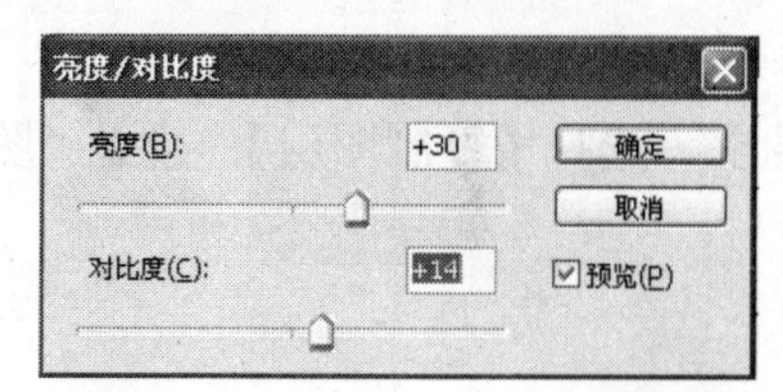

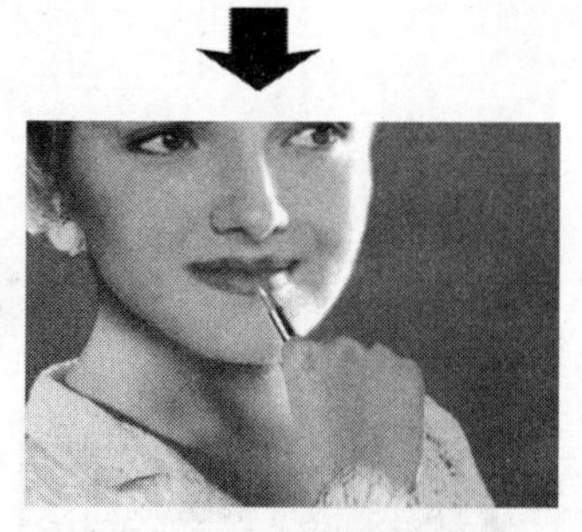

图 8.33 图像色彩调整

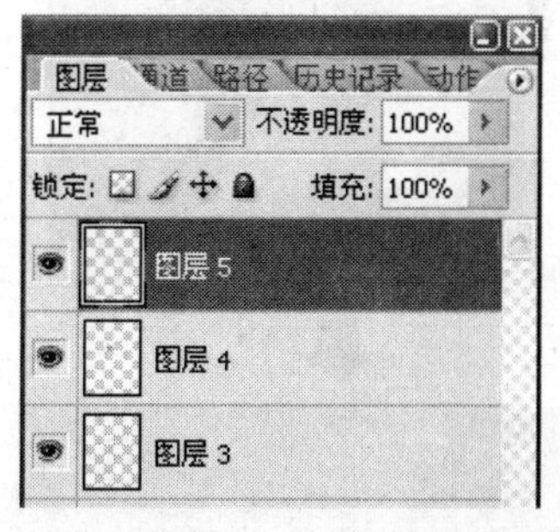

图 8.34 新建图层 5

● 在【工具箱】中选择“画笔”工具，在【选项栏】中单击【画笔选项】按钮，从隐藏选项中选择“书法画笔”，然后选择【追加】，如图 8.35 所示。

● 在“书法画笔”选项中选择“扁平 15 像素”，再设定“硬度”为 100%，如图 8.36 所示。

（2）手写文字。操作方法如下：

● 选择【前景色】，设定笔画颜色为白色。

● 选择“图层 5”，光标放在人物图像的右下方位置，按压 Caps Lock 键显示画笔光标大小，右手按压左键，拖动鼠标绘制“红玉”字样，（可以多写几次，最后选定字样），如图 8.37 所示。

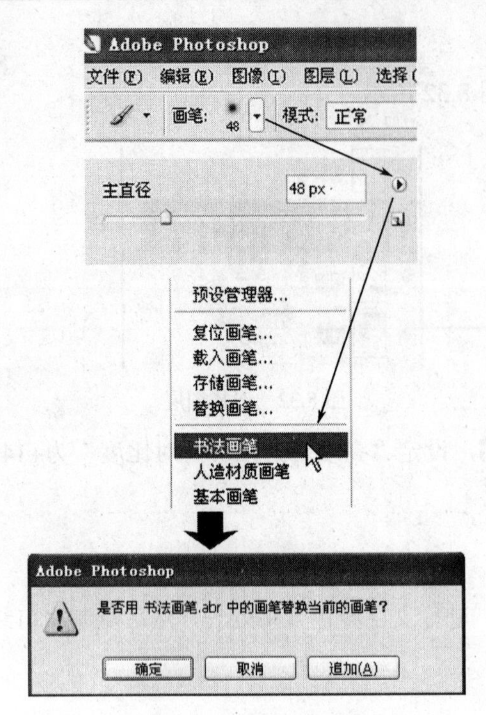

图 8.35　选择书法画笔

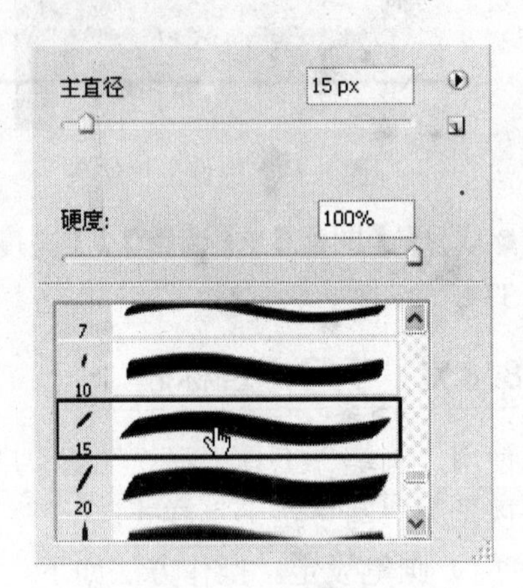

图 8.36　笔画设定

（3）手写文字效果调整。操作方法如下：

● 选择【图层调板】|【右键】，单击“图层 5”，选择【复制图层】，建立“图层 5 副本”，如图 8.38 所示。

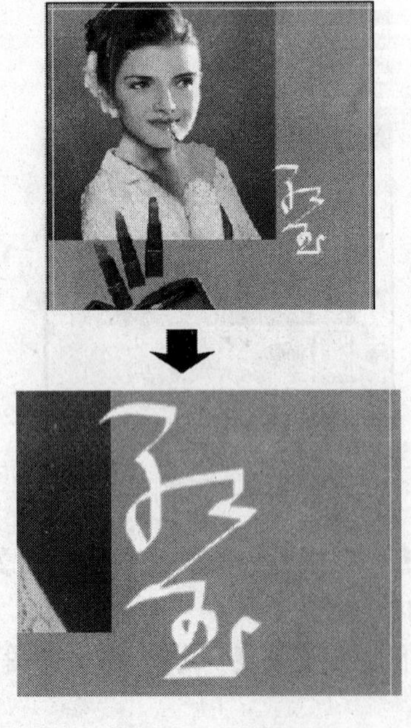

图 8.37　绘制字样

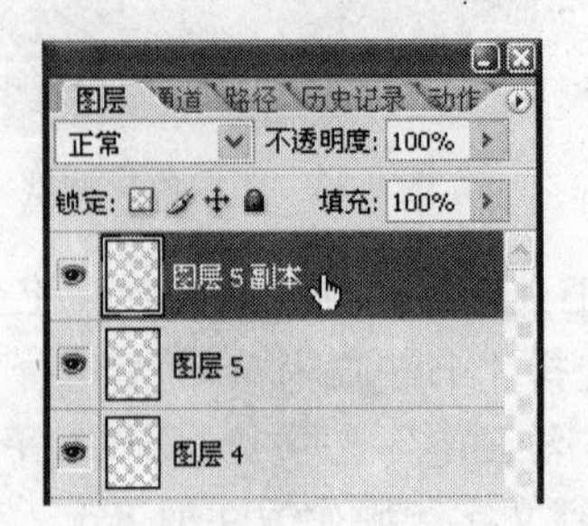

图 8.38　复制图层

● 选择【前景色】|【拾色器】，设定“笔画颜色”为红色（R255，G0，B0），单击【色域警告】，出现安全印刷颜色 R230，G30，B25，再设定颜色为 R240，G20，B20，提高红色最亮印刷值，如图 8.39 所示。

● 选择【编辑】|【填充】，勾选“保留透明区”，填充【前景色】，如图 8.40、图 8.41 所示。

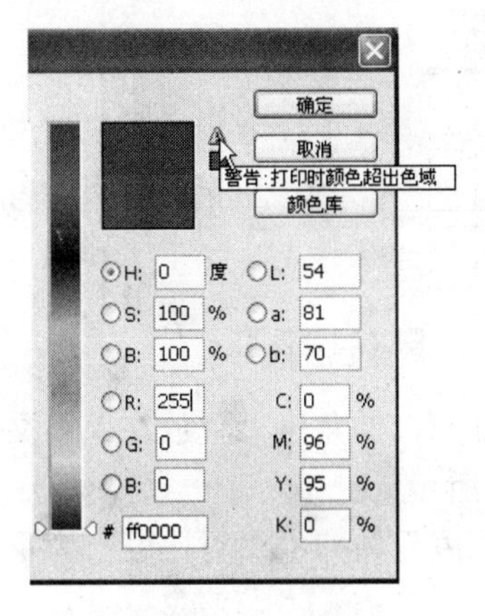

图 8.39 色域警告

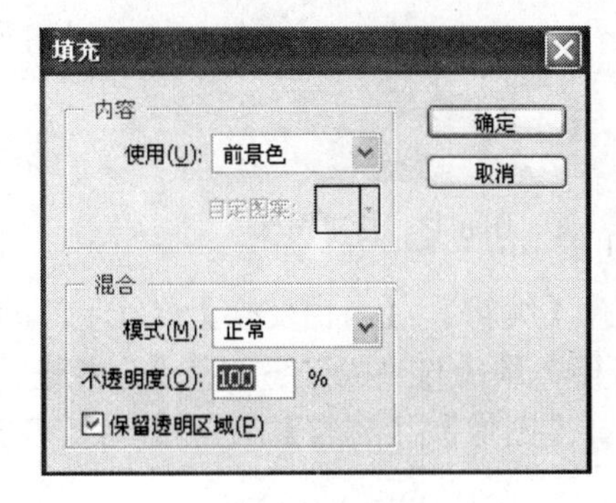

图 8.40 填充设置

● 在【图层调板】上选择“图层 5 副本”。

● 在【工具箱】中选择“移动”工具 ，然后在键盘上选择方向键向左移动 4 次，向上移动 2 次，出现文字叠色，如图 8.42 所示。

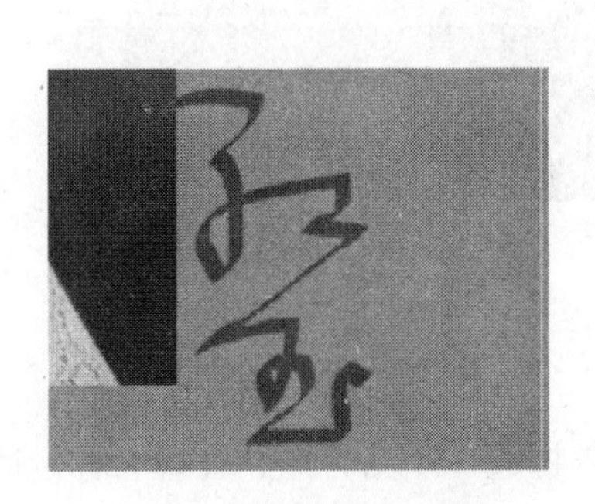

图 8.41 填充红色

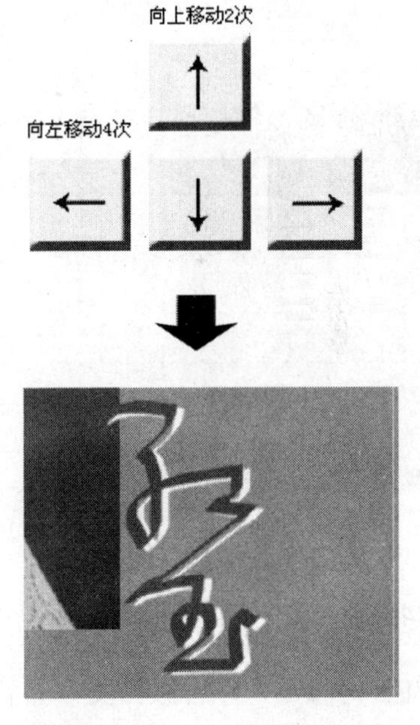

图 8.42 文字图像叠色

（4）第二创意处理。操作方法如下：

● 在工具箱屏幕切换选项中选择左边按钮，将屏幕界面切换到标准屏幕模式，从 Photoshop CS2 界面下边打开“hy003”JPEG 图片，选择【编辑】|【拷贝】(Ctrl+C)，拷贝选区内容，如图 8.43 所示。

● 关闭“hy003.jpg”图片，回到“红玉化妆品广告”编辑窗口。

● 选择【编辑】|【粘贴】(Ctrl+V)，【图层调板】上出现“图层 6”，如图 8.44 所示。

图 8.43　拷贝图像

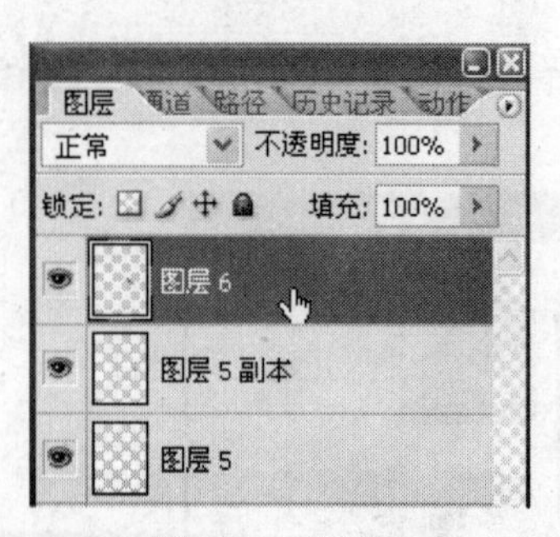

图 8.44　图层 6

● 选择【编辑】|【自由变换】(Ctrl+T)，调整“口红棒”的角度，置放在手写文字的右边，“口红棒”顶头与“玉”字的“点”相连，如图 8.45 所示。

● 选择【图像】|【调整】|【亮度/对比度】，设定“亮度”为+18，“对比度”为+6，如图 8.46 所示。

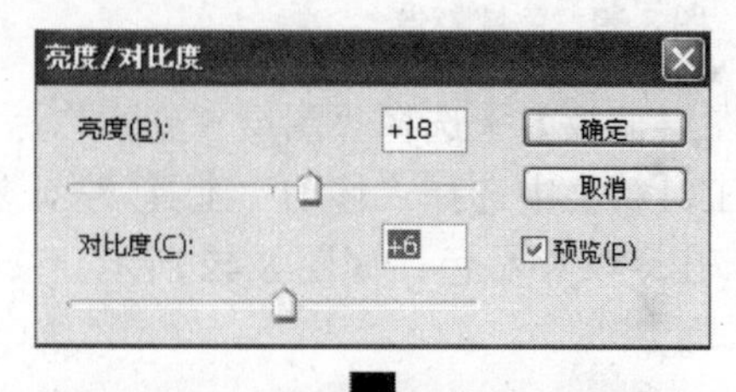

图 8.45　调整图像角度

图 8.46　图像色彩调整

8.3.4　广告文字处理

“红玉化妆品”广告版面文字布置，有英文广告标题、产品介绍、公司名称及联系方式。

(1) 输入英文广告标题。操作方法如下：

● 在【工具箱】中选择“横排文字”工具T，选择【选项栏】|【字符调板】，“文字颜色”设置为白色，“字体”设置 Viva Std，“字号”设置为 91 点。

● 使用“横排文字”工具T，在手写文字的下方输入“Ruby”。

● 选择【图层调板】|【右键】，单击“Ruby 层”，选择【复制图层】，建立“Ruby 副本”，如图 8.47 所示。

● 使用“移动”工具，移动 Ruby 副本文字到整体版面下方蓝色左边位置，使用“横排文字”工具T选定文字，设定为 52 点。

● 英文广告标题输入结果，如图 8.48 所示。

图 8.47 复制文字

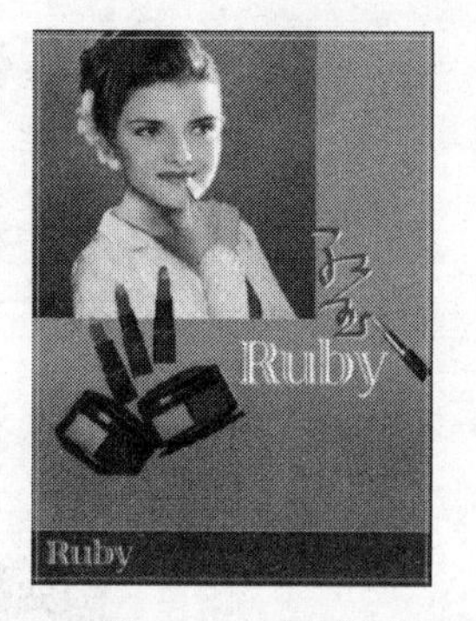

图 8.48 输入英文

（2）输入中文文字及网址。操作方法如下：

● 选择【字符调板】，设置“文字颜色”为白色，“字体”选择黑体，“字号”设置为 14 点，使用“横排文字”工具T，在化妆盒下边，分 4 行输入：

创新姿系列，清新、明亮、迷人的色彩新潮流
在你的明眸、粉颊、樱唇和玉楷上
相互配搭、抹出新鲜创意
挥洒焕发着青春

● 选择【字符调板】，设置“文字颜色”为白色，“字体”选择黑体，“字号”设置为 10 点，使用“横排文字”工具T，在版面下方蓝色上面，分 3 行输入：

红玉国际集团化妆品上市公司（上海）总部公司
红玉国际集团化妆品上市公司（美国.加拿大）分部公司
http://www.hongyu.com.cn/

● 中文文字及网址输入结果，如图 8.49 所示。

8.3.5 图像调整

主要对化妆品进行色彩调整，对人物图像进行描边处理。

（1）化妆品色彩调整。操作方法如下：

● 在【图层调板】上选择“图层 2”，如图 8.50 所示。

图 8.49 广告文字布置

图 8.50 选择图层

● 选择【图像】|【调整】|【亮度/对比度】，设定“亮度”为+13，“对比度”为+22，如

图 8.51 所示。

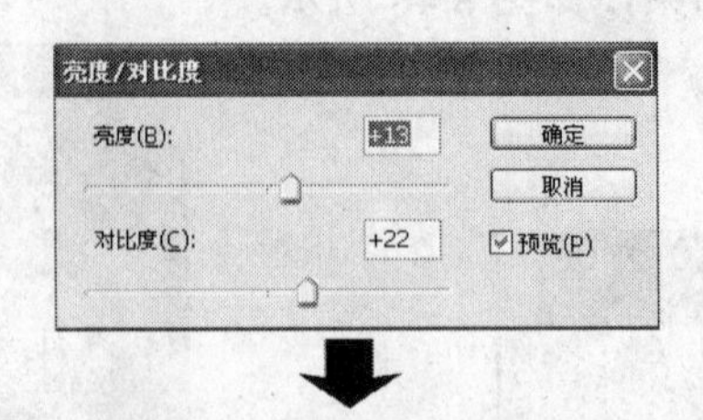

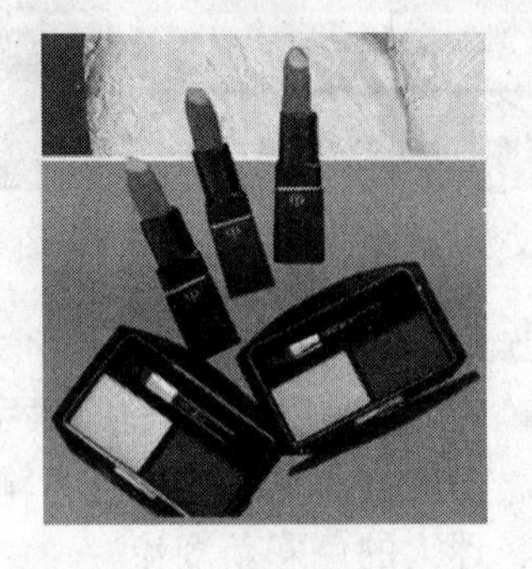

图 8.51　亮度/对比度调整

（2）图像描边。操作方法如下：

● 在【图层调板】上选择“图层 1”，如图 8.52 所示。

● 在【工具箱】中选择“魔棒”工具，选择【选项栏】|【添加到选区】按钮，“容差”设置为 32 像素，选择“消除锯齿”、“连续”。

● 使用“魔棒”工具点选“图层 1”空白处，出现选区，选择【选择】|【反向】（Shift+Ctrl+I），如图 8.53 所示。

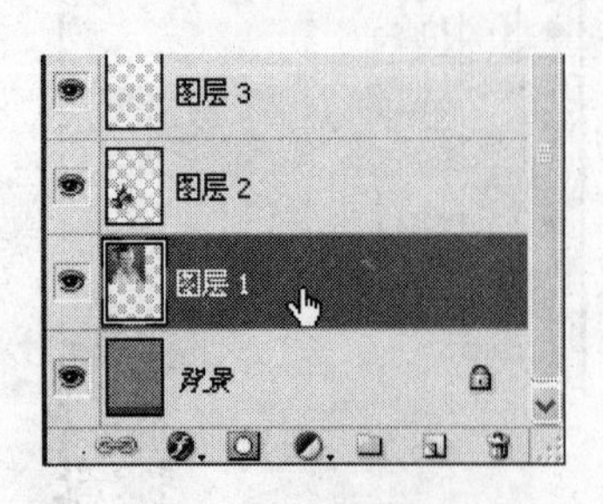

图 8.52　选择图层

图 8.53　反向选择

● 选择【编辑】|【描边】，设定“宽度”为 3px，“颜色”为白色，“位置”选择居外，“模式”为正常，“不透明度”为 100%，如图 8.54、图 8.55 所示。

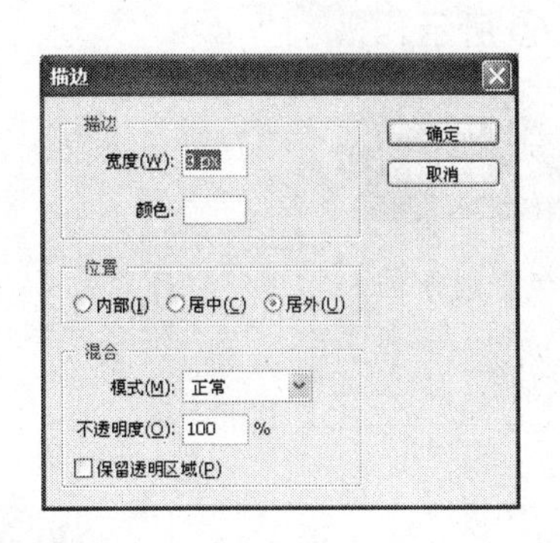

图 8.54 描边设定

图 8.55 图像描边

8.3.6 图像输出

根据创意设计目的，选择要存储的图像文件格式，一般情况下，首先要存储 Photoshop 格式含编辑图层的正本文件。

（1）存储 PSD 文件。选择【文件】|【存储】（Ctrl+S），【格式】选择 Photoshop（*.PSD;*.PDD），【存储选项】勾选“图层”，其他使用默认选项，单击【保存】按钮。

（2）存储 TIFF 文件。

● 选择【图像】|【模式】，将“RGB 颜色”转换为“CMYK 颜色”，出现图层“拼合”选择，单击【不拼合】，如图 8.56、图 8.57 所示。

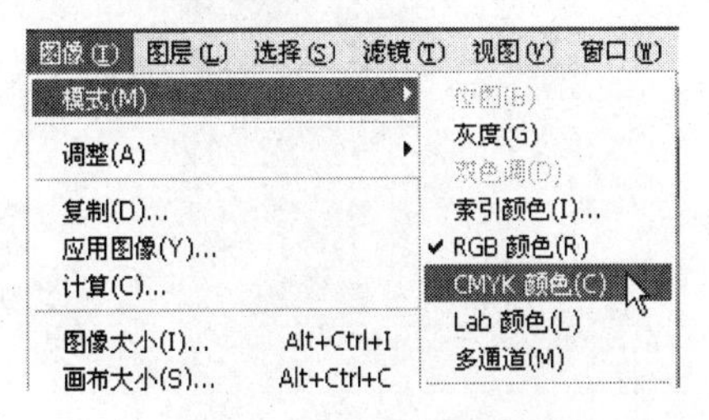

图 8.56 颜色模式转换

图 8.57 合拼选择

● 转换为 CMYK 模式以后，可以根据需要分层进行色彩微调。

● 选择【文件】|【存储为】（Shift+Ctrl+S），【格式】选择 TIFF （*.TIF;*.TIFF），【存储选项】勾选“图层”，其他使用默认选项，单击【保存】按钮。

（3）存储 JPEG 文件。选择【文件】|【存储为】（Shift+Ctrl+S），【格式】选择 JPEG（*.JPG;*.JPEG*.JPE），单击【保存】按钮，出现“JPEG”选项，设定“品质”为 12，点选“基线（“标准”）”单击【确定】按钮。

8.4 小结

本章“红玉化妆品”广告设计，主要技术问题如下：

（1）运用 Photoshop CS2 图像位移技术处理图像再生效果。

（2）运用第二创意表现手法，使用“口红棒”书写“红玉”牌口红名称，以图文结合形式表现手写文字的魅力。

（3）版面设计，两种色彩互为底色，简明爽快；主题鲜明突出，视觉冲击力强；事物关联表达美妙，逻辑清楚，如图 8.58、图 8.59、图 8.60 所示。

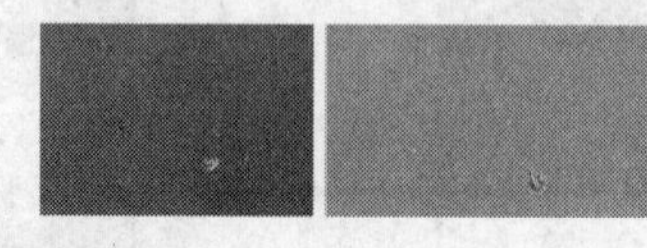

图 8.58　版面色彩划分

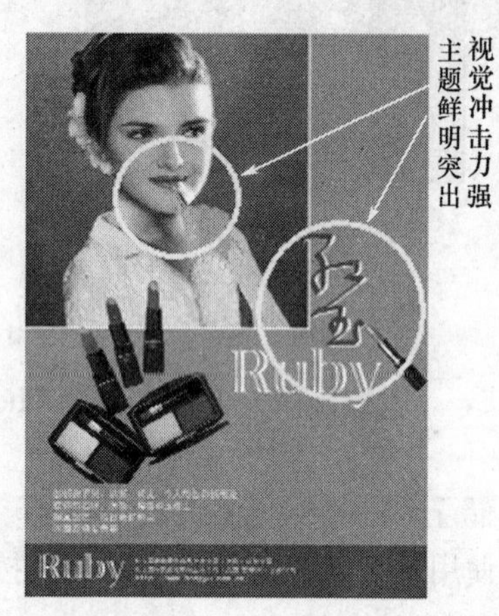

图8.59　广告主题

图8.60　广告事物表达

反侵权盗版声明

欢迎与我们联系

为了方便与我们联系，我们已开通了网站（www.medias.com.cn）。您可以在本网站上了解我们的新书介绍，并可通过读者留言簿直接与我们沟通，欢迎您向我们提出您的想法和建议。也可以通过电话与我们联系：

电话号码：（010）68252397。

邮件地址：webmaster@medias.com.cn